Ernst F. Welle

Kleines Repetitorium der Botanik

16., durchgesehene Auflage

Dr. Felix Büchner
Handwerk und Technik – Hamburg

ISBN 978-3-582-04159-3

Das Werk und seine Teile sind urheberrechtlich geschützt. Jede Nutzung in anderen als den gesetzlich oder durch bundesweite Vereinbarungen zugelassenen Fällen bedarf der vorherigen schriftlichen Einwilligung des Verlages.
Die Verweise auf Internetadressen und -dateien beziehen sich auf deren Zustand und Inhalt zum Zeitpunkt der Drucklegung des Werks. Der Verlag übernimmt keinerlei Gewähr und Haftung für deren Aktualität oder Inhalt noch für den Inhalt von mit ihnen verlinkten weiteren Internetseiten.

Verlag Dr. Felix Büchner – Handwerk und Technik GmbH,
Lademannbogen 135, 22339 Hamburg; Postfach 63 05 00, 22331 Hamburg – 2014
E-Mail: info@handwerk-technik.de – Internet: www.handwerk-technik.de

Druck: Gebr. Nettesheim GmbH+Co.KG, 50733 Köln

Vorwort

Eine andauernde freundliche Aufnahme des Repetitoriums und eine wohlwollende Kritik lassen den Verlag auch bei der vorliegenden 16. Auflage an der bisherigen Grundkonzeption festhalten.

Das Unterrichtsfach Botanik bedarf im besonderen Maße der Anschauung. Um im Rahmen des Repetitoriums dieser Forderung nachzukommen, sind den Textseiten vereinfachte Abbildungen, Skizzen und Übersichten gegenübergestellt. Dadurch sollen Begriffe und Aussagen verdeutlicht und veranschaulicht werden. Mit Bedacht werden bei den Abbildungen lediglich Ziffernhinweise oder Abkürzungen gebracht, die mit den Begriffen auf den Textseiten übereinstimmen. Damit wird auch eine Wiederholung möglich, die von den Abbildungen ausgeht.

Inhaltsverzeichnis

1. Einleitung 10
2. Die Einteilung der Botanik 12
3. M o r p h o l o g i e 13
   - 3.1. Die Kormuspflanze und ihre Grundorgane. 14
     - 3.1.1 Das Sproß- und Wurzelsystem 16
   - 3.2. Das Grundorgan Wurzel 18
     - 3.2.1. Die Wurzelspitze 20
   - 3.3. Das Grundorgan Sproßachse 22
     - 3.3.1. Die Wuchsformen der Sproßachse 24
     - 3.3.2. Der Querschnitt der Sproßachse 24
   - 3.4. Das Grundorgan Laubblatt 26
     - 3.4.1. Die Anheftung des Laubblattes an der Sproßachse . . 28
     - 3.4.2. Die Blattstellung 30
     - 3.4.3. Die Blattformen 32
       - 3.4.3.1. Einfache oder ungeteilte Laubblätter . . 32
       - 3.4.3.2. Geteilte Laubblätter 34
       - 3.4.3.3. Zusammengesetzte Laubblätter 36
     - 3.4.4. Die Blattränder 38
   - 3.5. Die Metamorphosen der Grundorgane 41
     - 3.5.1. Die Metamorphosen der Wurzel 42
       - 3.5.1.1. Speicherwurzeln 42
       - 3.5.1.2. Luftwurzeln 44
       - 3.5.1.3. Haftwurzeln 44
       - 3.5.1.4. Saugwurzeln 44
     - 3.5.2. Die Metamorphosen der Sproßachse 46
       - 3.5.2.1. Wurzelstöcke 46
       - 3.5.2.2. Zwiebeln 48
       - 3.5.2.3. Sproßknollen 48
       - 3.5.2.4. Sproßranken 50
       - 3.5.2.5. Windende Sproßachsen 50
       - 3.5.2.6. Ausläufer 50
       - 3.5.2.7. Sproßdornen 50
       - 3.5.2.8. Wurzel - Sproß - Wurzelstock, ein Vergleich 52
     - 3.5.3. Die Metamorphosen des Laubblattes 54
       - 3.5.3.1. Blattranken 54
       - 3.5.3.2. Blattdornen 54
       - 3.5.3.3. Fangblätter 54

4. **Anatomie** 57
   4.1. Zytologie 58
      4.1.1. Die Teile der Zelle 58
      4.1.2. Die Bildung der Vakuolen 60
      4.1.3. Der Zellsaft 60
   4.2. Histologie 62
      4.2.1. Bildungsgewebe 62
      4.2.2. Dauergewebe 64
         4.2.2.1. Grundgewebe 64
         4.2.2.2. Abschlußgewebe 66
         4.2.2.3. Absorptionsgewebe 68
         4.2.2.4. Festigungsgewebe 70
         4.2.2.5. Leitgewebe 72
         4.2.2.6. Ausscheidungsgewebe 76
   4.3. Anatomie der Grundorgane 78
      4.3.1. Anatomie des Grundorgans Wurzel 78
      4.3.2. Anatomie des Grundorgans Sproßachse 82
      4.3.3. Anatomie des Grundorgans Laubblatt 86

5. **Physiologie** 88
   5.1. Stoffwechsel 89
      5.1.1. Wasserhaushalt der Pflanze 90
         5.1.1.1. Wasseraufnahme 91
         5.1.1.2. Wasserleitung 91
         5.1.1.3. Wasserabgabe 92
      5.1.2. Ernährung (Assimilation) 94
         5.1.2.1. Mineralien 94
         5.1.2.2. Autotrophe Ernährung 96
         5.1.2.3. Heterotrophe Ernährung 96
         5.1.2.4. Photosynthese 98
      5.1.3. Atmung (Dissimilation) 102
         5.1.3.1. Atmung 102
         5.1.3.2. Gärung 104
      5.1.4. Stofftransport 105
      5.1.5. Stoffausscheidung 105
   5.2. Formwechsel 106
      5.2.1. Wachstum 106
      5.2.2. Entwicklung 107
         5.2.2.1. Vegetative Phase 107
         5.2.2.2. Generative Phase 107

5.2.3. Lebensdauer und Wuchsformen der Pflanzen . . . 108
    5.2.3.1. Kräuter 108
    5.2.3.2. Stauden 110
    5.2.3.3. Holzgewächse 112
5.3. Reizbarkeit und Bewegungen 114

6. Fortpflanzung 116

6.1. Ungeschlechtliche Fortpflanzung 116
6.2. Geschlechtliche Fortpflanzung der Samenpflanzen . 118
    6.2.1. Die Blüte 118
        6.2.1.1. Die Blütenteile 120
        6.2.1.2. Geschlechtsverteilung bei den Blütenpflanzen 124
        6.2.1.3. Die Stellung des Fruchtknotens . . . 126
        6.2.1.4. Blütendiagramm - Blütenformel . . . 128
    6.2.2. Blütenstände 130
        6.2.2.1. Razemöse Blütenstände 130
        6.2.2.2. Zymöse Blütenstände 134
    6.2.3. Die Bestäubung 136
    6.2.4. Die Befruchtung 138
    6.2.5. Die Fruchtbildung 140
    6.2.6. Systematik der Früchte 142
        6.2.6.1. Trockene Früchte 144
        6.2.6.2. Saftige Früchte 148
    6.2.7. Verbreitung der Früchte und Samen 152
        6.2.7.1. Selbstverbreitung 152
        6.2.7.2. Fremdverbreitung 152
    6.2.8. Die Keimung des Samens 156
    6.2.9. Die Blattfolge 158
    6.2.10. Die Mendelschen Vererbungsregeln 160

7. Systematik 168

7.1. Einleitung 168
7.2. Botanische Nomenklatur 170
7.3. Das natürliche Pflanzensystem 172
7.4. Drogenkundlich wichtige Pflanzenfamilien . . . 180
    7.4.1. Die Familie der Doldengewächse (Apiaceae) . . . 182
    7.4.2. Die Familie der Lippenblütengewächse (Lamiaceae) . 184
    7.4.3. Die Familie der Korbblütengewächse (Asteraceae) . 186

8. Sachverzeichnis 188

1. Einleitung

In dieser Schrift werden die Grundlagen der Phytologie[1], allgemein als Botanik[2] oder Pflanzenkunde bezeichnet, dargelegt. Die Botanik zählt neben der Zoologie[3], der Tierkunde, und der Anthropologie[4], der Menschenkunde, zur Biologie[5], der Wissenschaft vom Leben.

Das Leben, eigentümlich für Pflanze, Tier und Mensch, läßt sich nur indirekt durch die Lebensäußerungen deuten, die sich in den Grundfunktionen des Lebens widerspiegeln :
1. Stoffwechsel
2. Wachstum
3. Reizbarkeit
4. Fortpflanzungsfähigkeit

Stoffwechsel. Hierunter versteht man die Aufnahme von Stoffen durch die Pflanze und die Umwandlung (=Assimilation[6]) dieser Stoffe in körpereigene Substanz. Diesen aufbauenden Prozessen, die als Baustoffwechsel bezeichnet werden, stehen abbauende Vorgänge (=Dissimilation[7]) zur Gewinnung der für die Lebensfunktionen erforderlichen Energie gegenüber. Neben diesem sogenannten Betriebsstoffwechsel zählt zum Stoffwechsel letztlich auch die Ausscheidung unverwertbarer Stoffe.

Wachstum tritt bei einer Pflanze dann ein, wenn der aufbauende Stoffwechsel den abbauenden Stoffwechsel übersteigt. Das Wachstum ist mit einer Substanz- und Volumenzunahme des Pflanzenkörpers verbunden.

Reizbarkeit ist die Fähigkeit des Pflanzenkörpers, auf äußere Einwirkungen in bestimmter Weise zu reagieren. Der Reizaufnahme folgt über die Reizleitung ein Reizerfolg.

Fortpflanzung sichert den Fortbestand des Lebens, da jedes Lebewesen nur eine begrenzte Lebensdauer besitzt. Bei Pflanzen kann die Arterhaltung auf ungeschlechtliche Weise erfolgen, wenn sich ein neuer Organismus aus einem abgelösten Teil der Mutterpflanze entwickelt. Geschlechtliche Fortpflanzung vollzieht sich durch die Vereinigung zweier Geschlechtszellen. Aus einer befruchteten Eizelle entwickelt sich dann ein neuer Organismus.

1) phyton (gr.) = Pflanze
    logos (gr.) = Lehre
2) botanike (gr.) = Pflanzenkunde
3) zoon (gr.) = Lebewesen, Tier
4) anthropos (gr.) = Mensch
5) bios (gr.) = Leben
6) assimilatio (l.) = Angleichung
7) dissimilatio (l.) = 'Unähnlichmachung'

Alle Lebensvorgänge sind an Körper gebunden. Die Gestalt der Pflanzenkörper zeigt sich dem beobachtenden Menschen jedoch in einer scheinbar unüberschaubaren Vielfalt. Trotzdem liegen dieser Mannigfaltigkeit an Formen gemeinsame Baupläne zugrunde. Diese Baupläne sollen zunächst dargelegt werden, indem die äußere Gestalt der sogenannten Kormuspflanze mit ihren Grundorganen Wurzel, Sproßachse und Laubblatt beschrieben wird. Jedem Organ fallen im Dienste des Gesamtorganismus bestimmte Aufgaben zu, die, um sinnvoll erfüllt werden zu können, einer zweckmäßigen Gestaltung bedürfen.

Die weiterhin abgehandelten Formabwandlungen der Grundorgane lassen sich als Folgeerscheinungen von Funktionsänderungen der betreffenden Organe begründen.

Gestalt und Funktion der Organe werden in ihrer gegenseitigen Abhängigkeit herausgestellt, um so die Vielfalt der Formen in der Pflanzenwelt begreifbar zu machen.

Der Beschreibung der äußeren Gestalt des Pflanzenkörpers und seiner Organe folgt in einem weiteren Abschnitt die Aufdeckung des inneren Gefüges der Pflanzen. Schrittweise wird von der Zelle über die Gewebe zu den Organen vorgegangen, wobei wieder Gestalt und Funktion im Vordergrund stehen.

Der mehr beschreibenden Darstellung des äußeren und inneren Baues des Pflanzenkörpers folgen die Erklärungen der Lebensvorgänge Stoffwechsel, Wachstum und Reizbarkeit.

Auf die Fortpflanzung der Blütenpflanzen – sie alleine sind Gegenstand der Betrachtungen – wird in einem besonderen Abschnitt eingegangen, weil die Blüten ein besonders augenfälliges Organ der Fortpflanzung der uns umgebenden Pflanzenwelt darstellen. Wie allen Lebewesen, so ist auch den Pflanzen nur eine begrenzte Lebensdauer beschieden. Durch die Fähigkeit zur Fortpflanzung, der Ausbildung von Samen und deren Keimung, wird der Fortbestand der Pflanzenarten und damit die Fortdauer des Lebens gesichert.

Zum Abschluß wird eine kurze Darstellung der Ordnung der Pflanzenarten nach bestimmten Gliederungsgesichtspunkten vorgestellt, die als Systematik bezeichnet wird.

2. Die Einteilung der Botanik

Die wissenschaftliche Beschäftigung mit den Pflanzen bezeichnet man als Phytologie. Gebräuchlicher ist jedoch die Bezeichnung Botanik. Darunter verstand man ursprünglich die Heilpflanzenkunde, mit der sich der Mensch von alters her beschäftigt.

Die Botanik stellt sich die Aufgabe, die Pflanzenwelt zu erforschen. Innerhalb dieser Wissenschaft haben sich auf Grund spezieller Fragestellungen besondere Teilwissenschaften herausgebildet :

Morphologie [1] ist die Lehre von der äußeren Gestalt der Pflanzen. Die mannigfaltigen Formen der Pflanzenorgane werden beschrieben, verglichen und auf gemeinsame Baupläne zurückgeführt.

Anatomie [2] ist die Lehre von der inneren Struktur der Pflanzen, der Beschreibung des Baues und der Aufgaben der Zelle (=Zytologie [3]) und der Zellverbände oder Gewebe (=Histologie [4]).

Physiologie [5] ist die Lehre, die sich mit der Erforschung der Lebensvorgänge in der Pflanze beschäftigt, d.h. mit Stoffwechsel, Wachstum, Reizbarkeit und Fortpflanzung. Zur Erklärung dieser Lebensvorgänge werden die Untersuchungsmethoden von Chemie und Physik herangezogen.

Die Systematik [6] stellt sich die Aufgabe, die Vielfalt der Pflanzen in ein natürliches System einzuordnen. Die vielen Pflanzenarten werden zu Gattungen, Familien, Ordnungen, Klassen und Abteilungen zusammengefaßt.

Die Pflanzengeographie erforscht das Vorkommen und die Verbreitung der Pflanzen auf der Erde.

---

1) morphe (gr.) = Gestalt
2) anatomia (l.) = Zergliederung
3) kytos (gr.) = Hohlraum, Zelle
4) histos (gr.) = Gewebe
5) physis (gr.) = Natur, Leben
6) systema (l.) = Zusammenstellung

3. Morphologie

Morphologie ist die Lehre von der äußeren Gestalt der Pflanzen. Die Beschreibung der in der Pflanzenwelt vorkommenden mannigfaltigen Formen der Pflanzen macht es möglich, gemeinsame Baupläne aufzustellen und einen geordneten Überblick über das Pflanzenreich zu gewinnen.

Eine vergleichende Betrachtung der verschiedensten Pflanzen zeigt, daß trotz einer scheinbar verwirrenden Vielfalt der Formen Gemeinsamkeiten herausgestellt werden können. So ist es für die höheren Pflanzen charakteristisch, daß sich ihr Körper auf die Grundorgane Wurzel, Sproßachse und Laubblatt zurückführen läßt. Dies ist auch dann möglich, wenn sich die Organe augenscheinlich nicht gleichen. So lassen sich z.B. die Staub- und Fruchtblätter einer Blüte vom Grundorgan Laubblatt ableiten, obwohl die Funktionen der Staubblätter und der Fruchtblätter andere sind als die des Laubblattes.

Im Abschnitt Morphologie soll herausgestellt werden, daß die Gestalt der Pflanze eine Beschaffenheit aufweisen muß, welche die Existenz des Organismus unter den gegebenen Lebensumständen ermöglicht. Hierzu ist es erforderlich, daß die Organe des Pflanzenkörpers alle lebensnotwendigen Funktionen erfüllen können. Dies setzt aber voraus, daß die Organe eine bestimmte, zweckgerechte Gestalt aufweisen.

Um die Wechselbeziehungen zwischen Gestaltung und Aufgaben der Organe der Pflanze deutlich werden zu lassen, sollen nunmehr zuerst die Grundfunktionen und der Bau der Grundorgane Wurzel, Sproßachse und Laubblatt dargelegt werden. Es schließen sich die als Metamorphosen bezeichneten Formabwandlungen der Grundorgane an, die als Folge der Übernahme besonderer Funktionen verstanden werden.

3.1. Die Kormuspflanze und ihre Grundorgane

Der Körper der Pflanze besteht wie der Körper aller Lebewesen aus Organen[1]. Organe stehen im Dienst des gesamten Körpers und erfüllen zur Sicherung seiner Existenz bestimmte Aufgaben. Die Aufgabenstellung erfordert eine zweckmäßige Gestaltung der Organe : Gestalt und Aufgabe des Organs stehen in enger Wechselbeziehung.

Grundorgane der Pflanze sind Wurzel, Sproßachse und Laubblatt. Ein aus diesen genannten drei Grundorganen bestehender Pflanzenkörper wird Kormus[2] genannt. Pflanzen, die einen aus den drei Grundorganen bestehenden Kormus aufweisen, werden als Kormophyten[3] oder Kormuspflanzen bezeichnet. Zu den Kormuspflanzen gehören die Samenpflanzen (=Spermatophyten[4]) und die farnartigen Gewächse (=Pteridophyten[5]). Den Letztgenannten werden die Farne, Bärlapp- und Schachtelhalmgewächse zugerechnet.

Die Grundorgane der Kormuspflanze   Abbildung 1

1. Grundorgan Wurzel
   Grundform der Wurzel ist die senkrecht in den Boden wachsende, gelbe bis bräunliche Pfahlwurzel (1). An deren Spitze befindet sich der Wurzelpol (2), auch Wurzelvegetationspunkt[6] genannt.
2. Grundorgan Sproßachse
   Berührungsstelle zwischen den Organen Wurzel und Sproßachse (3) ist der Wurzelhals (4). Die Sproßachse verbindet die Organe Wurzel und Laubblätter und endet im Sproßpol (5), auch als Sproßvegetationspunkt bezeichnet.
3. Grundorgan Laubblatt
   Das Laubblatt (6) ist grün, besitzt meist flächige Gestalt und ist an der Sproßachse angeheftet.

Der oberirdische Teil der Pflanze, bestehend aus den Organen Sproßachse und Laubblättern, wird als Sproß bezeichnet. Sproßachse und Wurzel besitzen entgegengesetzte Wachstumsrichtungen (7); die Pflanze weist somit eine sogenannte Bipolarität[7] auf.

---

1) organon (gr.) = Werkzeug
2) kormos (gr.) = Sproß; Kormuspflanze = Pflanze mit einem in Wurzel,
            Sproßachse und Laubblättern gegliederten Körper
3) phyton (gr.) = Pflanze
4) sperma, spermatos (gr.) = Same
5) pteridion (gr.) = Federchen; Pteridophyten = Farnpflanzen
6) vegetare (l.) = beleben
7) bi.., bis (l.) = zwei, doppelt; Bipolarität = Zweipoligkeit

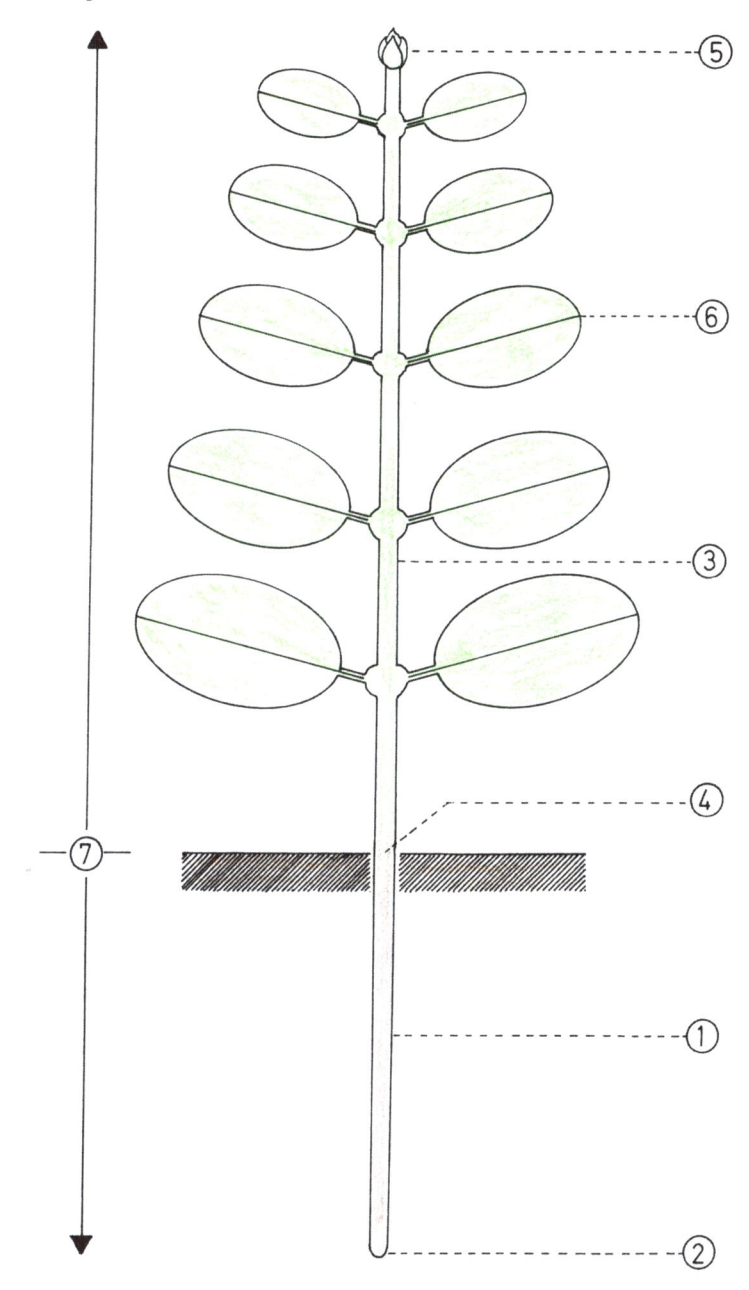

Abbildung 1

3.1.1. Das Sproß- und Wurzelsystem

Abbildung 2 zeigt eine Kormuspflanze mit den Grundorganen Wurzel, Sproßachse und Laubblatt.
Die Pfahlwurzel (1) dringt mit dem Wurzelpol (2) weiter im Boden vor. Die Sproßachse (3), mit dem Wurzelhals (4) an die Pfahlwurzel angrenzend, zeigt Knoten (5). Die auch als Nodi[1] bezeichneten Knoten sind die Ansatzstellen für die Laubblätter (6) an der Sproßachse. Die blattfreien Abschnitte der Sproßachse zwischen den Knoten sind die Stengelglieder (7) oder Internodien[2]. Die Sproßachse endet im Sproßvegetationspunkt (8), der von jungen Laubblättern schützend umgeben ist und als Knospe bezeichnet wird.

Sproßsystem   Abbildung 3

Die Pflanze ist bestrebt, eine möglichst große Sproßoberfläche zu bilden, um eine gesteigerte, für die wachsende Pflanze notwendige Produktion von Nähr- und Baustoffen zu ermöglichen. Deshalb kommt es zu einer Verzweigung der Sproßachse, zur Ausbildung eines Sproßsystems. In den Blattachseln des Hauptsprosses (1), der in einer Endknospe 1. Ordnung (2) endet, bilden sich Seitenknospen 1. Ordnung (3), die sich zu Seitensprossen (4) weiterentwickeln. An den Seitensprossen, die wie die Hauptsproßachse durch Knoten und Stengelglieder gegliedert sind, bilden sich an den Knoten Laubblätter (5), in den Achseln wiederum Knospen, die als Seitenknospen 2. Ordnung (6) bezeichnet werden. Die Seitensprosse können sich weiter verzweigen.

Wurzelsystem   Abbildung 3

Mit der Entwicklung des Sproßsystems geht gleichzeitig die Bildung eines Wurzelsystems einher. Es gilt, dem Sproß einen sicheren Halt zu verschaffen und einen gesteigerten Bedarf an Wasser und Nährsalzen zu decken. Die Pfahlwurzel wird durch die Bildung von Seitenwurzeln 1. Ordnung (7), von denen Seitenwurzeln 2. Ordnung (8) usw. ausgehen können, zu einer Hauptwurzel (9).

---
1) nodus (l.) = Knoten, Einz.: der Nodus; Mehrz.: die Nodi
2) inter (l.) = zwischen. Einz.: das Internodium; Mehrz.: die Internodien.
   Internodium = der zwischen zwei Knoten befindliche Sproßachsenabschnitt

Abbildung 2

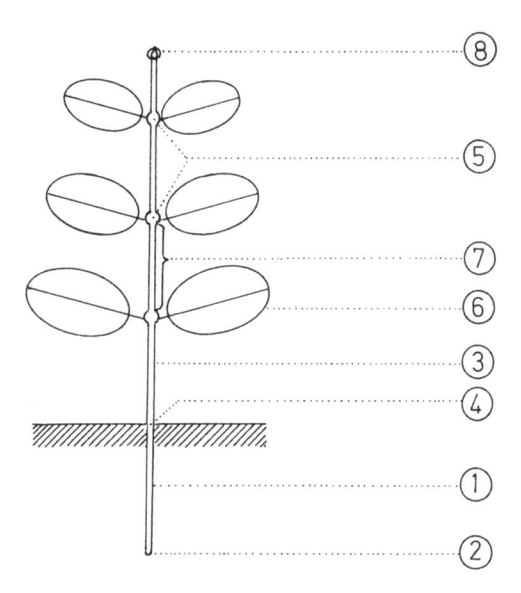

Abbildung 3

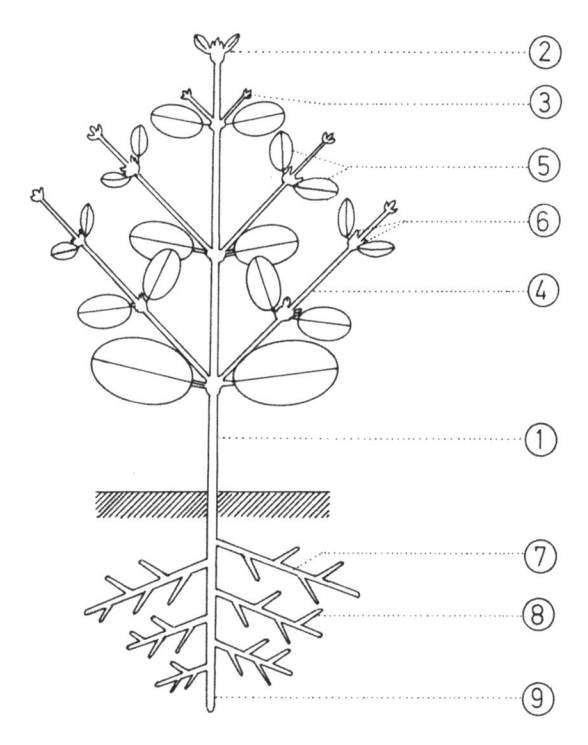

3.2. Das Grundorgan Wurzel

Erstes Grundorgan der Kormuspflanze ist die Wurzel

Die Aufgaben der Wurzel
Der Wurzel fallen im Dienste des Gesamtorganismus folgende Aufgaben zu :
    1. Befestigung der Pflanze im Boden
    2. Aufnahme von Wasser
    3. Aufnahme von Nährsalzen

Der Bau der Wurzel   Abbildung 4

Die Aufgabenstellung erfordert eine entsprechende Gestaltung der Wurzel. Grundtyp der Wurzel ist die Pfahlwurzel, die bei einem Wurzelsystem als Hauptwurzel (1) bezeichnet wird. Diese Hauptwurzel ist durch den Wurzelhals (2) mit der Sproßachse (3) verbunden. Zur weiteren Erschliessung von Bodenräumen verzweigt sich die Hauptwurzel, es entstehen Seitenwurzeln 1. Ordnung (4), Seitenwurzeln 2. Ordnung (5) usw. Es entwickelt sich also ein Wurzelsystem, worunter man die Gesamtheit aller Wurzeln versteht, die durch Verzweigungen aus einer einzigen Hauptwurzel hervorgehen. Durch ein Wurzelsystem wird eine Vergrößerung der Berührungsfläche der Wurzel mit dem Boden erreicht, wodurch die Festigkeit der Pflanze erhöht wird und auch vermehrt Wasser und darin gelöste Nährsalze aufgenommen werden können.

Haupt- und Seitenwurzeln enden im Wurzelpol (6), der auch als Wurzelvegetationspunkt bezeichnet wird. Wasser und Nährsalze werden vornehmlich durch die Wurzelhaare (7) aufgenommen. Die Wurzelhaare sind nur wenige Millimeter lang und von kurzer Lebensdauer. Die gesamte Wurzeloberfläche wird durch die Wurzelhaare um ein Vielfaches vergrößert. Zum Wurzelpol hin entstehen ständig neue Wurzelhaare, die in einiger Entfernung von der Wurzelspitze wieder absterben. Kurz hinter dem Bereich der Wurzelhaare bilden sich an der Hauptwurzel und ebenso an den Seitenwurzeln neue Seitenwurzeln (8) entsprechender Ordnung.

Die Gestalt des Wurzelsystems ist durch das Wachstumsverhalten der einzelnen Wurzeln und durch Standortfaktoren bedingt. Dabei ist die Beschaffenheit des Bodens und die Wasser- und Nährsalzverteilung im Boden von Bedeutung.

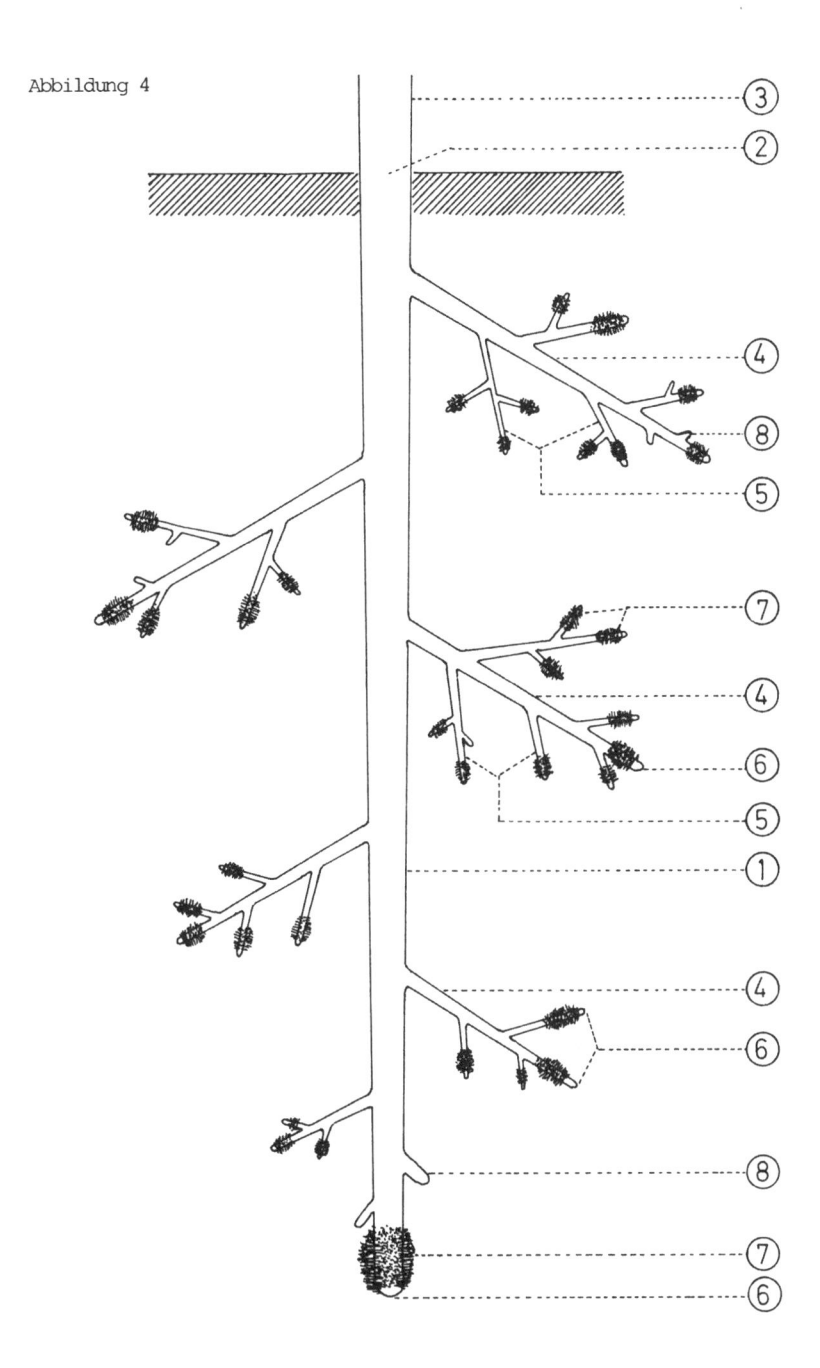

Abbildung 4

3.2.1. Die Wurzelspitze

Die Wurzelspitzen des gesamten Wurzelsystems (Abbildung 5), also die Spitzen der Haupt- und Seitenwurzeln, lassen sich jeweils in vier Bereiche (siehe Abbildung 6) gliedern :

    I. Bereich des Wurzelpols und der Wurzelhaube
   II. Bereich des Streckenwachstums
  III. Bereich der Wurzelhaare
   IV. Bereich der Wurzelverzweigung

Der erste Bereich

umfaßt den Wurzelpol oder Wurzelvegetationspunkt (1) und die Wurzelhaube (2) . Die Wurzelhaube (in der Abbildung 6 teilweise entfernt) hat den Vegetationspunkt der Wurzel vor Beschädigungen beim Vordringen in den Boden zu schützen.Dabei werden zwar die äußeren Zellen der Wurzelhaube abgenutzt, jedoch durch Zellneubildungen im Innern laufend ergänzt. Im vordersten Bereich des Wurzelvegetationspunktes findet ebenso eine ständige Zellneubildung statt.

Der zweite Bereich

ist durch das Streckenwachstum der Zellen (3) gekennzeichnet.Das Strekken der Zellen verursacht das Wachstum der Wurzel. Dabei wird der durch die Wurzelhaube geschützte Wurzelpol weiter in das Erdreich vorgeschoben.

Der dritte Bereich

gliedert sich in die Abschnitte der sich entwickelnden (4), der voll funktionsfähigen (5) und der verkümmernden (6) Wurzelhaare. Mit dem Wachstum der Wurzel wächst auch der Bereich der Wurzelhaare im gleichen Abstand von der Wurzelspitze.

Im vierten Bereich

vollzieht sich die Wurzelverzweigung (7). Die Seitenwurzeln (8) entwickeln sich im Innern der Wurzel und durchbrechen deren Rindenschicht.

Abbildung 5

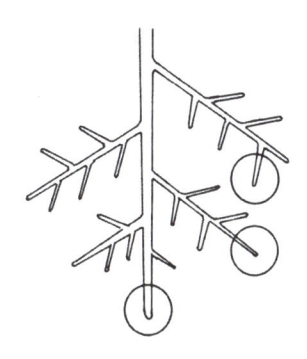

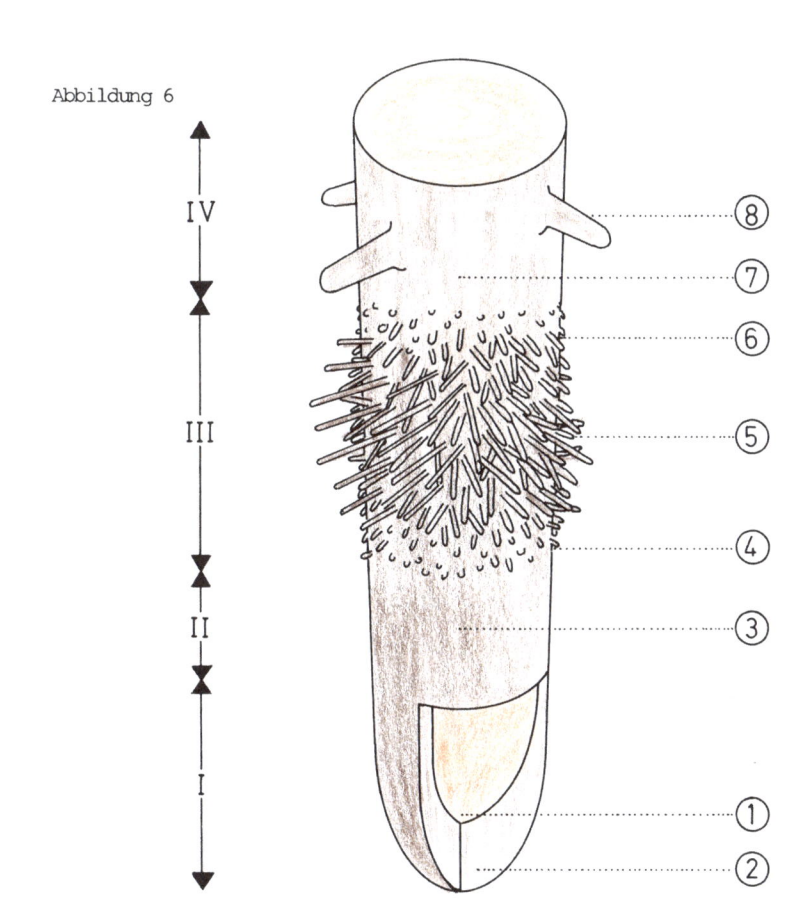

Abbildung 6

IV

III

II

I

① ② ③ ④ ⑤ ⑥ ⑦ ⑧

21

3.3. Das Grundorgan Sproßachse

Zweites Grundorgan der Kormuspflanze ist die Sproßachse

Die Aufgaben der Sproßachse

Die Sproßachse erfüllt im Dienste der Pflanze folgende Aufgaben:
1. Die Sproßachse ist Träger der Laubblätter
2. Sie verbindet die für die Ernährung der Pflanze wichtigen Grundorgane Wurzel und Laubblätter
3. Sie leitet das von der Wurzel aufgenommene Wasser und die darin gelösten Nährsalze zu den Laubblättern. Die dort produzierten Assimilate gelangen durch die Sproßachse zur Wurzel und zu den anderen Orten der Verwendung

Der Bau der Sproßachse   Abbildung 7

Die Sproßachse (1) grenzt mit dem Wurzelhals an die Wurzel und endet in der Endknospe (2). Die blattfreien Abschnitte der Sproßachse bezeichnet man als Stengelglieder oder Internodien (3), jeweils durch Knoten oder Nodi (4) begrenzt. Die Knoten sind die Ansatzstellen für die Laubblätter (5). In den Blattachseln bilden sich die Seitenknospen (6), die sich zu Seitensprossen entwickeln, wodurch ein Sproßsystem (vergleiche Abbildung 3) entsteht. Durch die Bildung eines Sproßsystems können viele Laubblätter zur Entfaltung gebracht werden. Dies ist für die Ernährung der Pflanze von Bedeutung.

Bei der Endknospe und den Seitenknospen handelt es sich um gestauchte Sproßachsen mit dem Ansatz der Knoten und Stengelglieder. Der Sproßpol oder Sproßvegetationspunkt wird von jungen, noch nicht zur Entfaltung gelangten Laubblättern schützend umgeben. Das Längenwachstum der Sproßachse erfolgt durch die Streckung der Zellen des Sproßvegetationspunktes.

Die Gliederung der Sproßachse in Stengelglieder, begrenzt durch Knoten, zeigt sich besonders deutlich bei den Sproßachsen der Getreidearten, beim Bambus und beim Knöterich.

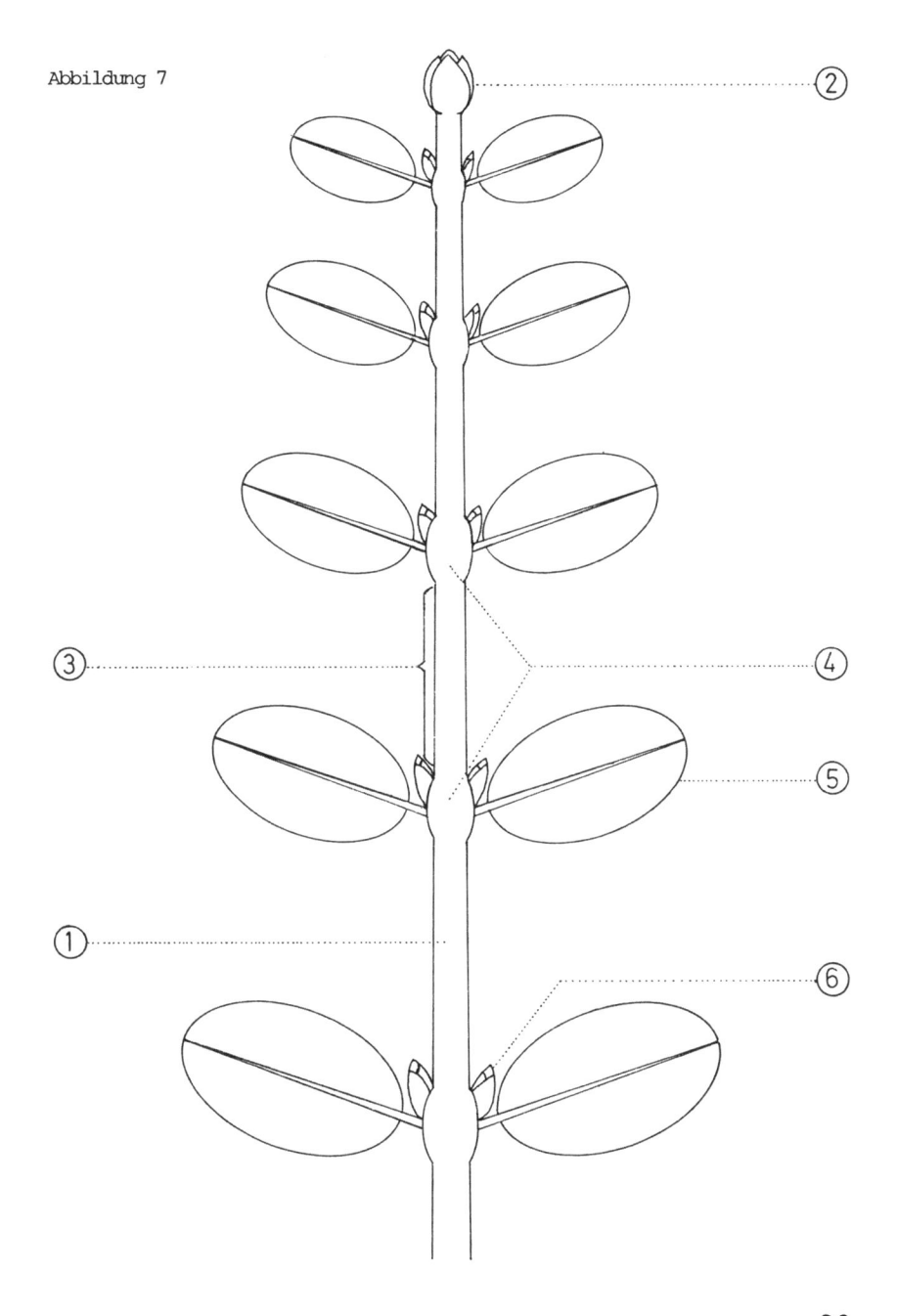

Abbildung 7

23

3.3.1. Die Wuchsformen der Sproßachse

Der Wuchs der Sproßachse ist   Abbildung 8

1. aufrecht (1)
   Die Sproßachse wächst mehr oder weniger senkrecht empor.
   Beispiele : Rainfarn, Echte Kamille, Königskerze, Taubnessel, Gräser
2. kriechend (2)
   Die Sproßachse liegt auf dem Boden.
   Beispiele : Efeu-Gundermann, Pfennig-Gilbweiderich, Garten-Gurke, Kürbis
3. windend (3)
   Die Sproßachse windet sich an einer Stütze empor.
   Beispiele : Hopfen, Feuer-Bohne, Acker-Winde, Geißblatt
4. kletternd (4)
   Die Sproßachse wächst mit Hilfe von Haftwurzeln oder Ranken an einer Stütze empor.
   Beispiele : Efeu, Weinrebe, Zaunrübe

3.3.2. Der Querschnitt der Sproßachse

Der Querschnitt der Sproßachse ist   Abbildung 9

1. stielrund (1)
   Beispiele : Die Sproßachsen der meisten Gräser, Getreide; Liebstöckel, Fenchel, Anis
2. vierkantig (2)
   Beispiele : Charakteristisch für Pflanzenarten der Familie der Lippenblütengewächse (=Lamiaceae), z.B. Taubnessel, Pfeffer-Minze, Zitronen-Melisse, Echter Salbei
3. gerieft oder gefurcht (3)
   Beispiele : Charakteristisch für viele Arten der Familie der Doldengewächse (=Apiaceae), z.B. Echte Engelwurz, Bärenklau, Fenchel
4. geflügelt (4)
   Beispiele : Flügel-Hartheu (=Johanniskraut), Geflügelte Braunwurz, Geflügelter Ginster
5. zweischneidig (5)
   Beispiele : Tüpfel-Hartheu (=Johanniskraut), Niederliegendes Hartheu

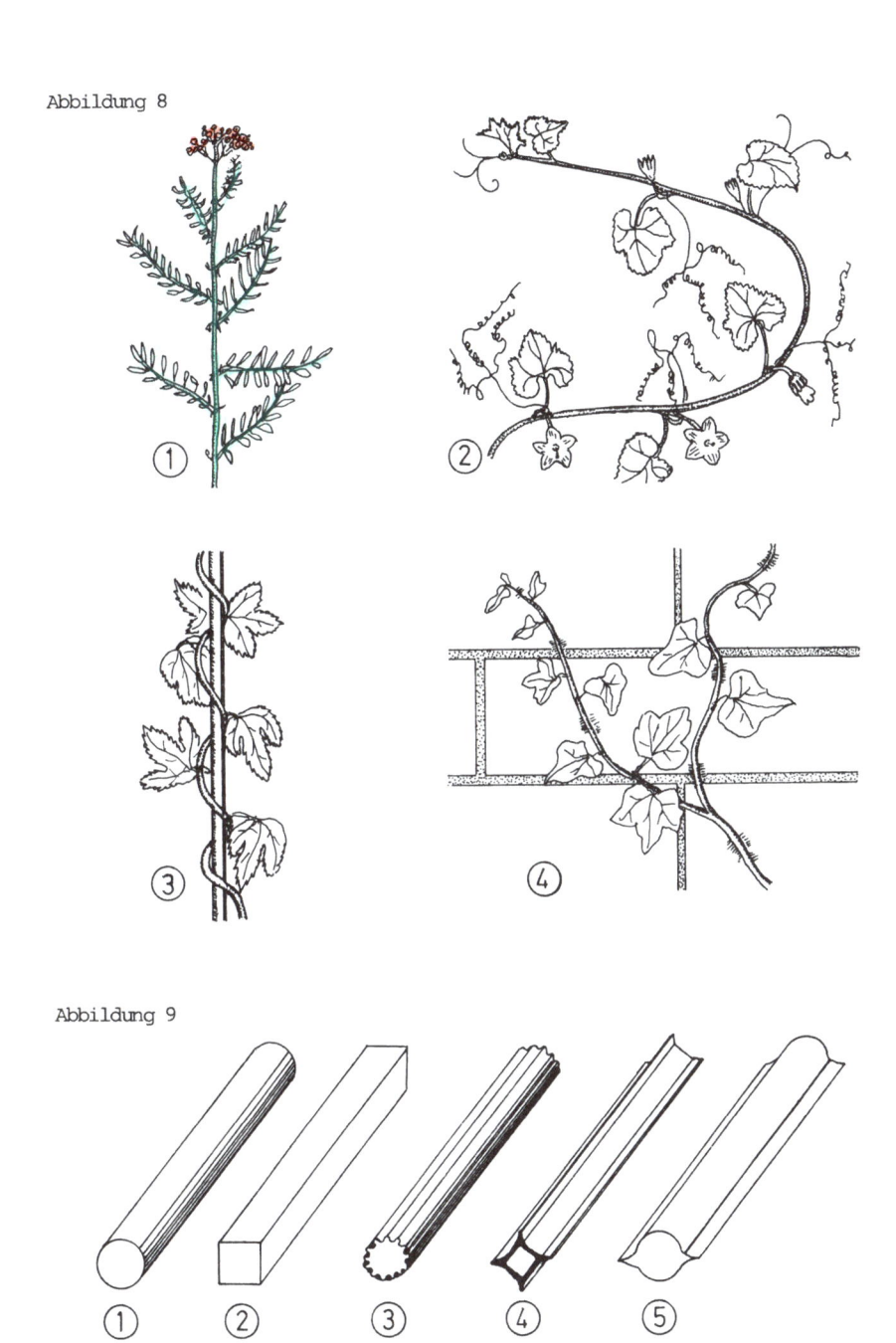

Abbildung 8

① ② ③ ④

Abbildung 9

① ② ③ ④ ⑤

3.4. Das Grundorgan Laubblatt

Drittes Grundorgan der Kormuspflanze ist das Laubblatt

Die Aufgaben des Laubblattes

1. Photosynthese [1], d.h. der Aufbau von Kohlenhydraten aus Kohlendioxid und Wasser unter dem Einfluß des Sonnenlichtes und der Anwesenheit von Blattgrün (=Chlorophyll [2])
2. Gasaustausch, d.h. die Aufnahme von Kohlendioxid aus der Luft und die Abgabe des bei der Photosynthese anfallenden Sauerstoffs durch die Spaltöffnungen des Laubblattes
3. Transpiration [3], d.h. die Abgabe von Wasser in Gasform durch die Spaltöffnungen des Laubblattes

Der Bau des Laubblattes   Abbildung 10

Das meist flächig gestaltete Laubblatt besteht aus der dem Sonnenlicht zugewandten Blattspreite (1), die durch den Blattrand (2) begrenzt ist und in der Blattspitze (3) endet. Die Blattspreite (=Blattfläche) wird von Blattadern (4) durchzogen [4].
Die Blattaderung ist netzaderig (5), wenn von einer Hauptader stärkere Adern, von diesen wiederum schwächere Adern ausgehen.
Die Blattaderung wird als streifig oder paralleladerig (6) bezeichnet, wenn zahlreiche Adern parallel oder schwach bogenförmig verlaufen.
Als Blattgrund (7) wird der an der Sproßachse angrenzende Teil des Laubblattes bezeichnet. Durch den Blattstiel (8) ist das Laubblatt mit der Sproßachse verbunden. Bei manchen Pflanzenarten besitzen die Laubblätter keinen Blattstiel.

Die Blattaderung dient der Straffung der Blattspreite und der Leitung des Wassers, das durch die Leitbündel der Sproßachse, den Blattstiel und durch die Aderung in das Laubblatt gelangt.

---

1) phos, photos (gr.) = Licht
   synthesis (gr.) = Aufbau, Zusammenfügung
2) chloros (gr) = grün
   phyllon (gr.) = Blatt
3) transpirare (l.) = ausatmen
4) In der Literatur wird beim Laubblatt auch von Blattnerven gesprochen, die man in ihrer Gesamtheit dann als Nervatur (Blattnervatur) bezeichnet.

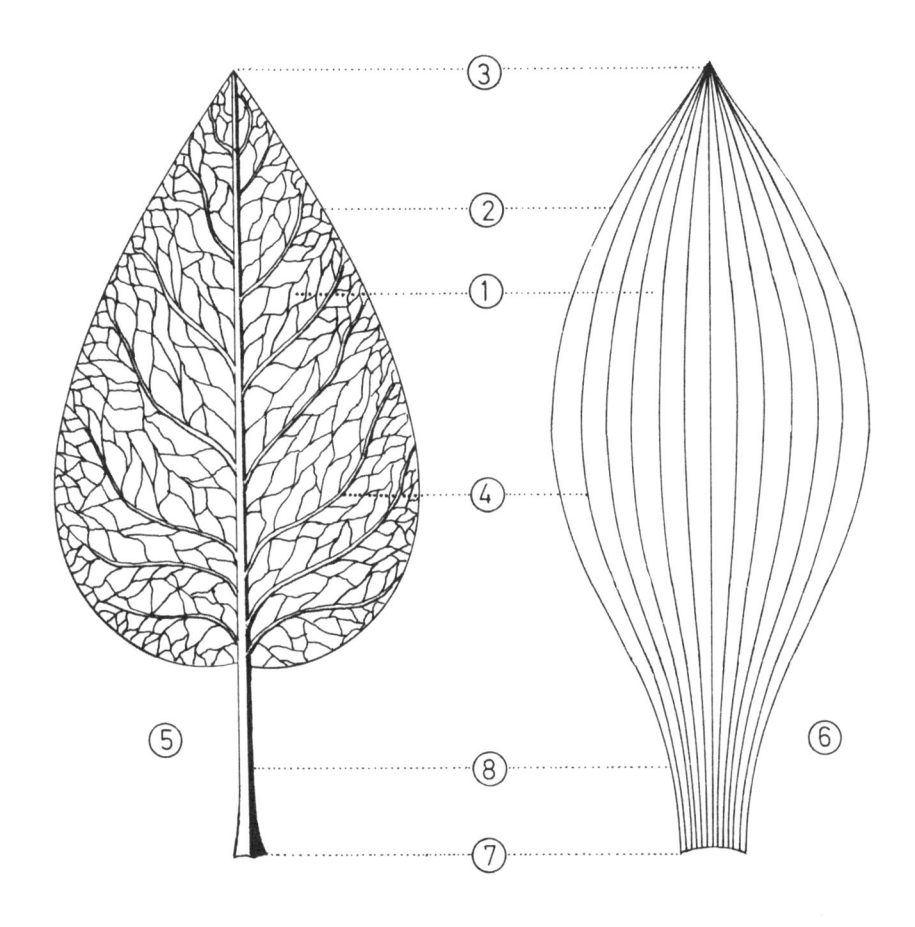

Abbildung 10

27

3.4.1. Die Anheftung des Laubblattes an der Sproßachse

Nach der Art der Anheftung der Laubblätter an der Sproßachse unterscheidet
man :   Abbildung 11

1. Gestielte Laubblätter ①
   Die Blattspreite ist durch einen Blattstiel mit der Sproßachse verbunden.
   Diese Art der Blattanheftung ist für viele Pflanzenarten charakteristisch.
   Beispiele : Hänge-Birke, Linde, Echter Salbei, Pfeffer-Minze, Huflattich,
              Zaunwinde, Große Klette, Große Brennessel
2. Sitzende Laubblätter ②
   Die Laubblätter besitzen keinen Blattstiel. Die Blattspreite ist unmittelbar an der Sproßachse angeheftet.
   Beispiele : Mistel, Tüpfel-Hartheu, Rosmarin
3. Blattscheiden ③
   Blattscheiden weisen einen verbreiterten Blattgrund auf, der die Sproßachse und die Seitenknospe schützend umhüllt. Blattscheiden sind charakteristisch für die Pflanzenfamilien der Süßgräser (=Poaceae) und der Doldengewächse (=Apiaceae).
   Beispiele : Getreidearten, Wald-Engelwurz, Wiesen-Bärenklau, Fenchel,
              Anis, Garten-Petersilie
4. Herablaufende Laubblätter ④
   Die Blattspreite ist am Spreitengrund mit der Sproßachse verbunden.
   Beispiele : Gemeiner Beinwell, Großblumige Königskerze, Sumpf-Kratzdistel
5. Stengelumfassende Laubblätter ⑤
   Der Grund der Blattspreite umfaßt die Sproßachse.
   Beispiele : Schlaf-Mohn, Gemeine Wegwarte, Stengelumfassende Taubnessel
6. Durchwachsene Laubblätter ⑥
   Die Sproßachse scheint die Blattspreite zu durchwachsen.
   Beispiele : Rundblättriges Hasenohr, Wohlriechendes Geißblatt
7. Verwachsene Laubblätter ⑦
   Die Blattspreiten von zwei an der Sproßachse gegenüberstehenden, d.h. gegenständigen Laubblättern sind verwachsen.
   Beispiele : Nelkengewächse (=Caryophyllaceae); Wilde Karde, Jelängerjelieber

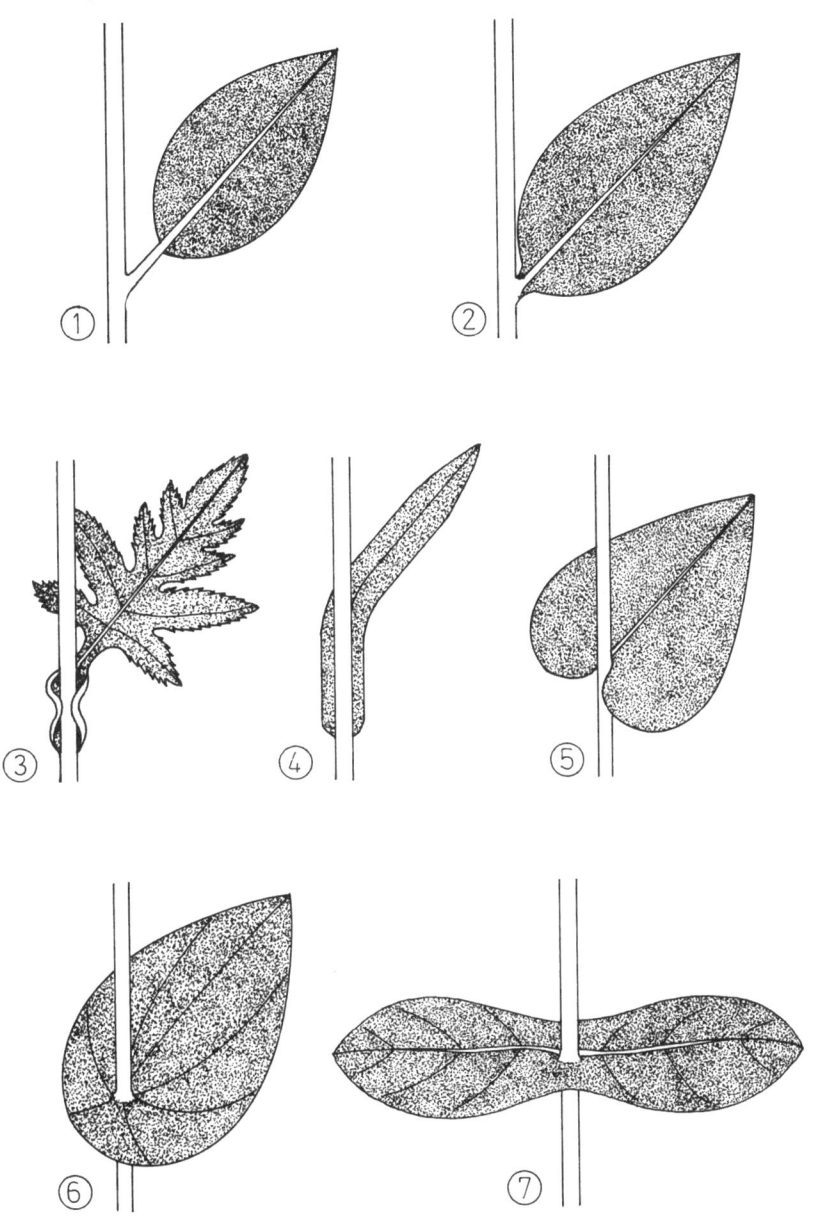

Abbildung 11

3.4.2. Die Blattstellung

Nach der Art der Anordnung der Laubblätter an der Sproßachse werden folgende Blattstellungen unterschieden:

Abbildung 12

1. Grundständige Blattstellung (1)
   Die Laubblätter stehen am Grunde der Sproßachse und bilden eine Rosette
   Beispiele : Sonnentau-Arten, Schlüsselblume, Wegerich-Arten, Gänseblümchen, Löwenzahn, Futter- und Zuckerrübe

2. Gegenständige Blattstellung (2)
   Zwei Laubblätter stehen sich an einem Knoten der Sproßachse gegenüber
   Beispiele : Große Brennessel, Nelkengewächse, z.B. Echtes Seifenkraut; Tüpfel-Hartheu (=Johanniskraut), Echter Baldrian, Arnika

3. Kreuzgegenständige Blattstellung (3)
   Gegenständige Laubblätter stehen mit dem nachfolgenden Blattpaar rechtwinklig versetzt an der Sproßachse
   Beispiele : Charakteristische Blattstellung für Pflanzen der Familie der Lippenblütengewächse (=Lamiaceae) : z.B. Weiße Taubnessel, Zitronen-Melisse, Salbei, Lavendel, Pfeffer-Minze

4. Wechselständige Blattstellung (4)
   An jedem Knoten der Sproßachse befindet sich ein Laubblatt. Die Laubblätter sind in ihrer Blattstellung spiralig versetzt
   Beispiele : Charakteristische Blattstellung für Pflanzen aus der Familie der Knöterichgewächse (=Polygonaceae), z.B. Krauser Ampfer, Winden-Knöterich und aus der Familie der Kreuzblütengewächse (=Brassicaceae), z.B. Hirtentäschel, Schwarzer Senf, Raps; Roter Fingerhut, Kornblume

5. Quirlblättrige Blattstellung (5)
   Mehrere Laubblätter sind an einem Knoten der Sproßachse im Kreise angeordnet
   Beispiele : Quirlblättrige Weißwurz, Vierblättrige Einbeere, Wald-Meister, Labkraut-Arten, Schachtelhalm-Arten

6. Zweizeilige Blattstellung (6)
   An jedem Knoten der Sproßachse befindet sich ein Laubblatt. Die Laubblätter stehen wechselseitig in zwei Zeilen an der Sproßachse
   Beispiele : Charakteristische Blattstellung für viele einkeimblättrige Pflanzen : z.B. Mais, Porree = Breit-Lauch, Amaryllis, Gemeine Weißwurz (=Salomonssiegel); ebenso für manche zweikeimblättrige Pflanzen : Ulme, Efeu, Heidelbeere, für Pflanzen der Familien der Doldengewächse (=Apiaceae) und der Schmetterlingsblütengewächse (=Fabaceae)

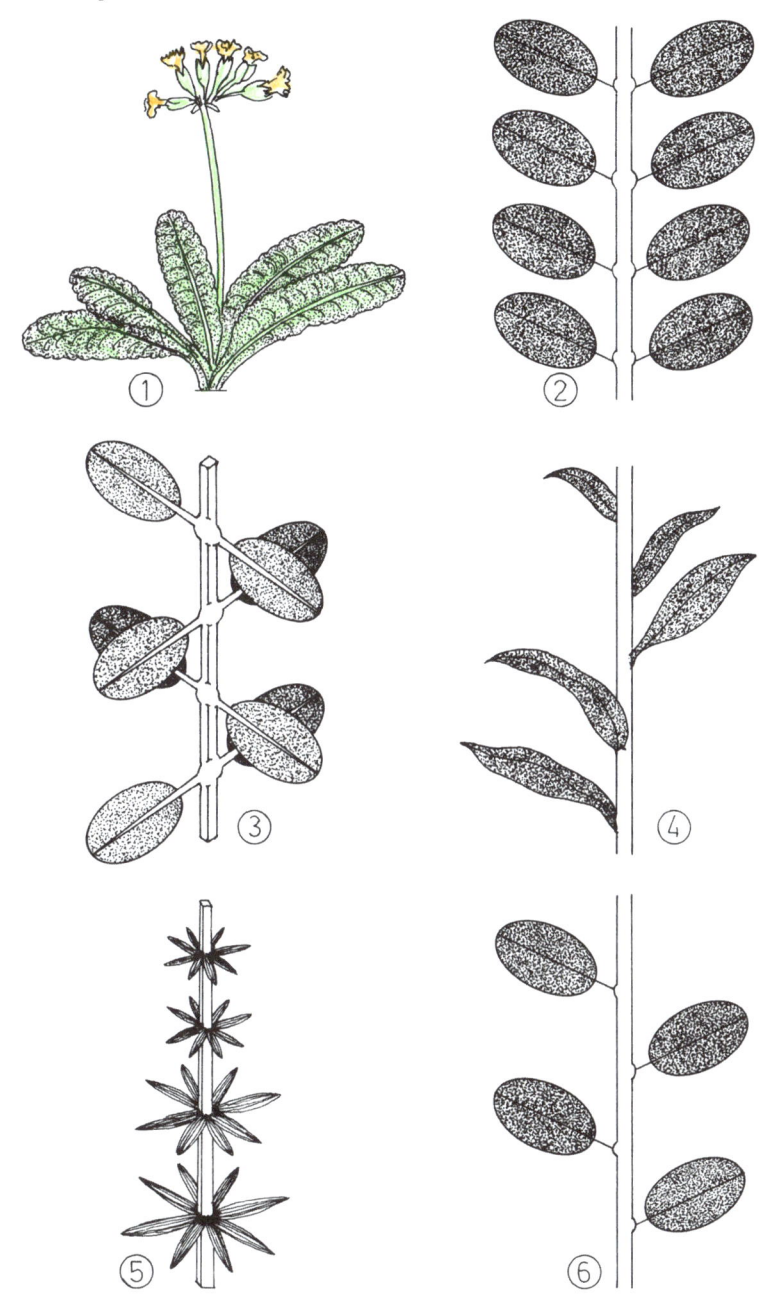

Abbildung 12

3.4.3. Die Blattformen

Die Form der Blattspreite ist ein wichtiges Merkmal zum Bestimmen der Pflanzengattungen und -arten. Hinsichtlich der Blattformen werden unterschieden:
1. einfache oder ungeteilte Laubblätter
2. geteilte Laubblätter
3. zusammengesetzte Laubblätter

3.4.3.1.   Einfache oder ungeteilte Laubblätter   Abbildung 13
Die Blattspreite ist am Rande nicht oder nur leicht eingeschnitten oder gelappt und kann folgende Formen aufweisen:
1. nadelförmig ①
   Beispiele: Nadelbäume, Kiefer, Tanne; Wacholder, Glockenheide
2. lineal oder linealisch ②
   Beispiele: Gräser, Heidekraut, Rosmarin, Ysop, Thymian, Lavendel
3. lanzettlich ③
   Beispiele: Vogel-Knöterich, Eukalyptus, Lorbeer, Echter Salbei, Spitz-Wegerich, Knabenkräuter
4. elliptisch ④
   Beispiele: Faulbaum, Tüpfel-Hartheu (=Johanniskraut), Tausendgüldenkraut, Gelber Enzian
5. eiförmig ⑤
   Beispiele: Teilblättchen der Wald-Erdbeere; Heidelbeere, Melisse, Taubnessel, Dosten, Pfeffer-Minze
6. verkehrt-eiförmig ⑥
   Beispiele: Teilblättchen des Echten Steinklee und des Fieberklee; Echter Ehrenpreis, Bärentraube
7. kreisrund ⑦
   Beispiele: Froschbiß, Zitter-Pappel, Rundblättriger Sonnentau, Wasser-Nabelkraut, Große Kapuzinerkresse
8. spatelförmig ⑧
   Beispiele: Mistel, Kriechender Günsel, Gänseblümchen
9. rautenförmig ⑨
   Beispiele: Hänge-Birke, Wassernuß, Weißer Gänsefuß
10. herzförmig ⑩
    Beispiele: Sumpf-Dotterblume, Linde, Sonnenblume, Huflattich
11. nierenförmig ⑪
    Beispiele: Haselwurz, Milzkraut, Zweiblütiges Veilchen
12. pfeilförmig ⑫
    Beispiele: Pfeilkraut, Gefleckter Aronstab, Acker-Zaunwinde
13. spießförmig ⑬
    Beispiele: Kleiner Ampfer, Guter Heinrich, Garten-Melde

Abbildung 13

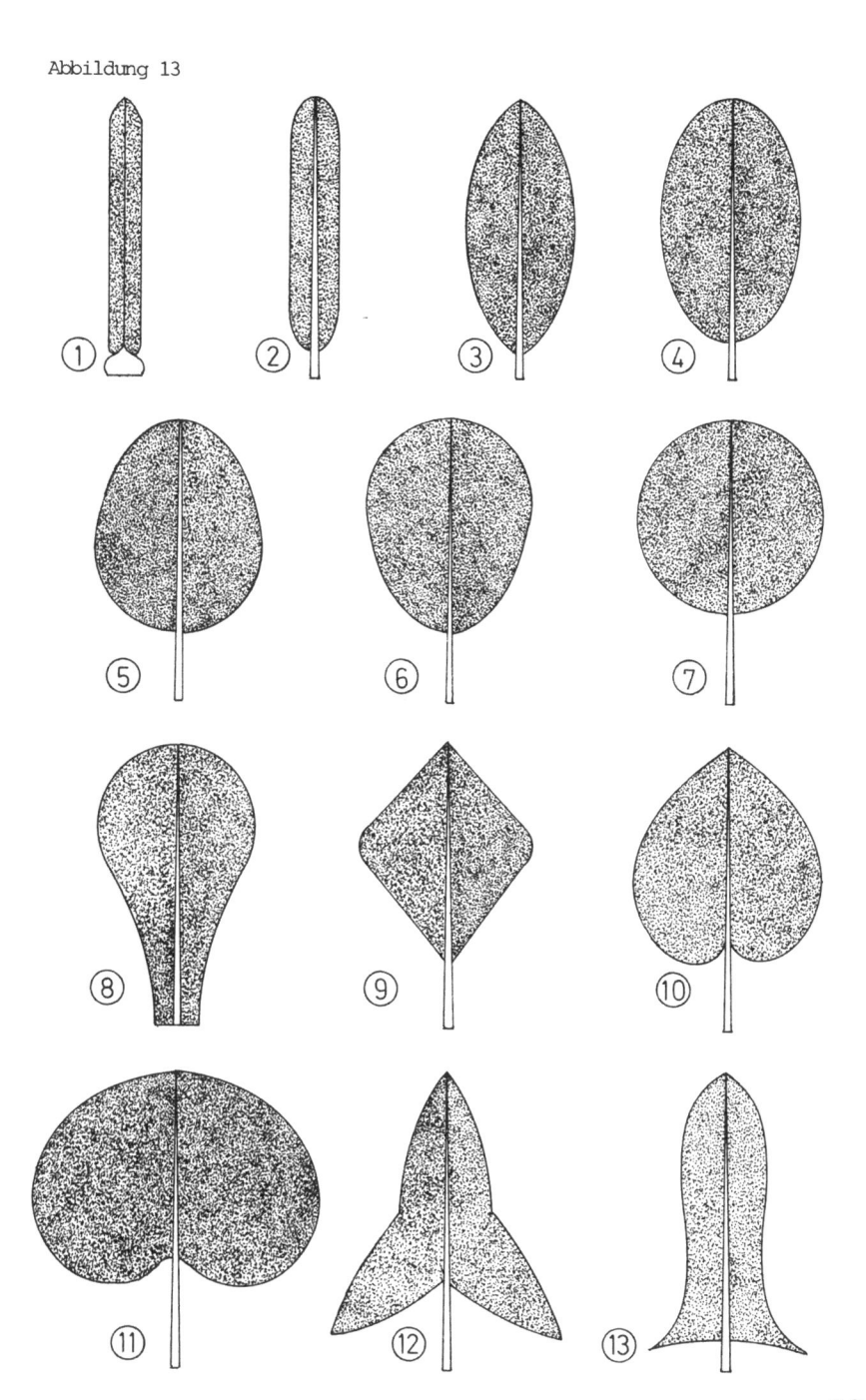

3.4.3.2. Geteilte Laubblätter   Abbildung 14

Die geteilten Laubblätter besitzen eine Blattspreite, die durch mehr oder weniger tiefe Einschnitte geteilt ist. Es werden unterschieden :

1. **fiederspaltige Laubblätter** (1)
   Die paarweise aufeinander zulaufenden Einschnitte erreichen nicht die Mittelrippe
   Beispiele : Schöllkraut, Hirtentäschel, Raps, Schafgarbe

2. **fiederteilige Laubblätter** (2)
   Die Einschnitte laufen fast bis zur Mittelrippe
   Beispiele : Rippenfarn, Gemeiner Tüpfelfarn, Sumpf-Wasserfeder, Wermut, Skabiosen-Flockenblume

3. **handförmig geteilte Laubblätter** (3)
   Die Einschnitte laufen in Richtung zum Blattgrund
   Beispiele : Hahnenfuß, Hoher Rittersporn, Blauer Eisenhut, Wiesen-Storchenschnabel

4. **gelappte Laubblätter** (4)
   Die Einschnitte reichen nicht bis zur Mitte der Blattspreite
   Beispiele : Hopfen, Rote Johannisbeere, Gemeiner Frauenmantel, Spitz-Ahorn, Echter Eibisch, Weg-Malve

Abbildung 14

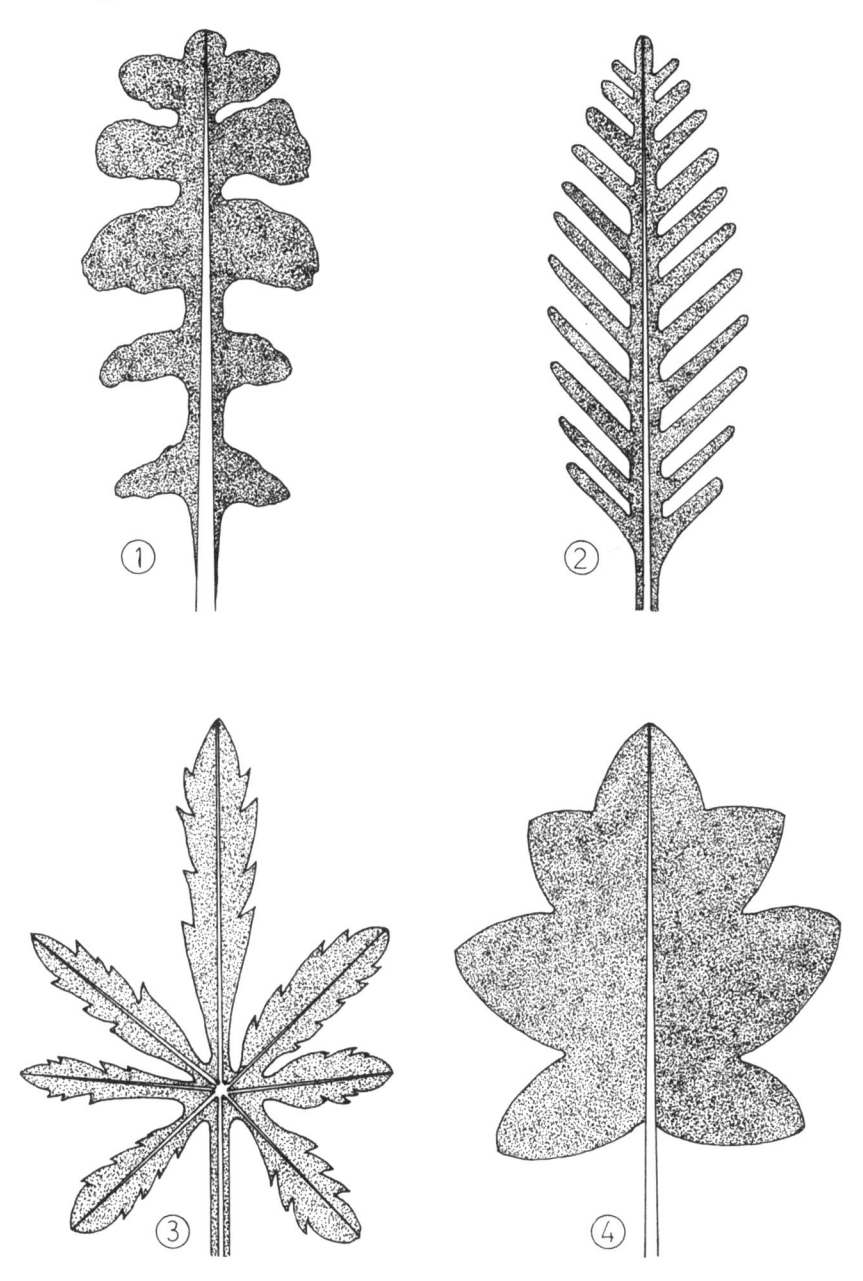

35

3.4.3.3. Zusammengesetzte Laubblätter   Abbildung 15

Diese Laubblätter besitzen eine Blattspreite, die aus mehreren selbständigen Blatteilen, die als Blättchen bezeichnet werden, zusammengesetzt ist.
Es werden unterschieden :

1. **unpaarig gefiederte Laubblätter** (1)
   Das Laubblatt besitzt mehrere Blättchenpaare und schließt mit einem Endblättchen ab
   Beispiele : Walnuß, Wilde Vogelbeere (=Eberesche), Garten-Rose, Echte Geißraute, Robinie, Esche, Baldrian

2. **paarig gefiederte Laubblätter** (2)
   Das Laubblatt besitzt mehrere Blättchenpaare, ein Endblättchen fehlt jedoch
   Beispiele : Garten-Erbse, Platterbse, Sennespflanze, Erdnuß

3. **unterbrochen gefiederte Laubblätter** (3)
   Das Laubblatt besitzt Paare großer und kleiner Blättchen, die sich abwechseln
   Beispiele : Gänse-Fingerkraut, Kleiner Odermennig, Echtes Mädesüß, Kartoffel, Tomate

4. **doppelt oder mehrfach gefiederte Laubblätter** (4)
   Bei diesen Laubblättern weisen die Blättchen eine nochmalige Fiederung auf
   Beispiele : Adlerfarn, Petersilie, Wilde Möhre, Liebstöckel, Fenchel, Engelwurz, Rainfarn

5. **dreizählige Laubblätter** (5)
   Das Laubblatt setzt sich aus drei Blättchen zusammen
   Beispiele : Klee, Echter Steinklee, Wald-Erdbeere, Dreiblättriger Fieberklee

6. **fünfzählige Laubblätter** (6)
   Das Laubblatt setzt sich aus fünf Blättchen zusammen
   Beispiele : Brombeere, Himbeere (3-5zählig)

7. **siebenzählige Laubblätter** (7)
   Das Laubblatt setzt sich aus sieben Blättchen zusammen
   Beispiele : Hanf, Roßkastanie

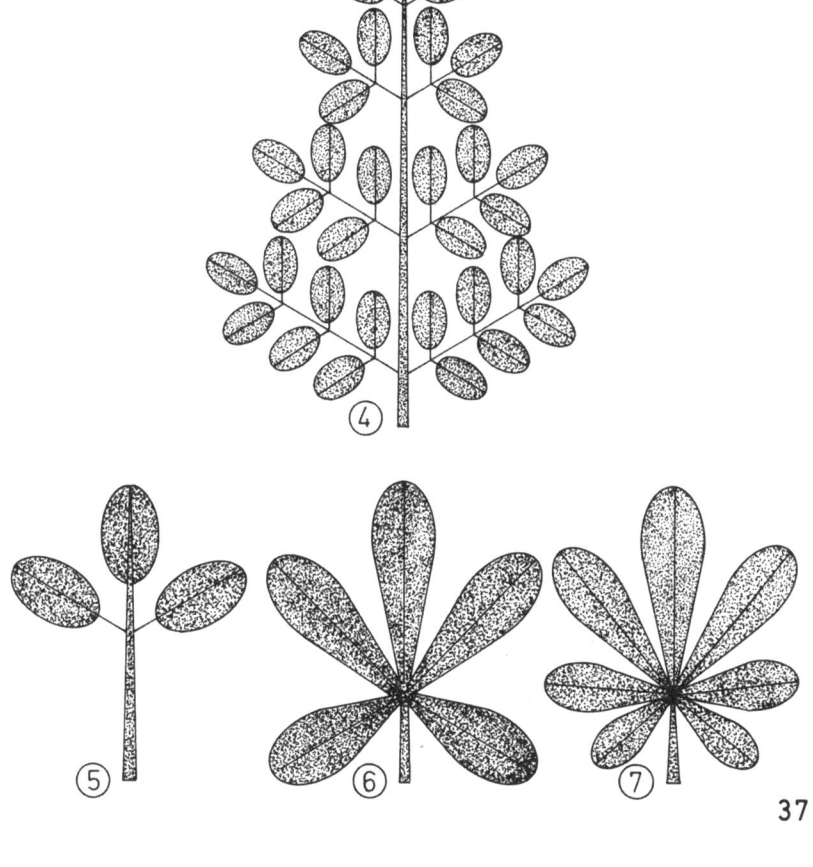

Abbildung 15

3.4.4. Die Blattränder

Nach der Beschaffenheit des Blattrandes werden unterschieden :

Abbildung 16

1. ganzrandig ①
    Der Blattrand ist glatt und besitzt keine Einschnitte
    Beispiele : Garten-Tulpe, Mistel, Sennes, Faulbaum, Bärentraube

2. gesägt ②
    Die Einschnitte und die Zähne sind spitz zulaufend
    Beispiele : Große Brennessel, Himbeere, Brombeere, Weiße Taubnessel, Pfeffer-Minze

3. doppelt gesägt ③
    Die Einschnitte sind spitz zulaufend. Größere und kleinere Zähne wechseln miteinander ab
    Beispiele : Hain-Buche, Hasel, Hänge-Birke, Grau-Erle

4. schrotsägeförmig ④
    Die großen Zähne sind nochmals fein gesägt
    Beispiele : Echtes Benediktenkraut, Löwenzahn, Disteln

5. gezähnt ⑤
    Die Einschnitte sind abgerundet, die Zähne spitz zulaufend
    Beispiele : Echter Steinklee, Wald-Erdbeere, Weidenröschen, Huflattich

6. gekerbt ⑥
    Die Einschnitte sind spitz zulaufend, die Zähne abgerundet
    Beispiele : Sumpf-Dotterblume, Roter Fingerhut, Gundelrebe, Echter Salbei

7. gebuchtet ⑦
    Der Blattrand besitzt abgerundete Einschnitte und Zähne
    Beispiele : Stiel-Eiche, Gemeines Kreuzkraut, Rüben

Abbildung 16

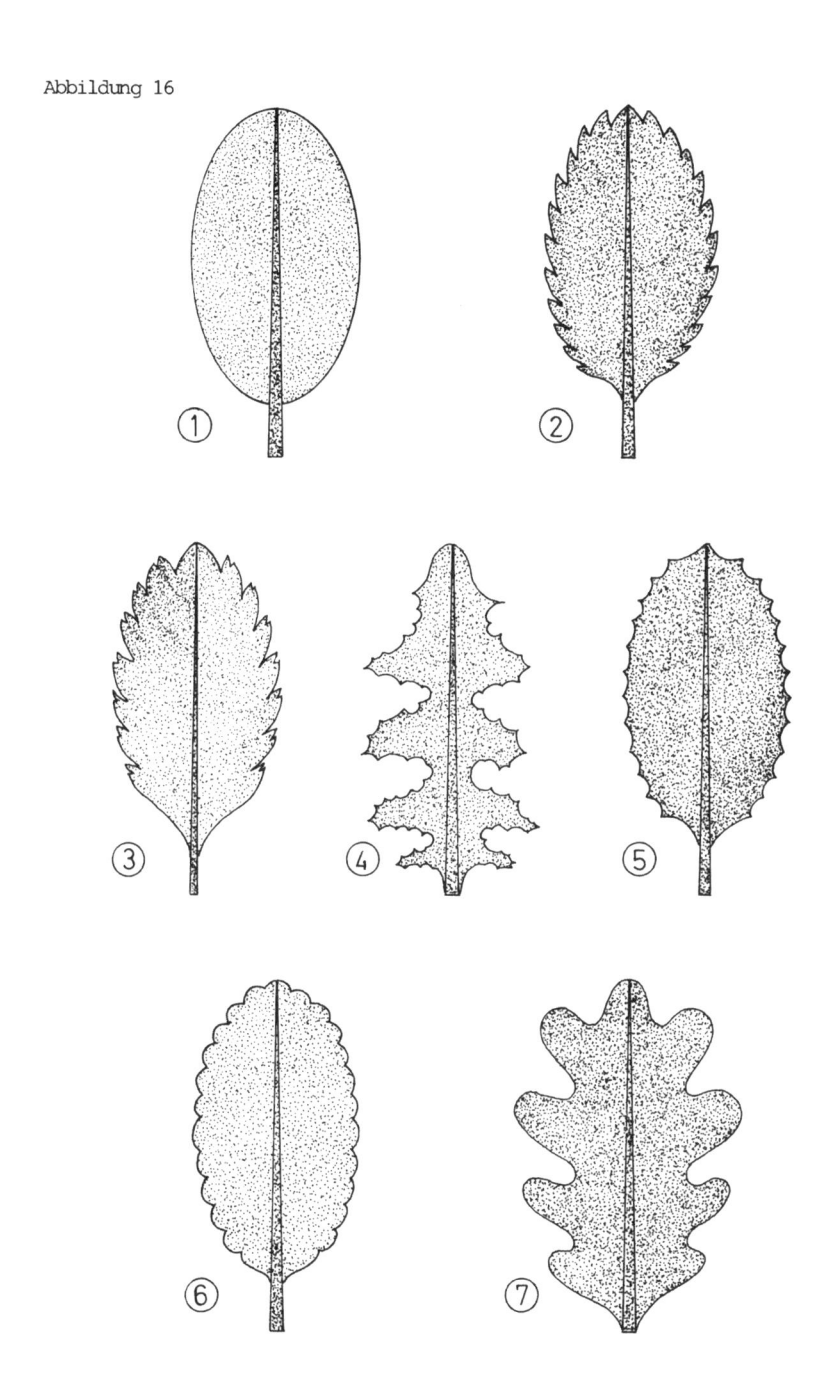

3.5. Die Metamorphosen der Grundorgane

Die bisherigen morphologischen Darlegungen bezogen sich auf die Kormuspflanze mit ihren Grundorganen Wurzel, Sproßachse und Laubblatt. Die Grundformen der Organe wurden zu deren jeweiligen Grundfunktionen in Beziehung gesetzt, die Wechselwirkungen zwischen Gestalt und Aufgaben der Organe herausgestellt.

Die mannigfaltige Fülle der Formen in der Pflanzenwelt zeigt jedoch, daß die Pflanzen nur in den seltensten Fällen der dargestellten Kormuspflanze entsprechen, die Grundorgane vielmehr eine andersartige Gestaltung aufweisen können.

Die veränderte Ausbildung eines Grundorgans bezeichnet man in der Botanik als **Metamorphose**[1].

Die Umbildung ist das Ergebnis einer Anpassung des Organs an besondere Aufgaben, die von den bisher behandelten Grundfunktionen des Organs abweichen. So übernimmt etwa die Pfahlwurzel der Möhre die zusätzliche Aufgabe der Speicherung von Nährstoffen, die Sproßachse des Hopfens ist befähigt, sich an einer Stütze emporzuranken, die Laubblätter des Sonnentau sind für den Insektenfang eingerichtet.

> Metamorphose ist die Umwandlung der Grundform der Grundorgane Wurzel, Sproßachse und Laubblatt in Anpassung an besondere Aufgaben.

Der Begriff Metamorphose wurde von J.W. von GOETHE in seinem 'Versuch, die Metamorphose der Pflanze zu erklären' (1790) in die Botanik eingeführt.

In einem weiteren Abschnitt sollen nunmehr die wichtigsten Metamorphosen der Grundorgane Wurzel, Sproßachse und Laubblatt behandelt werden.

---

[1] metamorphosis (gr.) = Umwandlung, Umbildung, Veränderung

3.5.1. Die Metamorphosen der Wurzel

Die Grundfunktionen des Grundorgans Wurzel sind
1. Befestigung der Pflanze im Boden
2. Aufnahme von Wasser
3. Aufnahme von Nährsalzen

Wurzeln können **besondere Aufgaben** übernehmen, daneben aber **oft ihre eigentümlichen Funktionen beibehalten.** Die Übernahme einer besonderen Funktion hat für das Grundorgan in Anpassung an die Aufgabenstellung eine entsprechende Gestaltveränderung, d.h. eine Metamorphose zur Folge.

3.5.1.1. Speicherwurzeln

dienen der Speicherung organischer Reservestoffe und können sich entwickeln aus
1. Hauptwurzeln und
2. sproßbürtigen Wurzeln[1].

1. Rüben   Abbildung 17

sind **verdickte Hauptwurzeln.** Auch der **Wurzelhals** (=Hypokotyl[2]) **kann mehr oder weniger an** der **Rübenbildung beteiligt sein.** Das Verdicken der Hauptwurzel und die Übernahme der Speicherfunktion wird durch einen Vergleich der Hauptwurzel der Wilden Möhre (1) mit der Rübe der Gartenmöhre (2) deutlich. Gartenmöhre und Zuckerrübe (3) sind durch Verdicken der Hauptwurzel gebildet. Rettich (4) und Futterrübe (5) haben sich aus einer Hauptwurzel unter Beteiligung des Hypokotyls entwickelt.

Bei Radieschen und Roter Rübe handelt es sich um Verdickungen des Hypokotyls, also um sog. Sproßknollen (siehe hierzu den Abschnitt 'Metamorphosen der Sproßachse').

2. Wurzelknollen   Abbildung 18

Auch **sproßbürtige Wurzeln können sich** zum Zwecke der Nährstoffspeicherung **verdicken.** Wegen der Verdickung können die **ursprünglichen Wurzelfunktionen teilweise nicht mehr wahrgenommen werden.** Deshalb treten neben den Wurzelknollen **zusätzlich sproßbürtige Wurzeln** auf.

Beispiele: Scharbockskraut (1), Knabenkraut (2), Dahlie (3), Pfingstrose

---

1) sproßbürtige Wurzeln = Wurzeln, die an der Sproßachse entstanden sind
2) hypo (gr.) = unter
   kotyledo (gr.) = Keimblatt. Hypokotyl = der unter den Keimblättern befindliche kurze Bereich zwischen Wurzel und Sproßachse = Wurzelhals

Abbildung 17

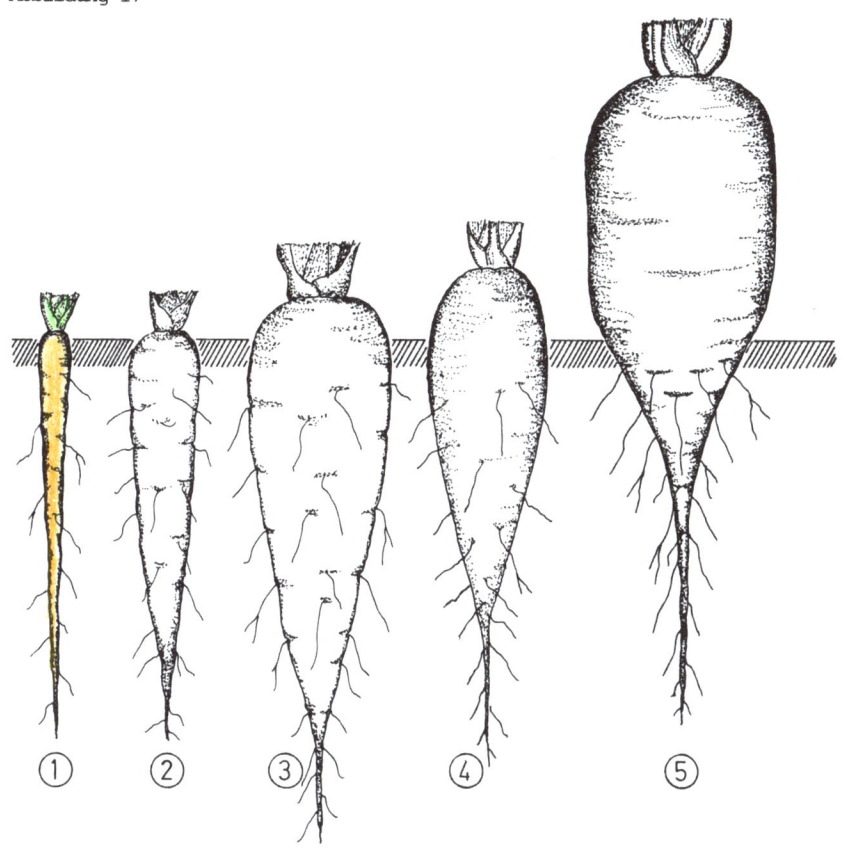

Abbildung 18

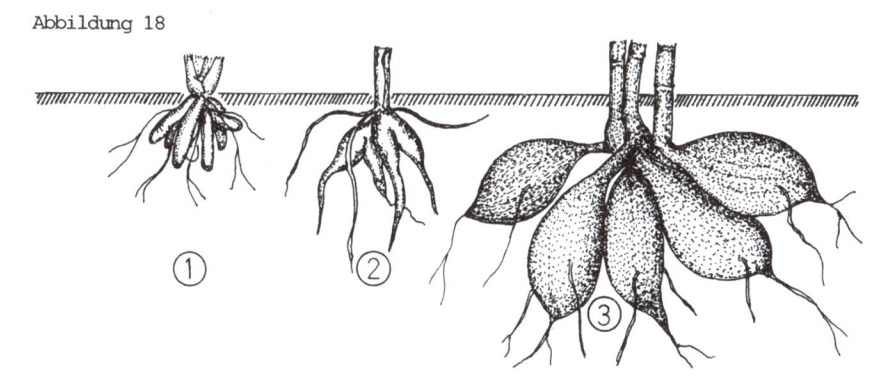

43

3.5.1.2. Luftwurzeln ①②   Abbildung 19

sind **sproßbürtige**, d.h. an der Sproßachse entstandene **oberirdische, unverzweigte** Wurzeln, die bei einigen tropischen Pflanzen zur Aufnahme von Niederschlagswasser dienen. **Erreichen diese** Luftwurzeln (Lw) **den Erdboden, so können sie sich verzweigen** und sich **wie normale Wurzeln verhalten.**

Beispiele : Tropische epiphytische[1]) Orchideen; die als Zimmerpflanze bekannte Monstera①[=Philodendron]. Die tropische Orchidee Vanilla planifolia②, Stammpflanze der Gewürzdroge Vanille (Fructus Vanillae), besitzt Luftwurzeln, die zusätzlich die Funktion von Wurzelranken übernehmen.

3.5.1.3. **Haftwurzeln** ③

bilden sich bei einigen **Pflanzen, die an Bäumen und Mauern emporklettern, aus sproßbürtigen Wurzeln.**

Beispiele : Efeu③ , Wilder Wein (=Parthenocissus), tropische Lianen.

3.5.1.4. Saugwurzeln ④⑤⑥

entwickeln sich bei sog. Voll- und **Halbschmarotzern.** Die als **Haustorien**[2]) bezeichneten Saugwurzeln **senken sich** in das **Gewebe der Wirtspflanzen** (Wpf) ein, **um** diesen **organische Substanzen** (bei Vollschmarotzern) bzw. Wasser und darin gelöste Nährsalze (bei Halbschmarotzern) **zu entziehen.**

Beispiele : **Vollschmarotzer** : Sommerwurz④, Hopfenseide, Kleeseide

Halbschmarotzer : Klappertopf⑤, Augentrost, Wachtelweizen, Mistel⑥ (Längsschnitt durch den befallenen Ast einer Wirtspflanze)

---

1) epi- (gr.) = darauf, darüber
   phyton (gr.) = Pflanze
   Epiphyt = Pflanze, die auf anderen Pflanzen wächst, sich aber selbständig ernährt; auch als 'Überpflanze' bezeichnet
2) haustum (l.) = das Ausgeschöpfte. Haustorien = Saugwurzeln pflanzlicher Schmarotzer

Abbildung 19

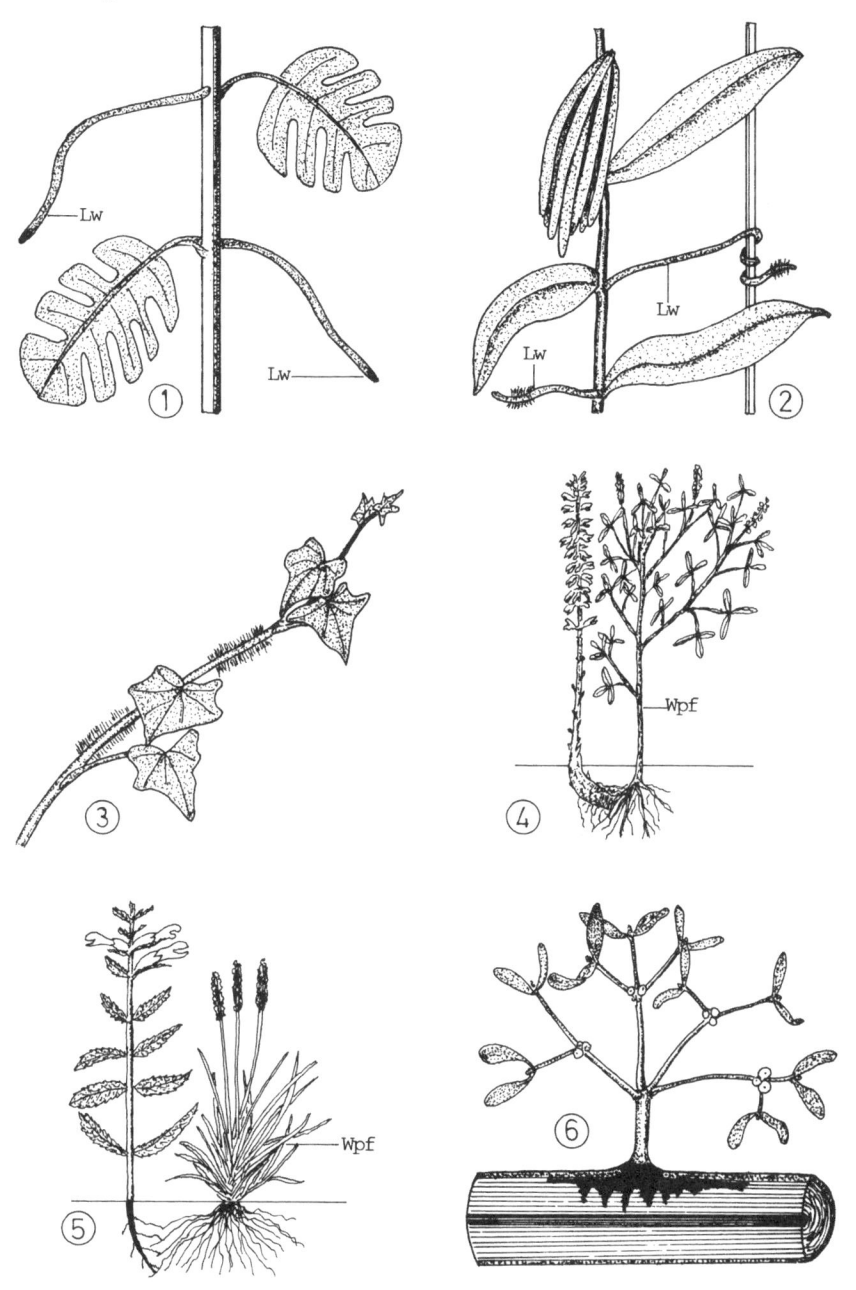

3.5.2. Die Metamorphosen der Sproßachse

Das Grundorgan Sproßachse übernimmt für den Pflanzenkörper folgende Grundfunktionen :
1. Tragorgan für die Laubblätter
2. Verbindungsorgan zwischen Wurzel und Laubblättern
3. Leitorgan für Wasser und Nährsalze von der Wurzel zu den Laubblättern und für die in den Laubblättern gebildeten Assimilate zur Wurzel

Die Sproßachse kann wie die übrigen Grundorgane durch die Übernahme besonderer Funktionen Umwandlungen = Metamorphosen erfahren. Hierbei können Sproßachse und Sproß, d.h. Sproßachse und Laubblätter, gestaltlich verändert werden.

3.5.2.1. Wurzelstöcke (=Rhizome[1])   Abbildung 20

Wurzelstöcke, auch als Rhizome bezeichnet, sind unterirdische, chlorophyllfreie Sproßachsen, bei denen das Wachstum der Internodien unterblieben ist. Die derart gestauchte Sproßachse ist durch Speichern von Nährstoffen verdickt. Der Wurzelstock übernimmt damit die Funktion eines Speicher- und Überwinterungsorgans. Durch die Ausbildung von Seitensprossen ist die Möglichkeit zu einer vegetativen Vermehrung[2] gegeben.

1. Waagerecht wachsende Wurzelstöcke ①②③
besitzen ein unbegrenztes Wachstum. Am nackten Vegetationspunkt (Vp) erfolgt ein dauernder Zuwachs, während das Rhizom am anderen Ende abstirbt. An der Unterseite des Wurzelstocks bilden sich sproßbürtige Wurzeln (sW). Der Blütensproß und die Laubblätter entwickeln sich am Vegetationspunkt. Bilden sich zwei oder mehrere Erneuerungsknospen (Ek), so kommt es zu einer Verzweigung des Rhizoms. Damit ist die Voraussetzung für eine vegetative Vermehrung gegeben.
Beispiele : Schwertlilien-(=Iris-)arten①, Kalmus, Wohlriechende Weißwurz (=Salomonssiegel)②, Buschwindröschen③

2. Senkrecht wachsende Wurzelstöcke ④⑤
besitzen z.B. die Arznei- bzw. Gewürzpflanzen Engelwurz, Liebstöckel, Echter Baldrian④, Ingwer⑤, Kurkuma.

---

1) rhizoma (1.) = Wurzelstock, Erdsproß
2) vegetative Vermehrung : Hierunter versteht man im Gegensatz zur geschlechtlichen Vermehrung im allgemeinen die Bildung neuer Pflanzen durch die Abtrennung lebensfähiger Pflanzenteile von der Mutterpflanze

Abbildung 20

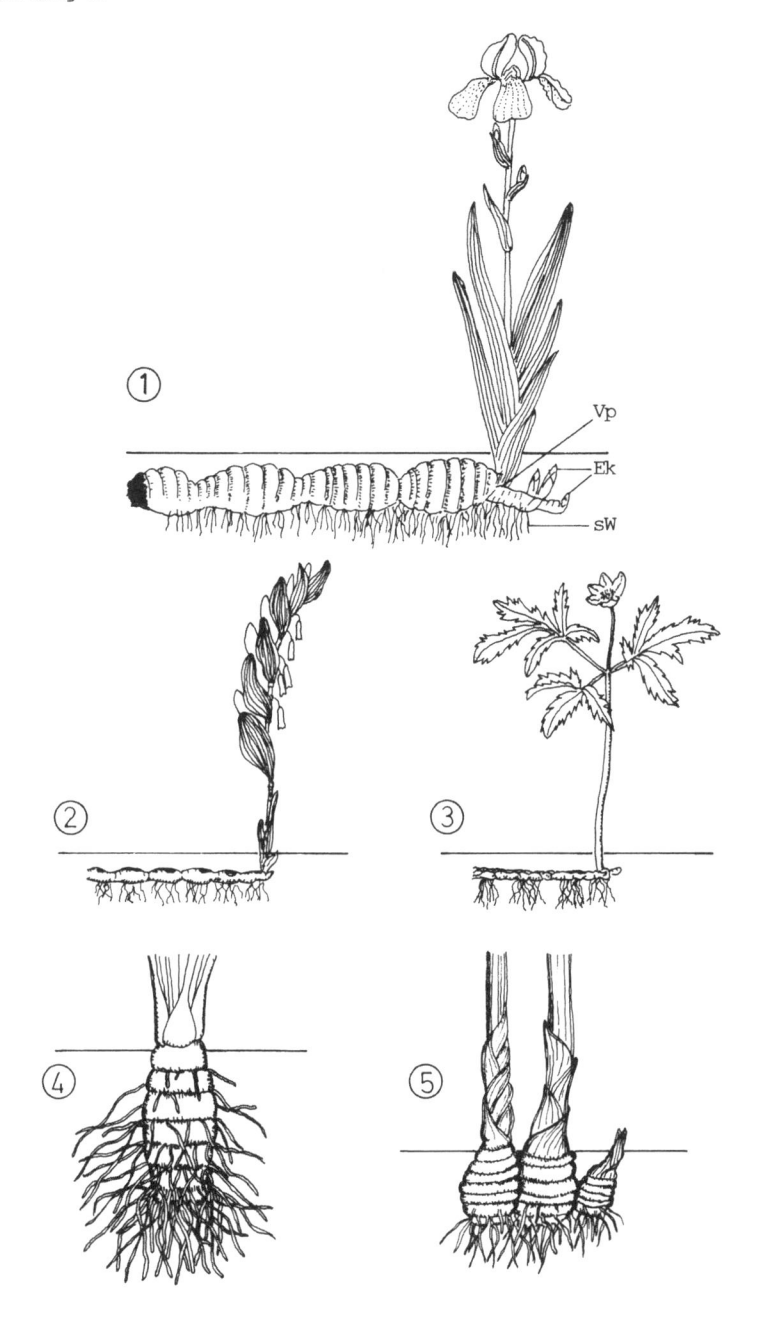

3.5.2.2. **Zwiebeln** Abbildung 21

sind **gestauchte und verdickte Sprosse**. Die Sproßachse der Zwiebeln ist derart gestaucht, daß sie eine **Scheibe bildet, die als Zwiebelscheibe oder Zwiebelkuchen** (Zk) bezeichnet wird. An der Unterseite des Zwiebelkuchens sind **sproßbürtige Wurzeln** (sW), auf der Oberseite hingegen der **Vegetationspunkt** (Vp). Dieser wird von fleischig angeschwollenen Laubblättern, den **Zwiebelschalen** (Zs), schützend umgeben. Diese Zwiebelschalen speichern **Nährstoffe** und ermöglichen damit der Pflanze ein **Überwintern**. Nach der winterlichen Ruhezeit wächst aus dem Vegetationspunkt ein oberirdischer **Blütensproß**. Die Zwiebel ist demnach **Speicher- und Überwinterungsorgan**. Eine vegetative Vermehrung ist durch die Ausbildung von **Ersatzzwiebeln** (Ez) in den Achseln der Zwiebelschalen möglich.
Beispiele : Knoblauch, Küchen-Zwiebel, Garten-Tulpe

3.5.2.3. **Sproßknollen**

entstehen durch **Verdickungen von Teilen der Sproßachse**, bedingt **durch Speichern von Nährstoffen.**

a) **oberirdische** Sproßknollen Abbildung 22

Radieschen ① und **Rote Rübe** ② sind Beispiele für die **alleinige Verdickung des Hypokotyls**. (Vgl. hierzu 3.5.1.1.) Bei der **Küchen-Sellerie** ③ haben sich **Hypokotyl und die unteren Abschnitte der Sproßachse knollenartig verdickt**, bei der **Kohlrabi** ④ ist der **untere Abschnitt der Sproßachse allein** knollenartig angeschwollen.

b) **unterirdische** Sproßknollen Abbildung 23

Bei der **Kartoffel** handelt es sich um eine Pflanze, deren **oberirdischer Sproßteil** sich aus einer **Mutterknolle** (Mk) **entwickelt hat**. **Unterirdische Ausläufer** (A) sind **an ihren Enden zu nährstoffspeichernden Sproßknollen** (Sk) angeschwollen. Diese metamorphosierten Sproßachsen besitzen **Knospen, Augen** (Au) genannt, **aus denen neue Sprosse** wachsen, während die **Mutterknolle** nach Abgabe der Nährstoffe abstirbt.

Abbildung 21

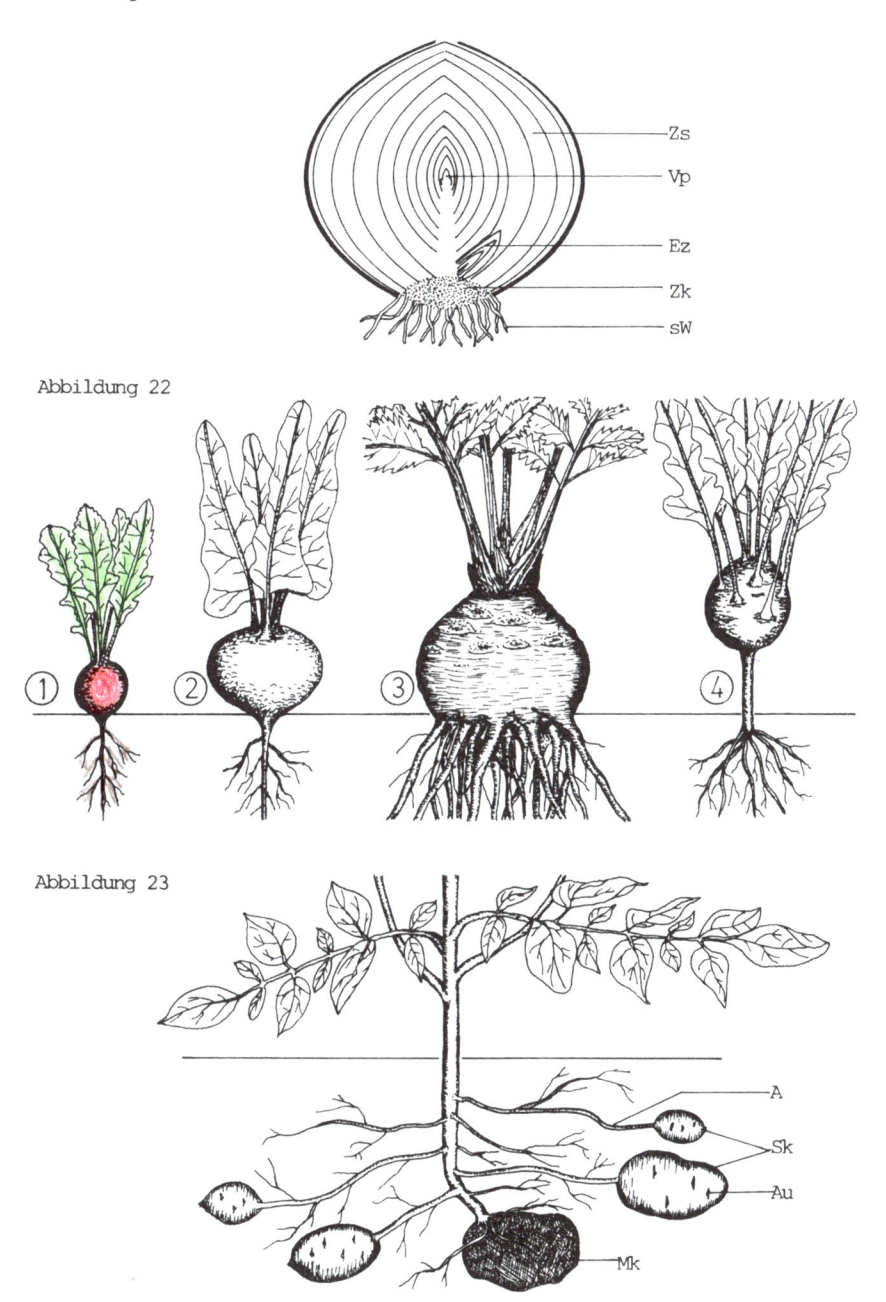

Abbildung 22

Abbildung 23

Abbildung 24

3.5.2.4. Sproßranken ①

sind metamorphosierte Seitensprosse, mit denen Stützen umrankt werden, um der Pflanze einen sicheren Halt zu verschaffen. Die Seitensprosse führen kreisende Bewegungen aus, umschlingen eine Stütze nach Berührung und dienen somit als Halteorgan. (Vgl. 3.5.3.1. Blattranken)
Beispiele : Weinrebe ① , Wilder Wein (Sproßranken mit Haftscheiben), Passionsblume (=Passiflora)

3.5.2.5. Windende Sproßachsen ② ③

Die Spitzen der Sproßachsen entwickeln ein besonders starkes Streckenwachstum, bewegen sich kreisend um eine aufrechte Stütze und umwinden diese dadurch mit der ganzen Sproßachse. Die Sproßachse übernimmt zusätzlich die Aufgabe eines Halteorgans.
 a) linkswindende Sproßachsen ②
  Beispiele : Zaun-Winde, Feuer-Bohne
 b) rechtswindende Sproßachsen ③
  Beispiele : Hopfen, Wald-Geißblatt

3.5.2.6. Ausläufer ④

sind umgewandelte Seitensprosse mit waagerechtem Wuchs, die im Dienste der vegetativen Vermehrung stehen. Damit sich die Tochterpflanzen in genügender Entfernung von der Mutterpflanze entwickeln können, besitzen die Seitensprosse langgestreckte Internodien. An den Knoten entwickeln sich Blätter und sproßbürtige Wurzeln. Nach Absterben der Internodien werden die Tochterpflanzen zu selbständigen Pflanzen.
Beispiele : Gänse-Fingerkraut, Erdbeere ④ ,Kriechender Günsel, Wohlriechendes Veilchen

3.5.2.7. Sproßdornen ⑤ ⑥

sind zu Dornen umgewandelte Seitensprosse ⑤. Nach kurzer Wachstumszeit verholzen die Seitensprosse. Die Dornen stehen mit dem Holzkörper der Hauptachse in Verbindung ⑥. Die Dornen werden als Schutzeinrichtung gegen Tierfraß gedeutet.
Beispiele : Weißdorn, Schlehe, Dornige Hauhechel
Stacheln ⑦ sind leicht zu entfernende Auswüchse der Oberhaut der Sproßachse und keine Sproßmetamorphosen. Beispiel : Rose

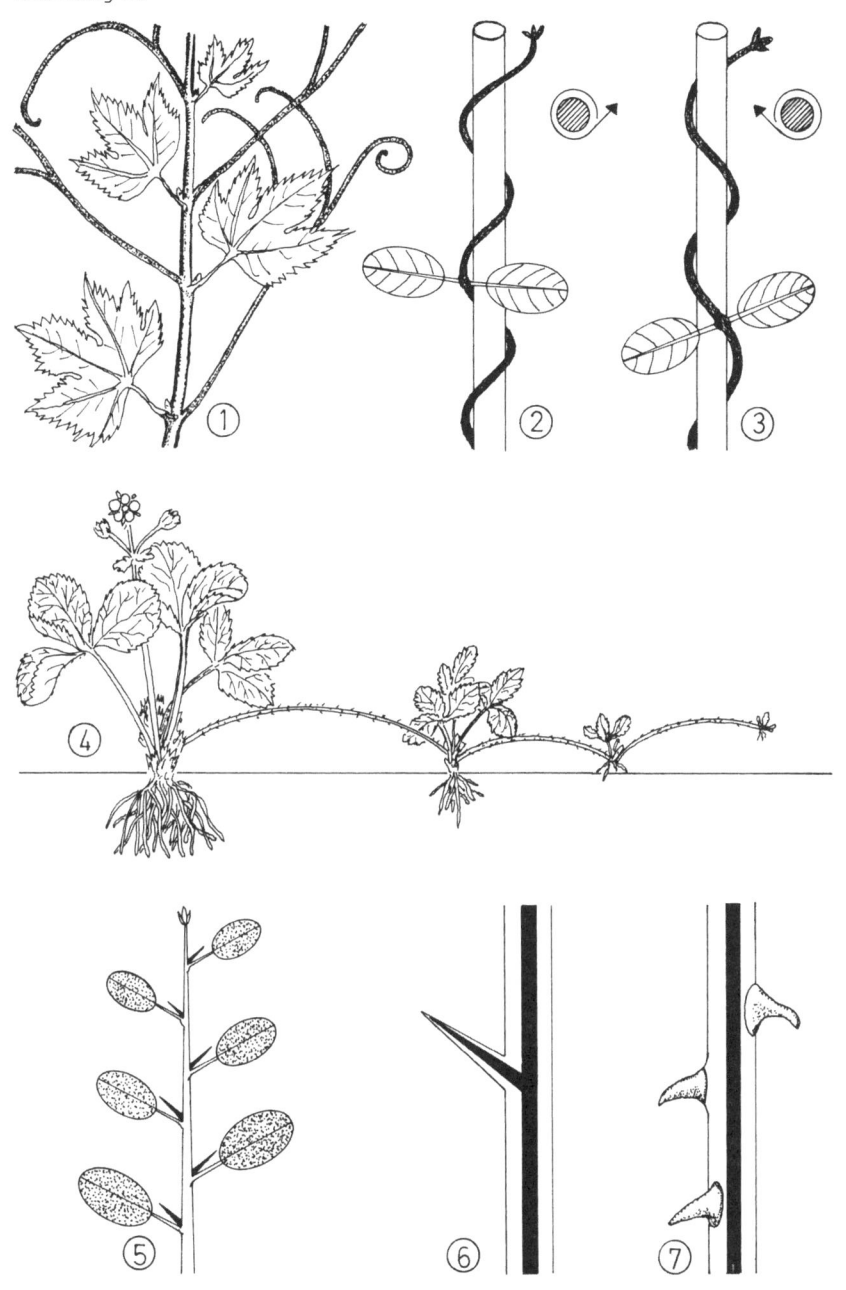

Abbildung 24

3.5.2.8. Wurzel-Sproßachse-Wurzelstock, ein Vergleich

Abbildung 25

	Wurzel	Sproßachse	Wurzelstock
Wachstums-richtung ①	mehr oder weniger senkrecht nach unten wachsende Hauptwurzel	mehr oder weniger senkrecht nach oben wachsende Sproßachse	waagerecht wachsend Beispiel : Schwertlilie senkrecht nach unten wachsend Beispiel : Baldrian
Vegetations-punkt ②	Wurzelpol durch eine Wurzelhaube vor Beschädigung geschützt : Bedeckter Vegetationspunkt	Sproßpol (Sproßknospe) durch Blattanlagen geschützt : Nackter Vegetationspunkt	Vegetationspunkt der Erneuerungsknospe durch Blattanlagen geschützt : Nackter Vegetationspunkt
Gliederung der Organe ③	Wurzel äußerlich ungegliedert	Sproßachse durch Knoten und Internodien gegliedert	Sproß mit stark gestauchten Internodien
Morphologische Merkmale ④	Keine Laubblätter Hauptwurzel mit Seitenwurzeln : Wurzelsystem	Laubblätter Hauptsproß mit Seitensprossen : Sproßsystem	Laubblätter entwickeln sich am Vegetationspunkt. Sproßbürtige Wurzeln entwickeln sich an der Unterseite des Wurzelstocks (=Rhizom)
Anatomische Merkmale ⑤	Einkeimblättrige : Zentralzylinder Zweikeimblättrige : Zentralzylinder	Einkeimblättrige : zerstreute, geschlossen kollaterale Leitbündel Zweikeimblättrige : ringförmig angeordnete offene Leitbündel	Einkeimblättrige : zerstreute, geschlossen kollaterale Leitbündel Zweikeimblättrige : ringförmig angeordnete offene Leitbündel

Abbildung 25

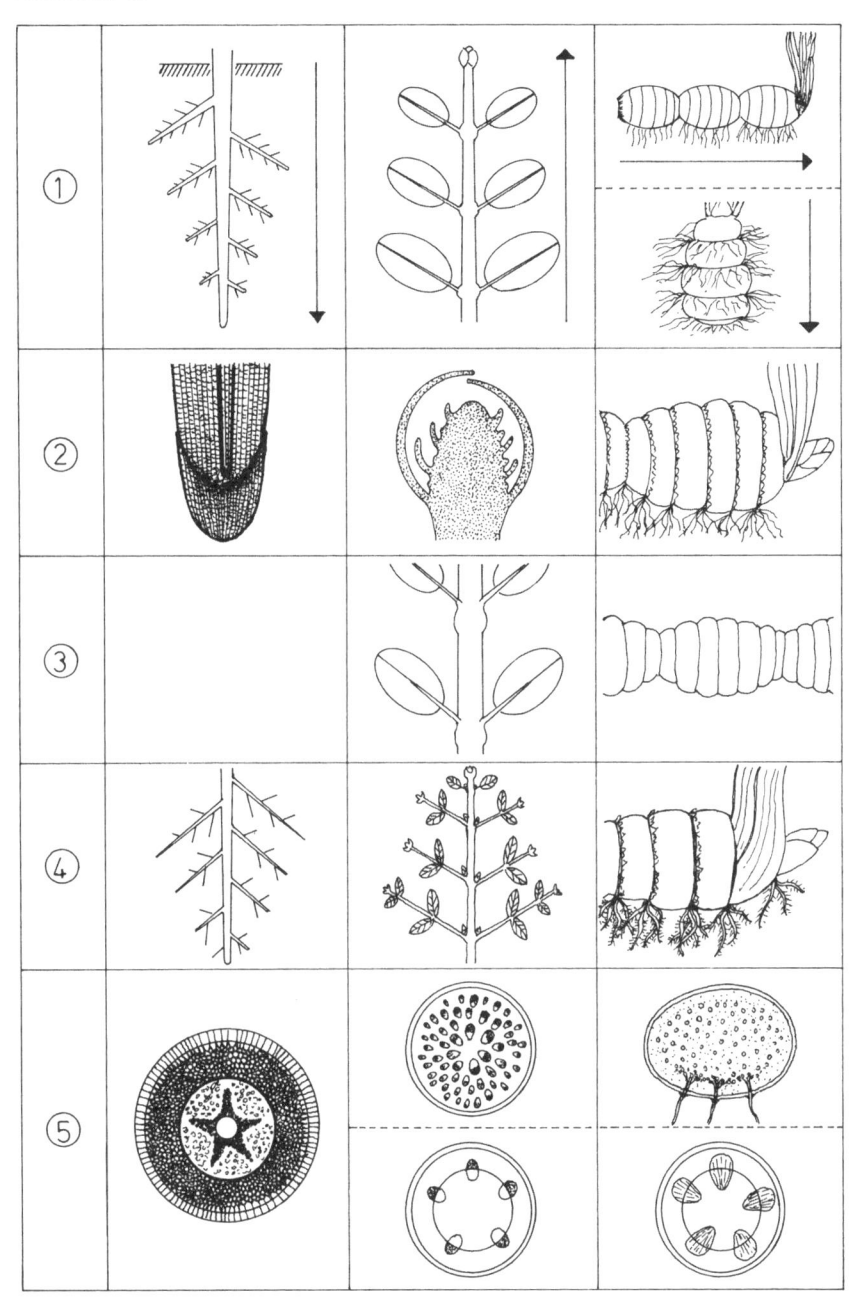

53

3.5.3. Die Metamorphosen des Laubblattes

Das Grundorgan Laubblatt erfüllt im Dienste des Gesamtorganismus Pflanze folgende Grundfunktionen :
1. Photosynthese
2. Gasaustausch
3. Transpiration

Neben den genannten Grundfunktionen können Laubblätter in Anpassung an bestimmte Gegebenheiten Sonderfunktionen übernehmen. Dazu ist eine entsprechende Umgestaltung, d.h. Metamorphose des Grundorgans Laubblatt erforderlich.

Abbildung 26

3.5.3.1 Blattranken ① ②

verleihen der Pflanze die Fähigkeit, an anderen Pflanzen oder Stützen emporzuklettern, sind also Halte- und Kletterorgane.

1. Das endständige Fiederblättchen eines unpaarig gefiederten Laubblattes ist zur Ranke umgebildet ①.
   Beispiele : Garten-Wicke, Vogel-Wicke, Sumpf-Platterbse, Garten-Erbse
2. Das ganze Laubblatt ist zur Blattranke umgebildet ②.
   Beispiele : Kürbis, Zaunrübe, Gurke

3.5.3.2. Blattdornen ③

sind zu Dornen umgewandelte Laubblätter, die der Pflanze einen Schutz gegen Tierfraß verleihen.
Beispiele : Sauerdorn (=Berberitze) ③, Gaspeldorn (=Stechginster), zu Dornen umgewandelte Nebenblätter der Robinie

3.5.3.3. Fangblätter ④ ⑤ ⑥

ermöglichen bestimmten Pflanzen eine zusätzliche Versorgung mit tierischem Eiweiß durch das Fangen von Insekten. Durch diese Fähigkeit kann der Stickstoffmangel nährstoffarmer Böden ausgeglichen werden.
Beispiele : Fettkraut, Sonnentau ④ (Klebfallenprinzip)
Venusfliegenfalle ⑤ (Klappfallenprinzip)
Kannenpflanze ⑥ (Gleitfallenprinzip)

Abbildung 26

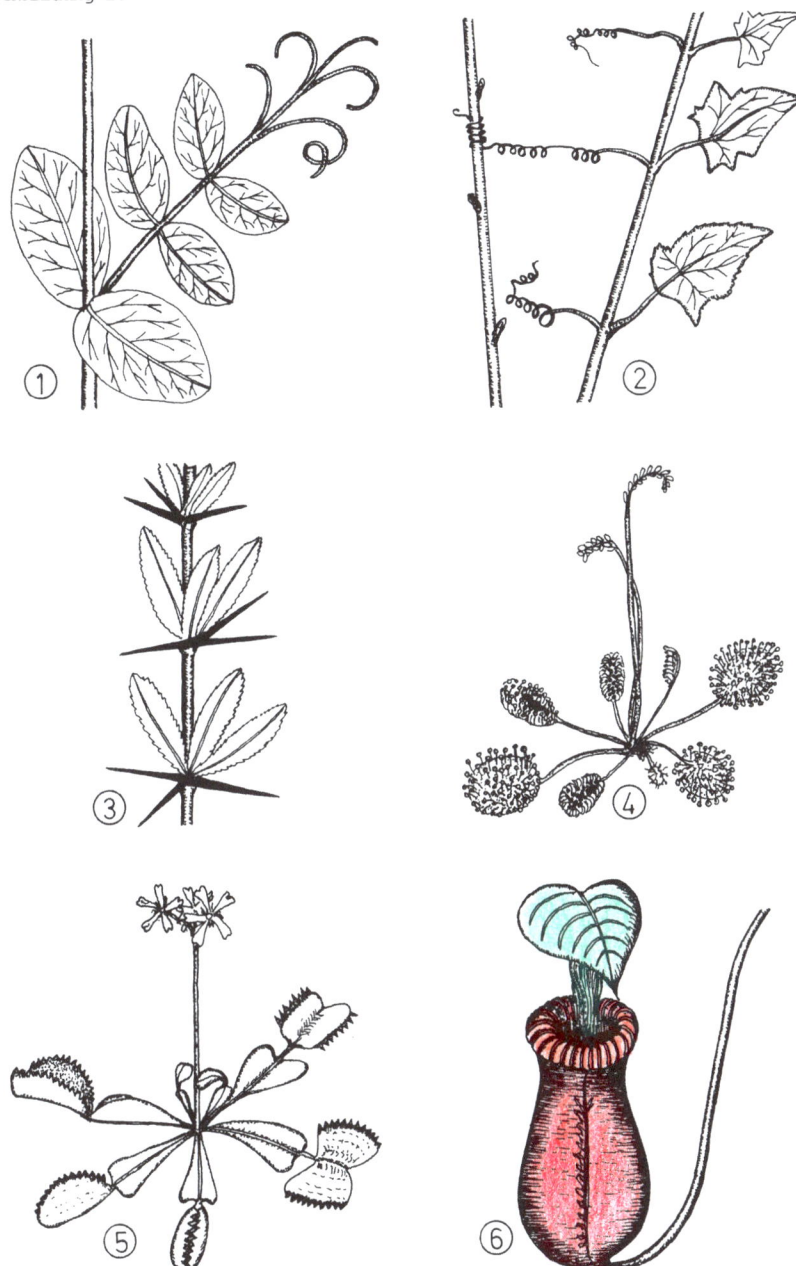

4. Anatomie

Im Abschnitt Morphologie war die äußere Gestalt der Kormuspflanze, ihrer Grundorgane und deren Metamorphosen, Gegenstand der Betrachtungen.

Im Abschnitt Anatomie soll der innere Bau der Pflanzen und ihrer Organe behandelt werden.

Während morphologische Beobachtungen mit dem bloßen Auge durchgeführt werden können, ist bei anatomischen Untersuchungen das Mikroskop ein unerläßliches Hilfsmittel.

Wie für alle Lebewesen, so ist es auch für die Pflanze bezeichnend, daß ihr Körper aus Zellen, den Trägern des Lebens, besteht. Der Teilbereich der Anatomie, der sich mit dem Bau und den Funktionen der Zelle beschäftigt, wird als

<u>Zytologie oder Zellenlehre</u> bezeichnet.

Bei den höheren Pflanzen, auf die sich die folgenden Aussagen beziehen, sind viele Zellen zu Zellverbänden, die auch als Gewebe bezeichnet werden, vereint. Zellen haben sich nach dem Prinzip der Arbeitsteilung zur Ausübung spezieller Aufgaben zu sogenannten Gewebesystemen zusammengeschlossen. Die Teilwissenschaft der Anatomie, welche die Gewebe zum Gegenstand ihrer Untersuchungen hat, wird

<u>Histologie oder Gewebelehre</u> genannt.

Die Darlegungen in der Zytologie und Histologie ermöglichen es, die Anatomie der Pflanzenorgane Wurzel, Sproßachse und Laubblatt zu verstehen.

Der nachfolgende Abschnitt Anatomie weist demnach folgende Gliederung auf :

1. Zytologie   =   Zellenlehre

2. Histologie = Gewebelehre

3. Anatomie der Grundorgane Wurzel, Sproßachse und Laubblatt.

4.1. Zytologie

Pflanzen, deren Organe und deren Gewebe setzen sich aus einer Vielzahl von Zellen zusammen. Die Zelle[1] ist
1. die kleinste Baueinheit des Pflanzenkörpers
2. die kleinste Einheit, welche zu Stoffwechsel und Wachstum befähigt ist und Reiz- und Vermehrungsfähigkeit besitzt.

Die Größe der Zellen ist unterschiedlich. Sie reicht von 10 bis 100 μm[2].
In einigen Fällen können Zellen mehrere Zentimeter lang sein, wie etwa die Faserzellen des Flachses und der Nesselgewächse.

Die Gestalt der Zellen ist abhängig von den Funktionen und von der Lage der Zellen im Zellverband.

Abbildung 27 zeigt eine aufgeschnittene Zelle ohne deren Zellinhalt.

4.1.1. Die Teile der Zelle   Abbildung 28

1. Die Zellwand ① ist die feste Außenhülle der Zelle und besteht hauptsächlich aus Zellulose. Für Wasser und darin gelöste Stoffe ist die Zellwand durchlässig, nicht jedoch für das in der Zelle befindliche Protoplasma[3].
2. Das Protoplasma ② füllt bei jungen Zellen das ganze Innere der Zelle aus. Es handelt sich um eine zähe und durchsichtige Masse, die Trägerin des Lebens ist und sich in ständiger Bewegung befindet. Protoplasma besteht bis zu 80 % aus Wasser, ferner aus Eiweißstoffen (Proteinen), Fetten (Lipoiden, Sterinen) und anorganischen Bestandteilen (Salzen).
3. Der Zellkern ③ mit dem darin eingeschlossenen Kernkörperchen ④ ist ein kugel- oder linsenförmiges Gebilde, vom Protoplasma umschlossen. Der Zellkern ist Träger der Erbanlagen und reguliert auch die Funktionen der Zelle.
4. Die Chloroplasten[4] ⑤ sind kleine Körper, die im Protoplasma verteilt sind. Durch ihren Gehalt an Chlorophyll, auch Blattgrün genannt, verursachen sie die grüne Farbe der Pflanzenteile und sind für die Photosynthese von Bedeutung.
5. Die Vakuolen[5] ⑥ sind mit sog. Zellsaft angefüllte Zellhohlräume.

---
1) cella (l.) = kleine Kammer
2) μm = Mikrometer = 10^{-3}mm = 1/1000 mm
3) protos (gr.) = der Erste; plasma (gr.) = das Gebildete
4) chloros (gr.) = grün; plastos (gr.) = geformt
5) vacuum (l.) = Hohlraum

Abbildung 27

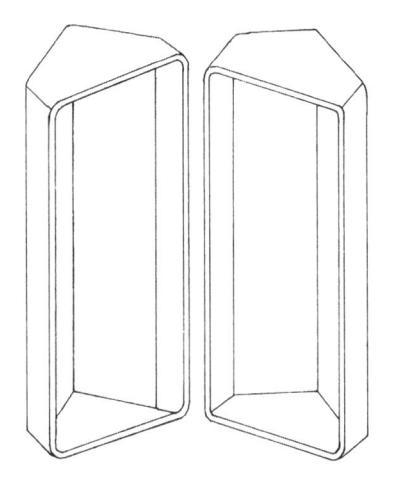

Abbildung 28

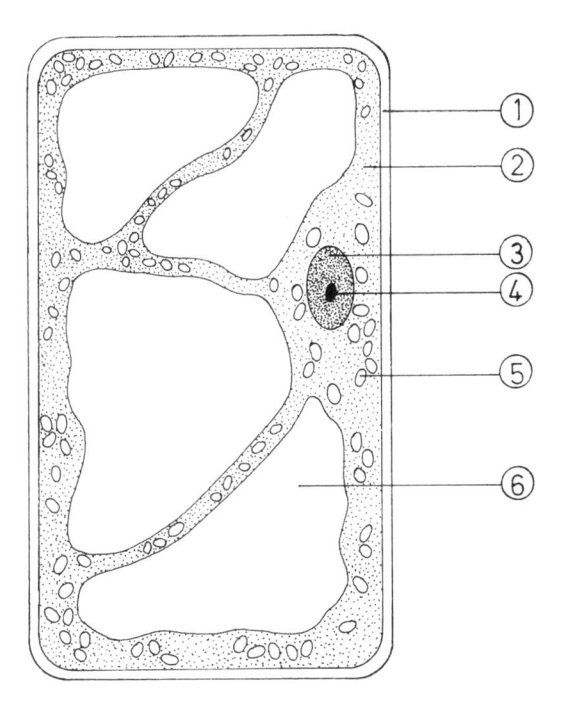

59

4.1.2. Die Bildung der Vakuolen   Abbildung 29

Junge Zellen sind vollständig mit Protoplasma gefüllt ①. Durch Wachstum der Zellwände vergrößert sich die Zelle. Da die Menge des Protoplasmas fast unverändert bleibt, bilden sich Hohlräume, die als Vakuolen bezeichnet werden. Mit zunehmendem Wachstum nimmt die Zelle Wasser auf und füllt damit die sich ständig vergrößernden Vakuolen ②. Die Vakuolen vereinigen sich schließlich zu einigen größeren Vakuolen oder zu einer einzigen großen Vakuole ③.

4.1.3. Zellsaft wird die Flüssigkeit genannt, welche die Vakuolen ausfüllt. Es handelt sich um eine wässerige Lösung verschiedener anorganischer und organischer Stoffe, die aus dem Protoplasma in die Vakuolflüssigkeit hinübergewechselt sind. Neben anorganischen Salzen sind organische Säuren (z.B. Zitronen- und Apfelsäure), Kohlenhydrate (z.B. Trauben-, Frucht- und Rohrzucker) im Zellsaft vorhanden.

Bei vielen Pflanzenarten finden sich im Zellsaft Stoffe, die als sog. Inhaltsstoffe der Drogen von Bedeutung sind. Einige Beispiele seien genannt :

Ätherische Öle in verschiedenen Pflanzenteilen : Laubblätter der Lippenblütengewächse (Folia Menthae piperitae, Folia Melissae), Früchte der Doldengewächse (Fructus Anisi, Fructus Foeniculi).
Alkaloide, z.B. Nikotin (Tabak), Coffein (Kaffee), Atropin (Folia Belladonnae), Morphin und Codein, Chinin.
Eiweißstoffe, z.B. in den Samen der Hülsenfrüchte.
Farbstoffe, z.B. Flavone und Anthozyane, welche die Färbung vieler Blüten bewirken.
Fette und Öle als Reservestoffe z.B. in Leinsamen, Rizinussamen.
Glykoside, z.B. Anthrachinonglykoside in Cortex Frangulae, Folia Sennae
    Bitterstoffglykoside in Radix Gentianae, Herba Centaurii
    Digitalisglykoside in Folia Digitalis
    Cumaringlykoside in Herba Asperulae
    Gerbstoffglykoside in Cortex Quercus, Folia Salviae
    Saponinglykoside in Radix Liquiritiae, Radix Saponariae, Radix Primulae.

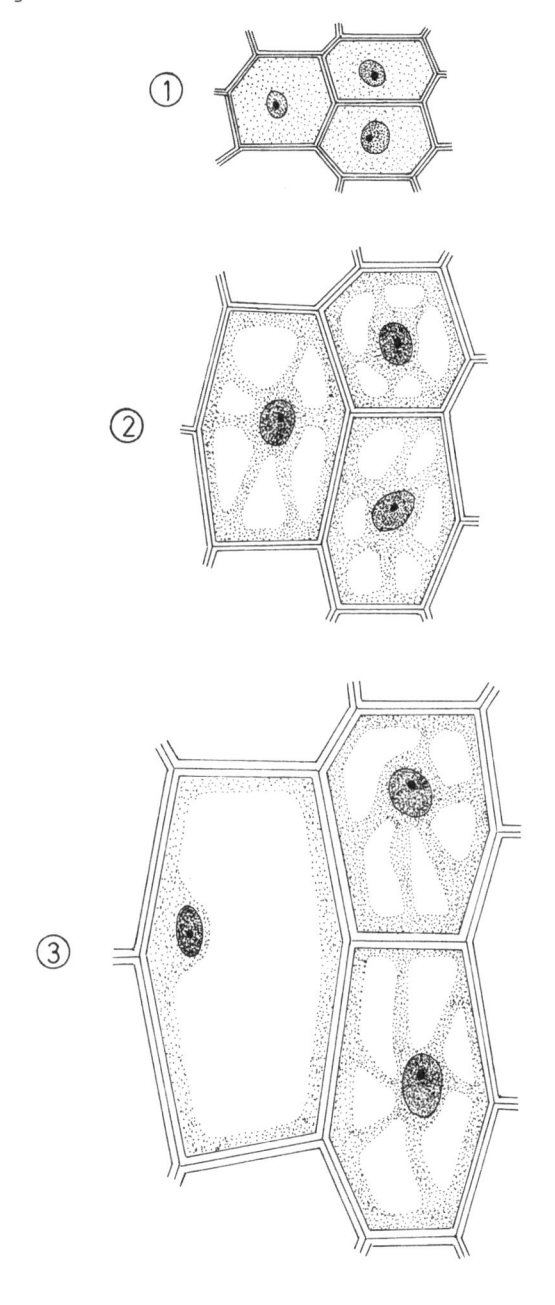

Abbildung 29

4.2. Histologie

Die Histologie oder Gewebelehre beschreibt die Gewebe und erklärt deren Funktionen. Gewebe sind Zusammenschlüsse solcher Zellen, die gleichartig gebaut sind und eine gleiche Funktion ausüben. Zellen haben sich nach dem Prinzip der Arbeitsteilung derart spezialisiert, daß Zellen des eines Gewebes diese, Zellen eines anderen Gewebes jene Funktion übernehmen. Nach den Hauptfunktionen werden unterschieden : 1. Bildungsgewebe
2. Dauergewebe

4.2.1. Bildungsgewebe

Abbildung 30

Bildungsgewebe oder Meristeme[1] sind solche Gewebe, deren Aufgabe darin besteht, durch fortwährende Zellteilung ständig neue Zellen zu bilden. Die Bildungsgewebe finden sich deshalb dort, wo ständiges Wachstum erfolgt, besonders am

Vegetationspunkt der Wurzel ①. Am Wurzelpol (Wp) befinden sich Initialzellen[2], welche die Zellen der Wurzel und der Wurzelhaube (Wh) bilden.

Vegetationspunkt des Sprosses ② . Neben dem Sproßpol (Sp) sind Blattanlagen (Ba) erkennbar.

Die Zellen des Bildungsgewebes, die auch als Initialzellen bezeichnet werden, bleiben ständig teilungsfähig, während die von ihnen gebildeten Zellen Dauerzellen des Dauergewebes werden. Es gehört also zu den Funktionen des Bildungsgewebes, durch ständige Zellbildung das Wachstum zu bewirken, das Sproß- und Wurzelsystem der Pflanze auszubilden ③

■ = Bereiche des Bildungsgewebes

▤ = Bereiche der Zellstreckung

☐ = Bereiche des abgeschlossenen Zellwachstums

Zur Bildung von Zellen ist auch das sogenannte Folgemeristem befähigt, das als Kambium[3] bezeichnet wird und sich aus einem Dauergewebe neu bildet. Dieses Kambium bewirkt bei Holzpflanzen das sog. Dickenwachstum durch die Bildung von Holz nach innen und Bast nach außen, während das sog. Korkkambium nach innen Korkrinde, nach außen Korkzellen entwickelt.

---

1) merizein (gr.) = teilen
2) initium (l.) = Anfang
3) cambiare (l.) = teilen, wechseln

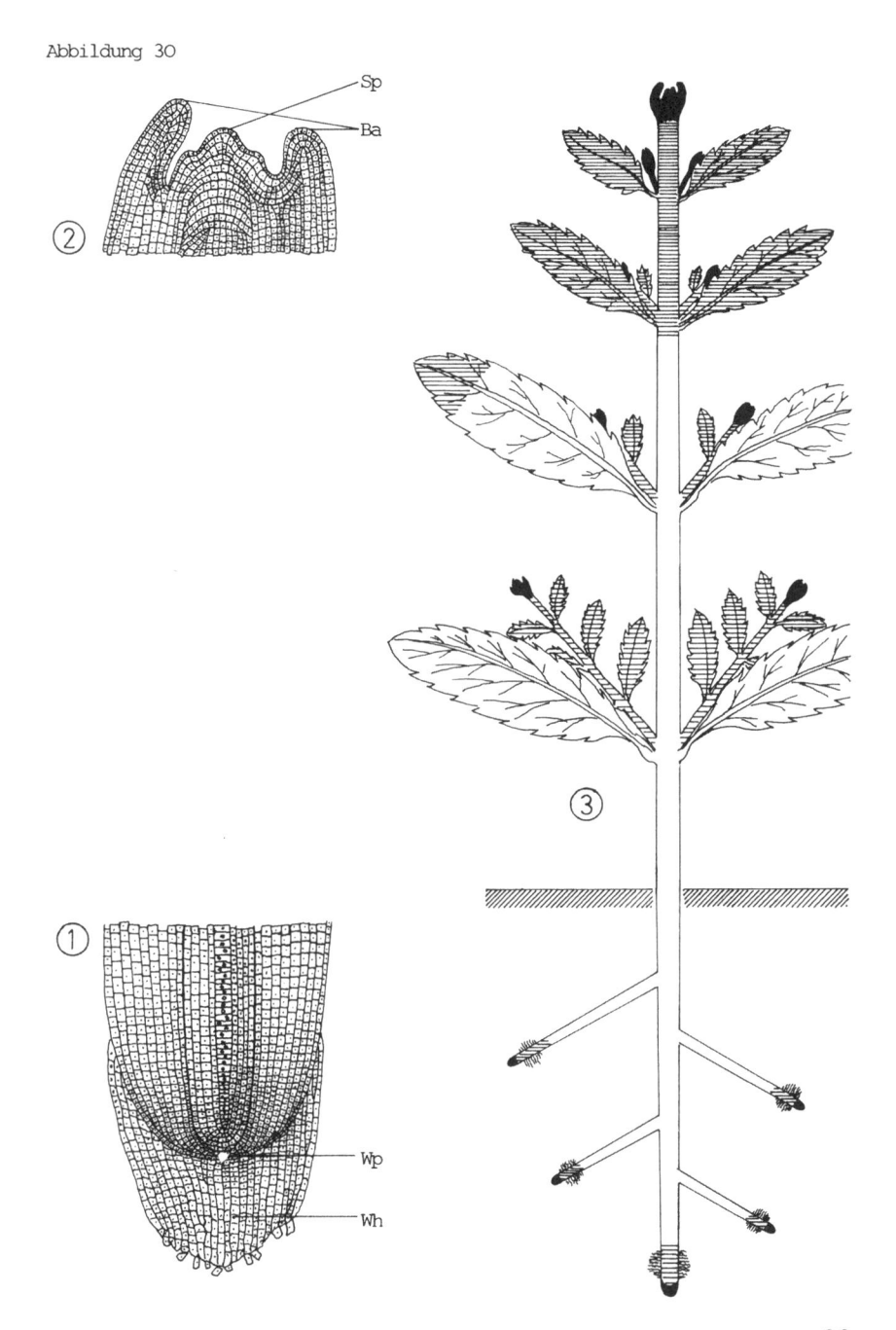

Abbildung 30

4.2.2. Dauergewebe

Dauergewebe ist aus Bildungsgewebe hervorgegangen. Die Zellen sind ausgewachsen, in vielen Fällen nicht mehr teilungsfähig und besitzen wenige oder nur eine Vakuole. Das Protoplasma ist dann an den Zellwänden angelagert. Die Zellen sind, wenn abgestorben, mit Wasser oder Luft gefüllt. Nach den Aufgaben des Dauergewebes werden unterschieden :
1. Grundgewebe
2. Abschlußgewebe
3. Absorptionsgewebe
4. Festigungsgewebe
5. Leitgewebe
6. Ausscheidungsgewebe

4.2.2.1. Grundgewebe   Abbildung 31

Das Grundgewebe, auch Parenchym[1] genannt, stellt die Hauptmasse krautiger Pflanzen dar. Die Zellen des Parenchyms sind lebend, die Zellwände nur wenig verdickt. Die vom Protoplasma umgebenen Vakuolen sind mit Zellsaft prall gefüllt, wodurch ein Druck auf die Zellwände ausgeübt wird, den man als Turgor[2] bezeichnet. Der Turgor trägt zur Stabilität des Pflanzenkörpers bei. Läßt der Turgor nach, so welkt die Pflanze. Das Grundgewebe ist reich an Interzellularen[3], Zwischenräumen, die für den Gasaustausch der Zellen wichtig sind. Das Parenchym ist für einige Lebensfunktionen der Pflanze bedeutsam. Nach den Funktionen werden unterschieden :

Assimilationsparenchym, ein an Chloroplasten reiches Gewebe besonders der Laubblätter, das sich aus Palisaden- und Schwammgewebe, dem Ort der Photosynthese, zusammensetzt.
① Schnitt durch ein Laubblatt : Epidermis[4] (E), Palisadenparenchym (P), Schwammparenchym (S), Interzellulare (I).
Speicherparenchym befindet sich besonders in Speicherorganen (Rüben, Wurzel- und Sproßknollen, Früchte, Samen). Dieses Gewebe ist arm an Chloroplasten, farblos, reich an Stärke, Eiweiß, Fetten.
② Schnitt durch eine Kartoffel : Rinde (R), Kambium (K), Speicherparenchym (Sp). ③ Zelle einer Kartoffel mit Speicherstärke.

---

1) para (gr.) = nahe, bei, neben; enchyma (gr.) = das Eingegossene,'Gewebe'
2) turgor (l.) = Schwellung
3) inter (l.) = zwischen; cella (l.) = Kammer, Zelle; Interzellulare = Zwischenzellräume
4) epi (gr.) = auf-; derma (gr.) = Haut; Epidermis = äußeres Abschlußgewebe

Abbildung 31

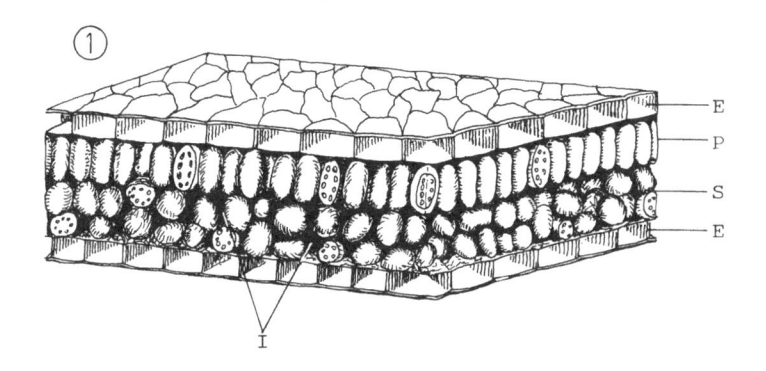

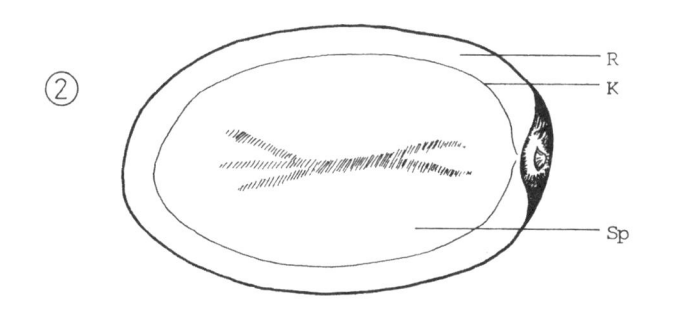

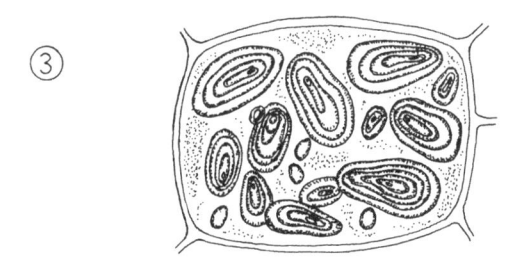

① E
P
S
E
I

② R
K
Sp

③

65

4.2.2.2. Abschlußgewebe

Das Abschlußgewebe überzieht den ganzen Pflanzenkörper und grenzt ihn gegenüber der Außenwelt ab. Beim Abschlußgewebe werden unterschieden : 1. Oberhaut
2. Korkgewebe

1. Oberhaut $\qquad$ Abbildung 32

Die Oberhaut, auch als Epidermis[1] bezeichnet, bedeckt als einschichtiges Gewebe alle Organe (Wurzel, Sproßachse und Laubblätter) junger, sowie die krautigen Organe verholzter Pflanzen. Das Schnittbild eines Laubblattes (1) zeigt, daß die von Chloroplasten freien Zellen der Epidermis (E) eng aneinanderliegen und miteinander verzahnt sind. Die Funktion der Epidermis als Verdunstungsschutz wird bei den Laubblättern durch ein zartes Häutchen, Kutikula[2] (K) genannt, verstärkt. Bei Laubblättern ist die Blattunterseite von zahlreichen Spaltöffnungen (Sp) durchsetzt, die mit den Interzellularräumen (I) in Verbindung stehen. (P = Palisaden-, S = Schwammparenchym) Durch Schließen (2) und Öffnen (3) der sog. Schließzellen, d.h. durch Formänderung zweier bohnenförmiger chlorophyllhaltiger Zellen, wird der Gasaustausch (CO_2 und O_2) und die Transpiration[3] (H_2O) reguliert.

Abbildung 33
Bei bestimmten Pflanzen zeigt die Epidermis Auswüchse :
Haare sind Ausstülpungen der Epidermis, die aus einer oder aus mehreren Zellen bestehen. Haare dienen als Schutz gegen Transpiration, Tierfraß oder als Wurzelhaare (vgl. 4.2.2.3.) der Aufnahme von Wasser und Nährsalzen.
Beispiele : Haare auf den Laubblättern von Huflattich (1), Salbei (2), Rosmarin (3), Eibisch (4), Brennhaar auf dem Laubblatt der Brennessel (5).
Emergenzen[4] sind Auswüchse der Epidermis und des Grundgewebes. Beispiele : Die Stacheln der Rose (6); die auf dem Laubblatt des Sonnentaus (7) befindlichen Fang- und Verdauungshaare (8), die als Tentakeln[5] bezeichnet werden.

---

1) epi (gr.) = auf; derma (gr.) = Haut; Epidermis = äußeres Abschlußgewebe
2) cutis (l.) = Haut; cuticula (l.) = Häutchen
3) transpirare (l.) = ausatmen; Transpiration = Abgabe von Wasserdampf
4) emergere (l.) = auftauchen
5) tentare (l.) = berühren

Abbildung 32

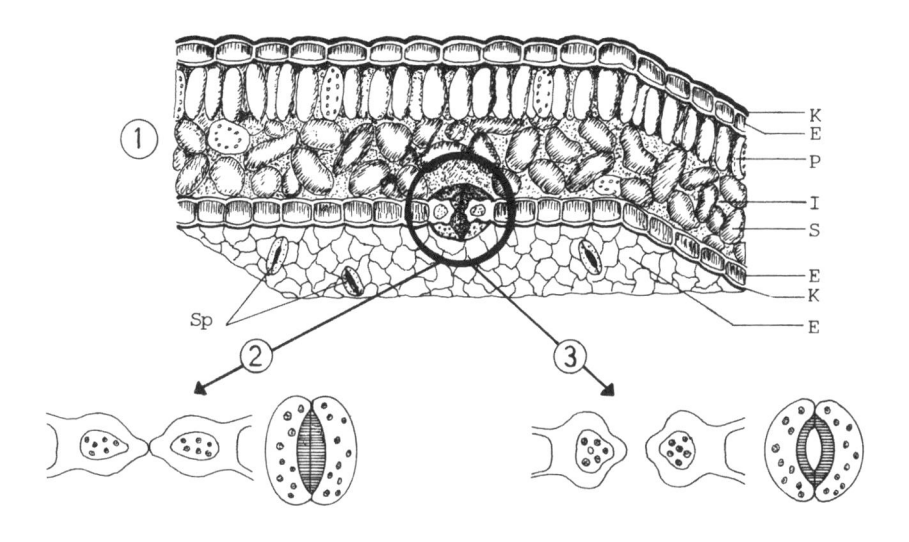

K
E
P
I
S
E
K
E

Sp

Abbildung 33

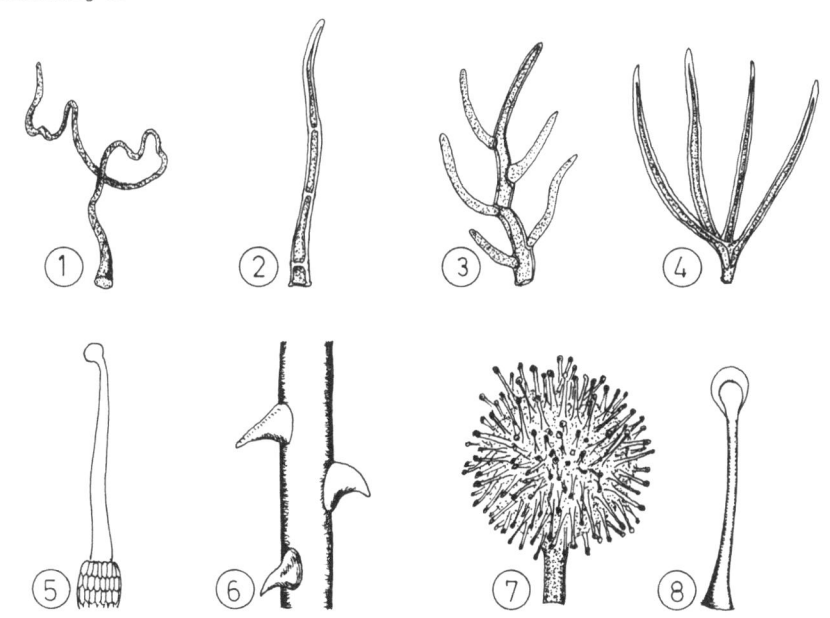

67

2. Korkgewebe   Abbildung 34

Bei Pflanzenteilen, die ein sog. Dickenwachstum erfahren (Stämme und Wurzeln von Holzgewächsen, Wurzel- und Sproßknollen, Rhizome), reißt die Epidermis mit der Ausdehnung des Organs. Deshalb muß die Epidermis als primäres[1] Abschlußgewebe durch ein sekundäres[2] Abschlußgewebe ersetzt werden : Das Korkkambium als Folgemeristem (vgl. 4.2.1.) bildet bereits frühzeitig unter der Epidermis nach außen ein wasserundurchlässiges und dichtes Zellgewebe ohne Interzellulare , das als Korkschicht oder Kork bezeichnet wird, nach innen hingegen chlorophyllhaltige Rindenzellen, die sog. Korkrinde. Kork (K), Korkkambium (Kk) und Korkrinde (Kr) bilden zusammen das Korkgewebe = Periderm[3].

Abbildung 35 zeigt, daß an die Stellen ehemaliger Spaltöffnungen linsenförmige, luftdurchlässige Korkwarzen (Kw) getreten sind, die auch als Lentizellen[4] bezeichnet werden. Lentizellen sind z.B. an den Zweigen des Faulbaums (1) , der Droge Cortex Frangulae und an den Sproßachsen des Holunders (2) erkennbar.

4.2.2.3. Absorptionsgewebe   Abbildung 36

Das Absorptionsgewebe[5] dient der aktiven Aufnahme von Wasser und der darin gelösten Nährsalze. Da Landpflanzen mit Hilfe der Wurzeln Wasser aufnehmen, muß bei ihnen eine wasserdurchlässige Wurzelhaut = Rhizodermis[6] ausgebildet sein. Zur Vergrößerung der Wasser aufsaugenden Oberfläche werden Wurzelhaare gebildet, etwa 0,1 - 8 mm lange, schlauchartige Ausstülpungen der Rhizodermis. Die Wurzelhaare haben nur eine kurze Lebensdauer von wenigen Tagen, sie sterben dann ab. Die Rhizodermis verkorkt alsbald und bildet damit einen Abschluß der Wurzel gegenüber dem Erdreich.

Längsschnitt der Wurzel (1), Querschnitt der Wurzel (2) und Rhizodermis mit Wurzelhaaren (3). Wurzelhaare (Wh), Rhizodermis (Rd), Protoplasma (Pp), Zellkern (Zk), Vakuole (V).

---

1) primus (l.) = der Erste
2) secundus (l.) = der Zweite
3) peri (gr.) = um, herum; derma (gr.) = Haut; Periderm = sekundäres Abschluß-
4) lens, lentis, (l.) = die Linse   gewebe
5) absorbere (l.) = aufsaugen
6) rhiza (gr.) = Wurzel; derma (gr.) = Haut; Rhizodermis = Wurzelepidermis

Abbildung 34

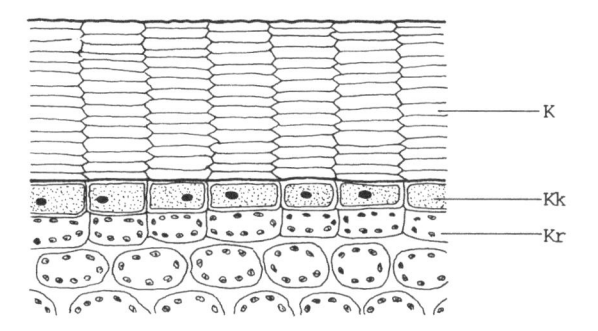

K
Kk
Kr

Abbildung 35

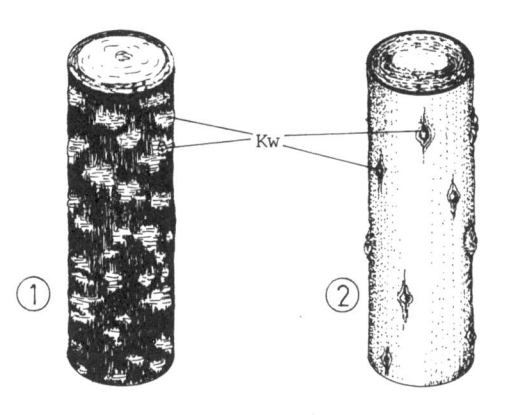

Kw

① ②

Abbildung 36

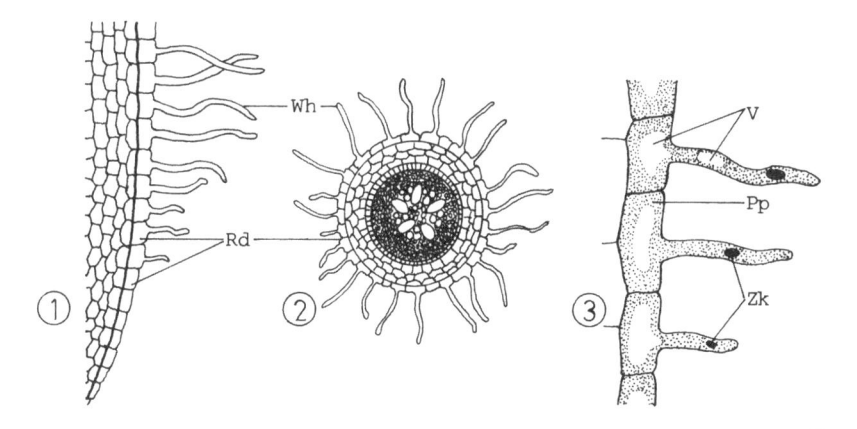

Wh
Rd
V
Pp
Zk

① ② ③

4.2.2.4. Festigungsgewebe

Während bei kleineren krautigen Pflanzen der Zellsaftdruck = Turgor ausreicht, um dem Pflanzenkörper genügende Festigkeit zu verleihen, bedürfen größere und holzige Pflanzen besonderer Festigungsgewebe, damit ihre Wuchsform bei äußeren Einwirkungen (Wind Regen, Schneelast) gesichert ist.
Folgende Festigungsgewebe werden unterschieden :
1. Kollenchym
2. Sklerenchym

1. Kollenchym[1]　　　　　　　　　Abbildung 37
ist lebendes, durch Zellstreckung wachstumsfähiges Gewebe, das aus langgestreckten, häufig mit Chloroplasten versehenen Zellen besteht, deren Zellwände nur teilweise verdickt sind. Zelluloseablagerungen verdicken die Zellkanten = Kantenkollenchym ① oder die parallel zur Oberfläche des betreffenden Organs verlaufenden Zellwände = Plattenkollenchym ②. Die unverdickten Zellwände ermöglichen hingegen einen ungehinderten Stoffaustausch. Kollenchym findet sich hauptsächlich bei jungen und krautigen Pflanzen.

2. Sklerenchym[2]　　　　　　　　Abbildung 38
ist totes, nicht mehr wachstumsfähiges Gewebe ausgewachsener Pflanzenteile. Die Verstärkung der Zellwände erfolgt durch Zellulose und Holzstoff.
Bei Pflanzenteilen, die einem besonders starken Druck ausgesetzt sind, besteht das Sklerenchym aus Steinzellen ①. Steinzellen sind schichtweise stark verholzt und von sogenannten Tüpfelkanälen (Tk) durchzogen. Aus Steinzellen bestehen z.B. die Schalen von Nüssen und Steinfrüchten.
Bei Pflanzenteilen, die starken Zug- und Biegungsbeanspruchungen ausgesetzt sind, besteht das Sklerenchym aus sog. Sklerenchymfasern ②. Das Sklerenchym ③ setzt sich aus vielen langgestreckten, spindelförmigen, miteinander verzahnten Sklerenchymfasern zusammen. ④ zeigt den Querschnitt eines Faserbündels. Sklerenchymfasern kommen bei sog. Faserpflanzen vor, die pflanzliche Textilfasern liefern (Lein, Hanf, Nessel, Jute).

---

1) kolla (gr.) = Leim; enchyma (gr.) = das Eingegossene
2) skleros (gr.) = hart, spröde, trocken

Abbildung 37

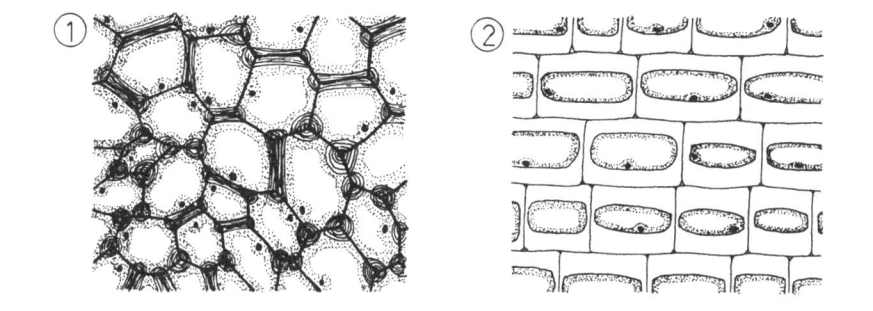

Abbildung 38

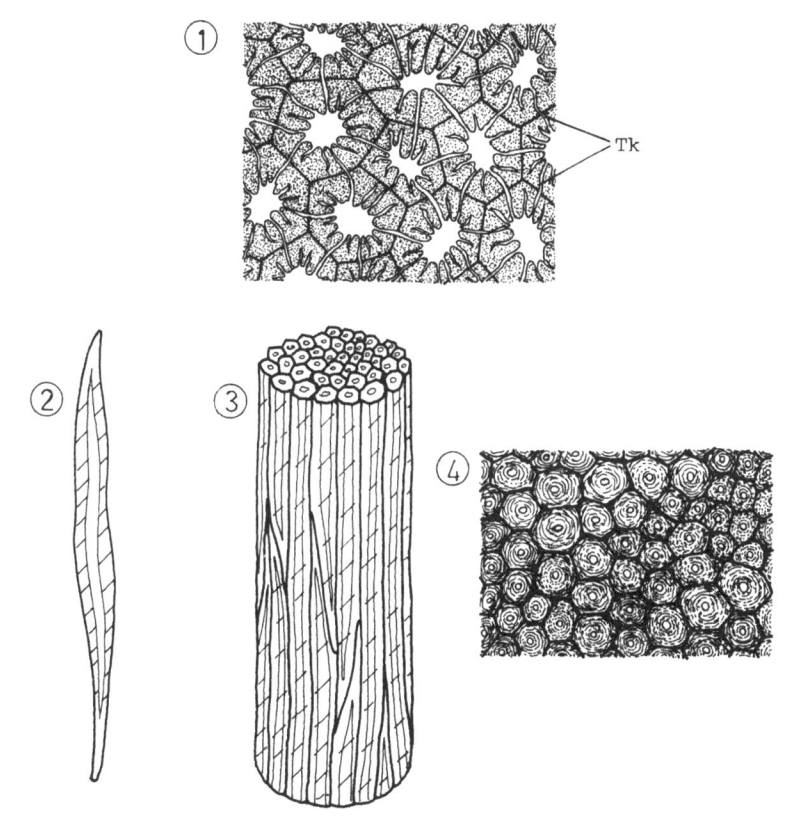

71

4.2.2.5. Leitgewebe   Abbildung 39

Das Leitgewebe hat die Aufgabe, Wasser und darin gelöste Nährsalze von der Wurzel zu den Laubblättern sowie die in den Laubblättern durch Photosynthese geschaffenen Assimilate zu den übrigen Organen zu leiten. Dies geschieht durch zwei verschiedene Leitsysteme, die, in sog. Leitbündeln (s. Seite 74) zusammengefaßt, alle pflanzlichen Organe durchziehen :
1. Gefäße leiten Wasser und darin gelöste Nährsalze
2. Siebröhren leiten Assimilate

1. Gefäße bestehen aus langgestreckten, toten Zellen. Diese enthalten kein Protoplasma; die Zellwände sind verholzt. Es werden zwei verschiedene Gefäßtypen unterschieden :
   a) Tracheiden[1] ① sind langgestreckte, meist zugespitzte Einzelzellen mit Tüpfeln(T). Benachbarte Zellen berühren sich mit den Tüpfeln, wodurch ein Stoffaustausch von Zelle zu Zelle ermöglicht wird. ② zeigt Querschnitt und Aufsicht eines Tüpfels.
   b) Tracheen[2] bestehen aus Einzelzellen, deren Querwände aufgelöst sind und dadurch eine lange, zusammenhängende Röhre bilden. ③④⑤ zeigen Phasen der Zellwandauflösung. Um Wasser an das benachbarte Parenchym abgeben zu können, sind die Zellwände nur teilweise durch Versteifungsleisten verholzt. Nach der Art der Versteifung werden folgende Gefäße unterschieden :

   Ringgefäße   ⑥
   Spiralgefäße ⑦
   Netzgefäße   ⑧
   Tüpfelgefäße ⑨

2. Siebröhren dienen der Leitung der Assimilate. Diese Siebröhren bestehen aus lebenden, langgestreckten Zellen, deren Zellwände unverholzt sind ⑩. Die Querwände der Zellen, oft quergestellt und siebartig durchlöchert, werden Siebplatten (Sp) genannt. ⑪ zeigt die Aufsicht einer Siebplatte. Das Protoplasma (P) ist an den Zellwänden angelagert, durchdringt die Siebplatten und stellt dadurch eine Verbindung zum Protoplasma benachbarter Zellen her. Das Zellinnere ist mit Zellsaft gefüllt.

---
[1] tracheia (gr.) = Luftröhre; eidos (gr.) = -ähnlich, -artig
[2] vgl. 1)

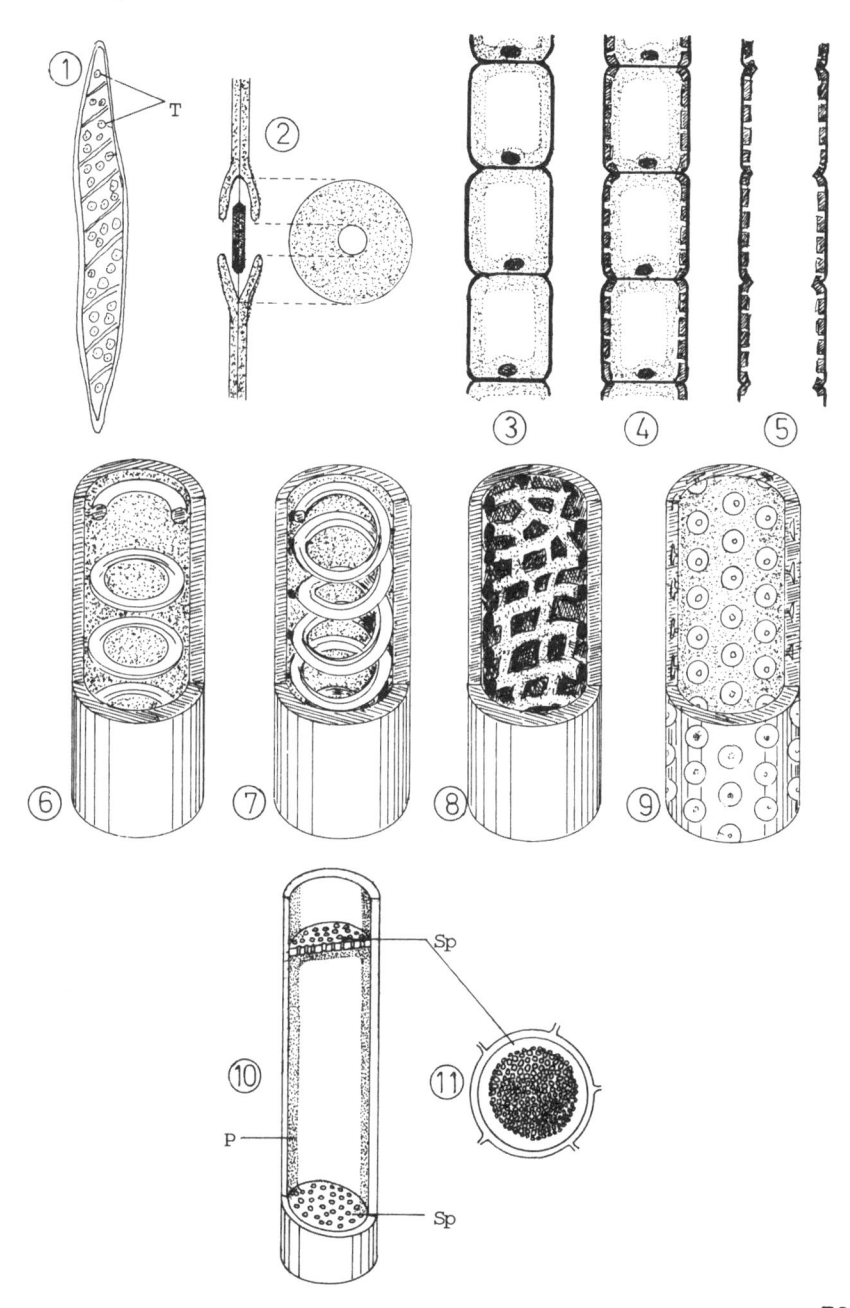

Abbildung 39

3. Leitbündel
Abbildung 40

Bei den höheren Pflanzen sind beide Arten der Leitgewebe,
Gefäße für die Leitung des Wassers von der Wurzel zu den Laubblättern
und
Siebröhren für den Transport der Assimilate von den Laubblättern in
Richtung zur Wurzel, zu sog.
Leitbündeln zusammengefaßt.
Bei den Leitbündeln wird
der Gefäßteil als Holzteil oder Xylem[1] bezeichnet,
weil seine Leitelemente verholzt sind,
der Siebteil als Rindenteil oder Phloem[2],
weil er rindenwärts liegt.

Die Leitbündel sind nach der Art der Bündelung von Xylem und Phloem
bei den einzelnen Pflanzen unterschiedlich.
Sogenannte kollaterale[3] Leitbündel, bei denen Gefäß- und Siebteil nebeneinander angeordnet sind, haben im Pflanzenteil eine weite
Verbreitung. Dabei ist der Gefäßteil der Mitte, der Siebteil dem äußeren Rande der Sproßachse zugewandt.

a) Geschlossene kollaterale Leitbündel ① ②
besitzen die Einkeimblättrigen. Die Leitbündel sind über den ganzen Sproßquerschnitt verstreut ①. Gefäßteil (X) (=Xylem) und
Siebteil (P) (=Phloem) grenzen unmittelbar aneinander. Das Leitbündel ② wird von einer geschlossenen Bündelscheide (Bs) umgeben, deren teilweise unverdickte Zellwände einen Austausch des
Wassers und der Assimilate zwischen Leitgewebe und angrenzenden
Geweben ermöglicht.

b) Offene kollaterale Leitbündel ③ ④
treten bei Zweikeimblättrigen auf. Der Sproßquerschnitt zeigt, daß
die Leitbündel ringförmig angeordnet sind ③. Zwischen Gefäßteil
(X) und Siebteil (P) befindet sich eine Bildungsgewebeschicht, das
sog. Kambium (K), welches das Dickenwachstum ermöglicht. Die Leitbündel ④ werden deshalb als 'offen' bezeichnet, weil die Bündelscheide (Bs) im Bereich des Kambiums (K) offen, d.h. unterbrochen
ist.

In den Abbildungen ① und ③ ist die Epidermis (E) gekennzeichnet.

---
1) xylon (gr.) = Holz; Xylem = Holzteil, Gefäßteil
2) phloios (gr.) = Rinde, Bast; Phloem = Siebteil, Rindenteil
3) collateralis (l.) = angrenzend

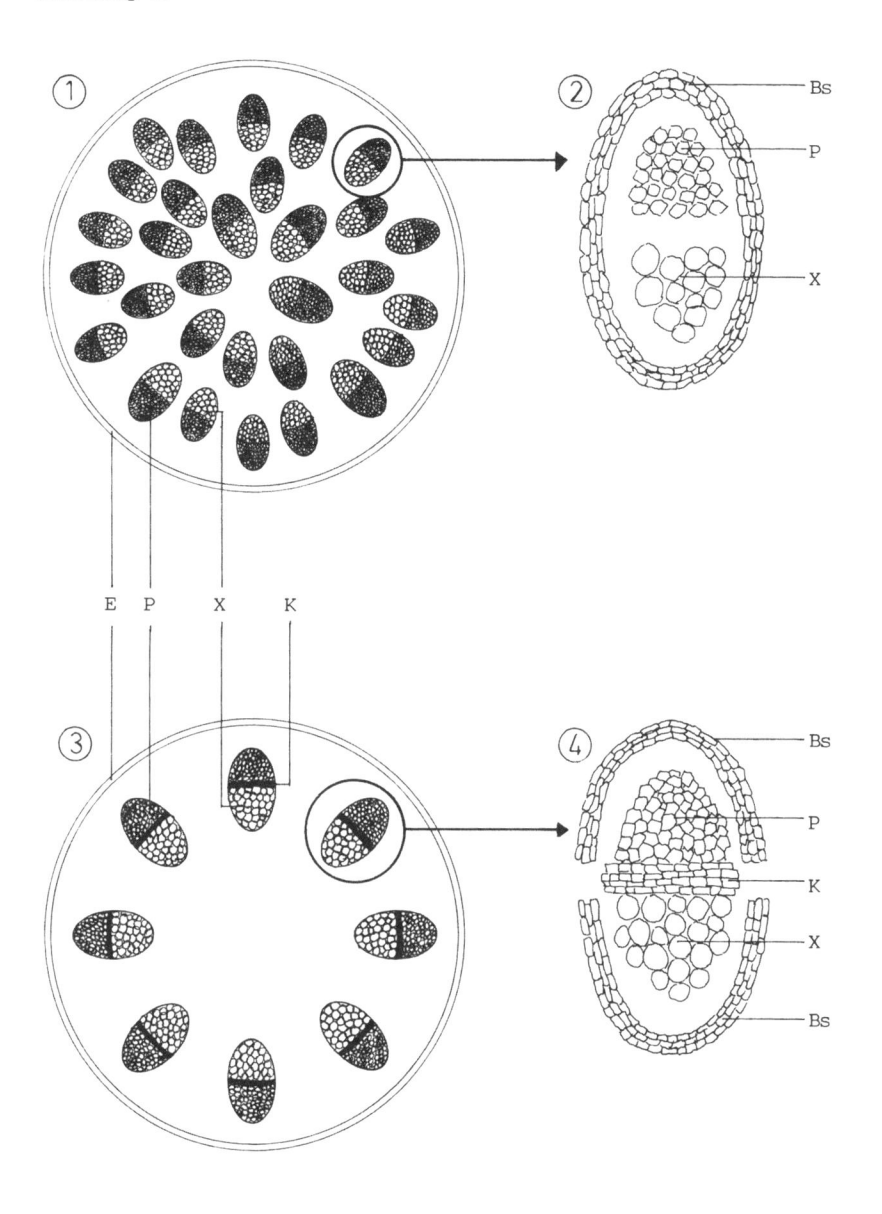

Abbildung 40

4.2.2.6. Ausscheidungsgewebe   Abbildung 41

Ausscheidungsgewebe sind solche Gewebe, deren Zellen Stoffwechselprodukte der Pflanze an die Umgebung absondern oder im Innern speichern. Absondernde Organe werden als Drüsen bezeichnet.

1. Wasserdrüsen der Laubblätter mancher Pflanzen sondern Wasser bei hoher Luftfeuchtigkeit in Tropfenform (=Guttation[1]) ab. Beispiele : Gräser, Schöllkraut, Laubblatt von Frauenmantel ①.

2. Verdauungsdrüsen besitzen die Laubblätter der Insekten fangenden Kannenpflanze, des Fettkrautes und des Sonnentau②. Die Absonderungen (A) der Drüsenköpfchen der Tentakel vermögen Eiweißstoffe zu spalten.

3. Nektardrüsen befinden sich im Blütenbereich vieler Pflanzen. Die sog. Nektarien sondern Nektar ab, der zur Anlockung von Insekten zur Fremdbestäubung wichtig ist. ③ zeigt Blütenschnitt mit Nektarien (N).

4. Öldrüsen sondern ätherische Öle ab. Unterschieden werden :

   a) Äußere Öldrüsen treten als Drüsenschuppen (Ds) und als Drüsenhaare (Dh) z.B. bei Pflanzen der Familie der Lamiaceae auf. ④ = Blattquerschnitt von Folia Menthae pip. Beim Hopfen finden sie sich als 'Hopfendrüsen' am Grunde der Hochblätter des weiblichen Blütenstandes.

   b) Innere Öldrüsen sind in den verschiedensten Pflanzenorganen bestimmter Pflanzen als Ölzellen eingelagert. Typisch z.B. für Pflanzen der Familien der Lauraceae (Folia Lauri, Cortex Cinnamomi), Zingiberaceae (Rhizoma Zingiberis, Rhizoma Curcumae) und der Piperaceae (Fructus Piperis).
   Sekretlücken als Ölräume (Ö) finden sich z.B. bei der Zitrone ⑤ (Fruchtquerschnitt mit Ölräumen), bei der Gewürznelke = Flores Caryophylli ⑥ (Längsschnitt mit Ölräumen), beim Johanniskraut = Herba Hyperici ⑦ (Laubblatt und Laubblattquerschnitt mit Ölraum).
   Sekretgänge sind charakteristisch für Früchte aus der Familie der Apiaceae, z.B. Fructus Anisi, Fructus Carvi, Fructus Foeniculi ⑧ (mit Spaltfrucht und Querschnitt durch eine Teilfrucht mit Ölgängen, die als Ölstriemen bezeichnet werden).

---

1) gutta (l.) = Tropfen; Guttation = aktive Wasserausscheidung

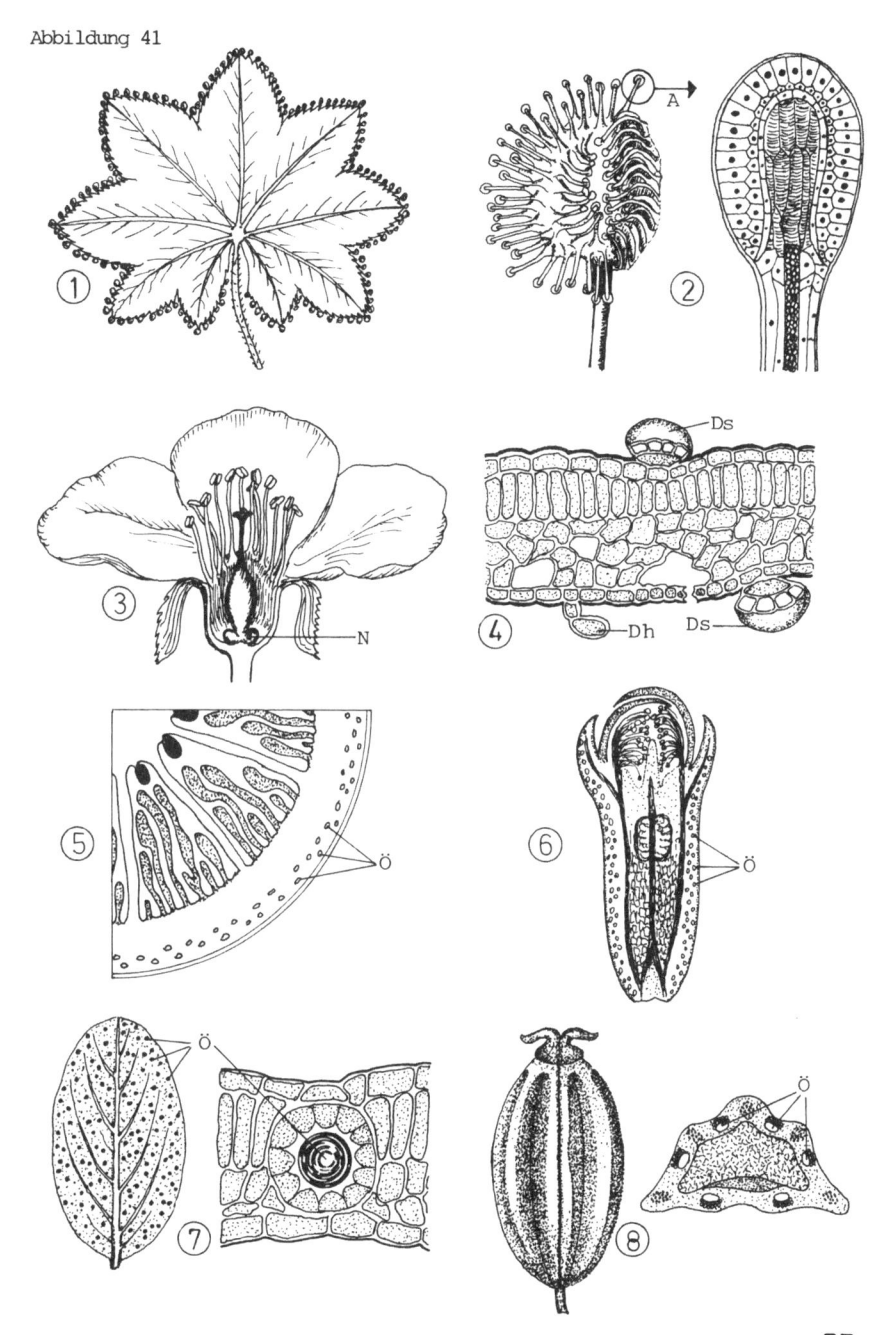

Abbildung 41

4.3. Anatomie der Grundorgane

Im Abschnitt Histologie wurden die verschiedenen Gewebe und ihre Funktionen beschrieben. Im Abschnitt 'Anatomie der Grundorgane' soll verdeutlicht werden, wie Art und Anordnung der Gewebe in den Organen erfolgen, damit diese ihre Aufgaben im Dienst des Pflanzenkörpers ausüben können.

4.3.1. Anatomie des Grundorgans Wurzel
Abbildung 42

Die teilweise im Längsschnitt gezeigte Wurzelspitze (1) weist eine Gliederung mit vier Bereichen auf:

1. Bereich des Wurzelvegetationspunktes und der Wurzelhaube   I

   Der Wurzelvegetationspunkt (Wp) besteht aus Bildungsgewebe mit Initialzellen, welche die Zellen der Wurzel und der Wurzelhaube (H) bilden. Die Wurzelhaube schützt die empfindlichen Zellen des Bildungsgewebes. Die vorderen Zellen der Wurzelhaube lösen sich ab, werden aber durch das Bildungsgewebe laufend erneuert.

2. Bereich der Zellstreckung   II

   In diesem Bereich der Wurzel wachsen die Zellwände, strecken sich und bewirken dadurch das Längenwachstum der Wurzel und deren weiteres Vordringen in den Boden.

3. Bereich der Wurzelhaare   III

   Die kurze Lebensdauer der Wurzelhaare (Wh) erfordert deren laufende Neubildung, die fortschreitend im gleichen Abstand vom wachsenden Vegetationspunkt der Wurzel erfolgt.

4. Bereich der beginnenden Wurzelverzweigung   IV

   Die Seitenwurzeln (Sw) wachsen aus dem Zentralzylinder und durchbrechen die Rindenschicht der Wurzel. Seitenwurzeln erster Ordnung bilden Seitenwurzeln weiterer Ordnung, so daß sich dadurch ein Wurzelsystem entwickelt.

Der Wurzelquerschnitt (2) zeigt die als Rhizodermis (Rd) bezeichnete Oberhaut (=Epidermis) als Abschlußgewebe. Die Wurzelhaare (Wh) sind schlauchartige Ausstülpungen der Rhizodermis. Nach dem Absterben der Wurzelhaare wird die Epidermis durch ein verkorktes Abschlußgewebe ersetzt. Der Epidermis schließt sich die Rindenzone (Ri) aus Parenchym an, der die Endodermis[1] (En) = Innenhaut folgt. Diese umgibt den Zentralzylinder (Z). Im Zentralzylinder befinden sich Leitbündel mit Xylem (X) = Holzteil und Phloem (P) = Siebteil.

---

[1] endon (gr.) = innen; derma (gr.) = Haut; Endodermis = primäre innere Trennungsschicht

Abbildung 42

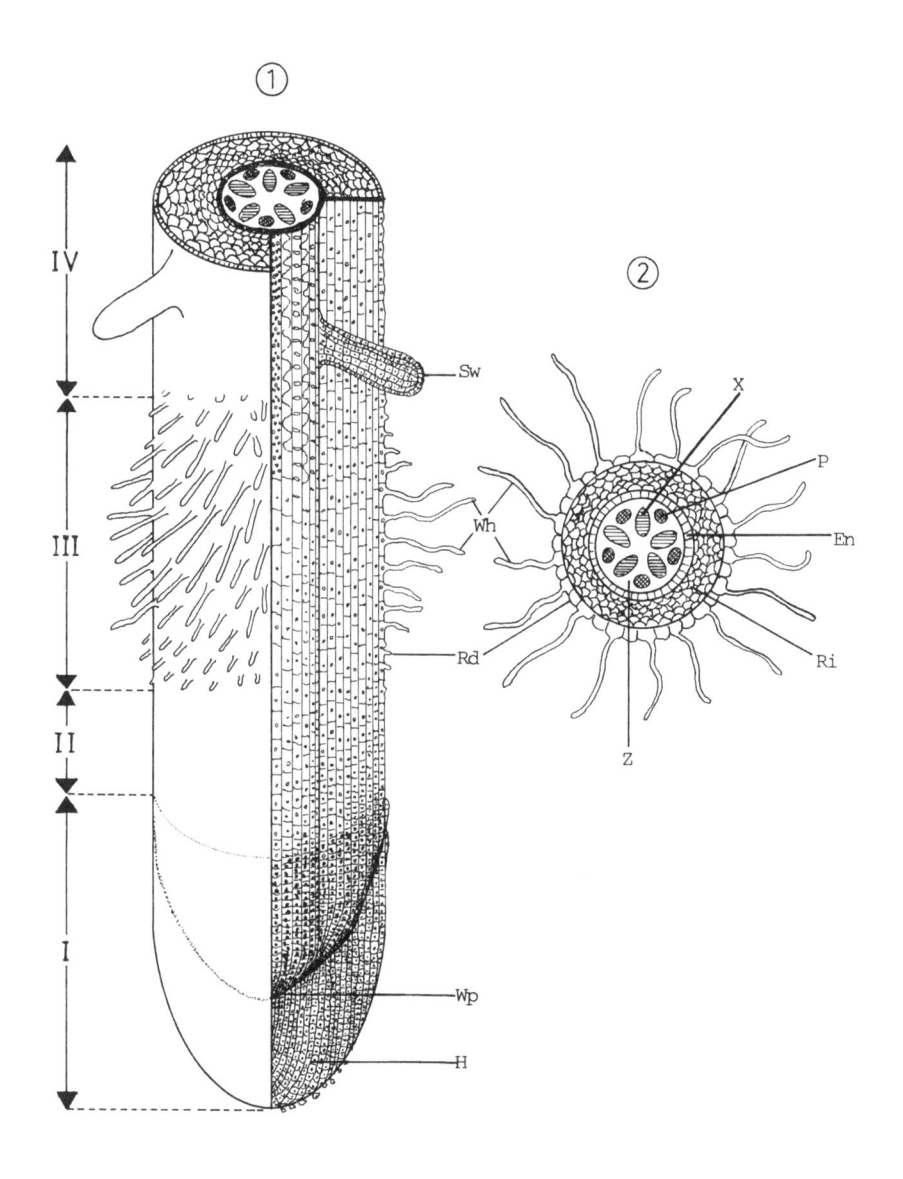

Sekundäres Dickenwachstum der Wurzel   Abbildung 43

Während die Wurzel der einkeimblättrigen Pflanzen auch im Alter einen gegenüber dem Jugendstadium unveränderten Wurzelquerschnitt aufweist, ist die Wurzel der zweikeimblättrigen Pflanzen zu sekundärem Dickenwachstum befähigt, wodurch die Wurzel ihren endgültigen Umfang erlangt.

Die verschiedenen Stadien des Dickenwachstums der Wurzel :

① zeigt den Querschnitt der Wurzel im primären Zustand

    (Rd) = Rhizodermis   (P) = Phloem = Rindenteil = Siebteil
    (Ri) = Rinde   (X) = Xylem = Holzteil = Gefäßteil
    (En) = Endodermis

② Zwischen Xylem und Phloem bildet sich Kambium, das sich zu einem sternförmigen Kambiumring ausweitet. In den Einbuchtungen verstärkt das Kambium seine Bildungstätigkeit, so daß innerhalb des Kambiumringes neue Gefäßstränge - sekundäres Xylem - entstehen.

    (Rd) = Rhizodermis   (P) = Phloem = Rindenteil = Siebteil
    (Ri) = Rinde   (X_1) = primäres Xylem
    (En) = Endodermis   (X_2) = sekundäres Xylem
    (K) = Kambium

③ Durch seine fortwährende Wachstumstätigkeit hat das Kambium eine kreisförmige Ausbildung erfahren. Außerhalb des Kambiumringes sind neue Siebröhrenstränge - sekundäres Phloem - , innerhalb des Kambiumringes hingegen neue Gefäßstränge - sekundäres Xylem - gebildet worden. Die zwischen den Gefäßen liegenden Parenchymzellen werden zu Markstrahlen, während die Sklerenchymfasern zur Festigung der Wurzel beitragen.

Infolge des Dickenwachstums wird die Rhizodermis und die Rinde aufgerissen und abgestoßen. Es entsteht Korkgewebe als neues, sekundäres Abschlußgewebe, das als Periderm bezeichnet wird.

    (Pd) = Periderm   (P_1) = primäres Phloem
    (K) = Kambium   (P_2) = sekundäres Phloem
    (M) = Markstrahl   (X_1) = primäres Xylem
                                      (X_2) = sekundäres Xylem

Abbildung 43

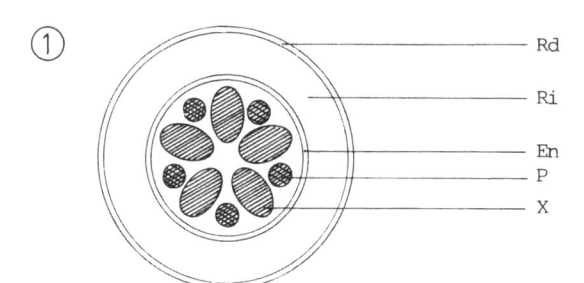

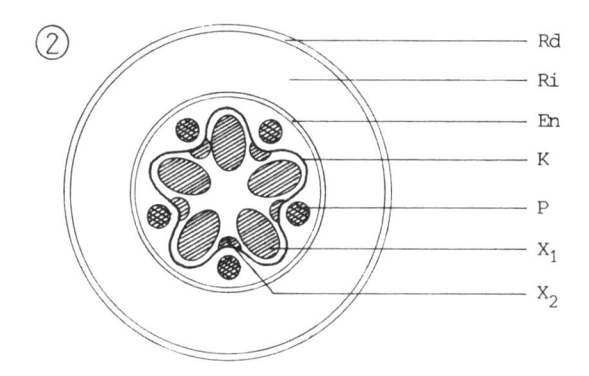

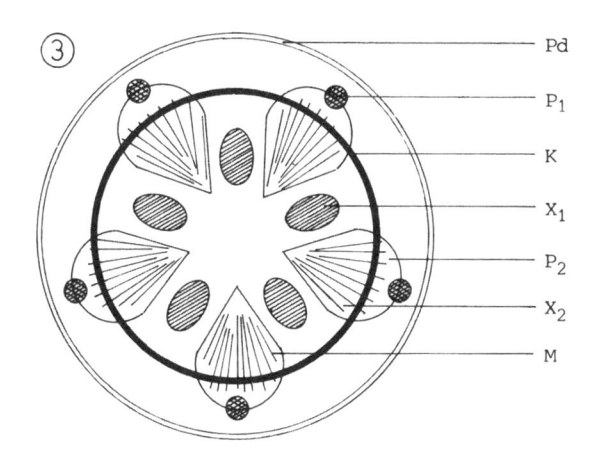

① Rd, Ri, En, P, X

② Rd, Ri, En, K, P, X₁, X₂

③ Pd, P₁, K, X₁, P₂, X₂, M

81

4.3.2. Anatomie des Grundorgans Sproßachse

Abbildung 44

① Der Längsschnitt durch die Endknospe einer Sproßachse
zeigt den aus Bildungsgewebe bestehenden Vegetationspunkt (Vp) des
Vegetationskegels (Vk). Der Vegetationspunkt der Sproßachse ist von
Blattanlagen (Ba) schützend überdeckt. Anlagen von Seitenknospen
(Sk) sind zwischen den Blattanlagen erkennbar. Es wird deutlich,
daß die Seitenknospen der Sproßachse gleichzeitig mit den Laubblät-
tern am Vegetationskegel angelegt werden. Einen gleichen inneren
Aufbau zeigen auch die Seitenknospen (vgl. hierzu Abb. 7).

Im Gegensatz zum Vegetationspunkt der Wurzel, der durch eine Wurzelhaube geschützt ist, wird der Sproßpol lediglich durch die
Blattanlagen eingehüllt.

② Der Querschnitt durch die Sproßachse einer einkeimblättrigen Pflanze
läßt die zerstreuten Leitbündel (Lb) erkennen. Den äußeren Abschluß
der Sproßachse bildet die Epidermis (E), an der sich zum Zentrum
der Achse hin eine aus wenigen Zellschichten bestehende Rindenschicht (Ri) anschließt. Bei dem geschlossenen kollateralen Leitbündel ist das Xylem (X) = Holzteil zum Zentrum des Sproßquerschnit-
tes ausgerichtet, während das Phloem (P) = Siebteil zum Sproßrand
hin orientiert ist. Xylem und Phloem werden von einer geschlossenen
Bündelscheide umfaßt (vgl. hierzu Abb.40,1 und 2).

③ Der Querschnitt durch die Sproßachse einer zweikeimblättrigen Pflanze
zeigt ringförmig angelegte Leitbündel (Lb) mit offenen Bündelschei-
den (vgl. hierzu Abb. 40,3 und 4). Die Sproßachse ist nach außen von
der Epidermis (E) abgeschlossen, an die sich zur Mitte der Achse hin
die Rinde (Ri) anschließt, die ebenso wie das im Zentrum befindliche
Mark (M) aus Parenchym besteht.
Zwischen den offenen kollateralen Leitbündeln mit Xylem (X) = Holzteil und Phloem (P) = Siebteil und dem die Leitbündel teilenden
Kambium (K) befinden sich die sog. Markstrahlen (Ms), die Rinde und
Mark miteinander verbinden.

Abbildung 44

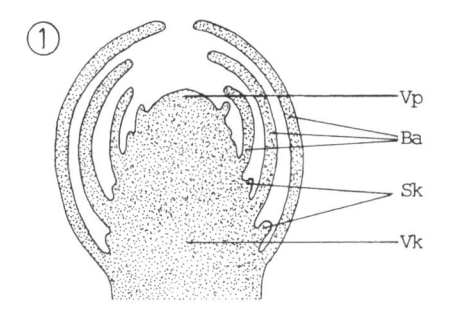

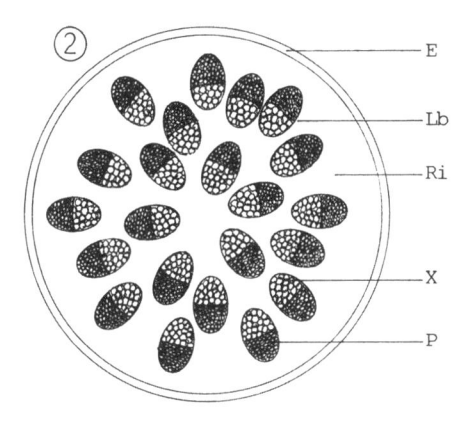

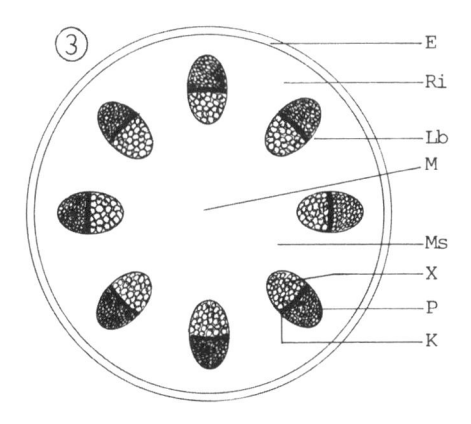

Sekundäres Dickenwachstum der Sproßachse — Abbildung 45

Die kreisförmige Anordnung der offenen Gefäßbündel bei den zweikeimblättrigen Pflanzen ermöglicht im Gegensatz zu den einkeimblättrigen Pflanzen mit zerstreuten Gefäßbündeln ein sekundäres Dickenwachstum. Somit kann die Sproßachse ihren Umfang vergrößern. Das ursprünglich nur auf die Gefäßbündel beschränkte Kambium (vergl. hierzu Abb. 44,3) erweitert sich durch Umbildung der zwischen den Bündelkambien liegenden Markstrahlzellen in Kambiumzellen zu einem Kambiumring.

(1) Der Querschnitt der Sproßachse zeigt den Kambiumring (K) mit dem in einem offenen Leitbündel zusammengefaßten Xylem (X) und Phloem (P). Zwischen Leitbündeln befinden sich die Markstrahlen (Ms), welche die der Epidermis (E) folgende Rinde (Ri) mit dem im Zentrum der Sproßachse liegenden Mark (M) verbinden.

(2) Dieser Querschnitt einer Sproßachse zeigt, daß das Kambium (K) ein sekundäres Dickenwachstum bewirkt, indem es zum vorhandenen primären Xylem (X_1) sekundäres Xylem (X_2) als Holz, zum vorhandenen primären Phloem (P_1) zusätzlich sekundäres Phloem (P_2) als Bast bildet. Die Tätigkeit des Kambiums führt zu einer ständigen Verlängerung der primären Markstrahlen (Ms_1), die das Mark (M) mit der Rindenschicht (Ri) verbinden. Bei zunehmender Verdickung der Sproßachse werden vom Kambium auch sekundäre Markstrahlen (Ms_2) erzeugt, die im Holz und Bast enden. Das sekundäre Dickenwachstum der Sproßachse hat ferner zur Folge, daß die Epidermis (E) als primäres Abschlußgewebe aufgerissen wird und durch den vom Korkkambium (Kk) gebildeten Kork (Ko) als sekundäres Abschlußgewebe ersetzt werden muß.

(3) Das Schnittbild der Sproßachse mit einem angeschnittenen Leitbündel läßt die am Aufbau einer Sproßachse beteiligten Gewebe erkennen :

(E) = Epidermis mit Abschlußgewebe
(Kc) = Kollenchym als Festigungsgewebe
(Ri) = Rinde als Grundgewebe
(Sk) = Sklerenchym als Festigungsgewebe
(P) = Phloem als Siebteil, aus Siebröhren bestehend
(K) = Kambium als Bildungsgewebe
(X) = Xylem als Gefäßteil mit Tracheiden und Tracheen (Ring- und Spiralgefäße)

Dem Gefäßteil folgt wiederum Sklerenchym (Sk) als Festigungsgewebe und
(M) = Mark als parenchymatisches Grundgewebe.

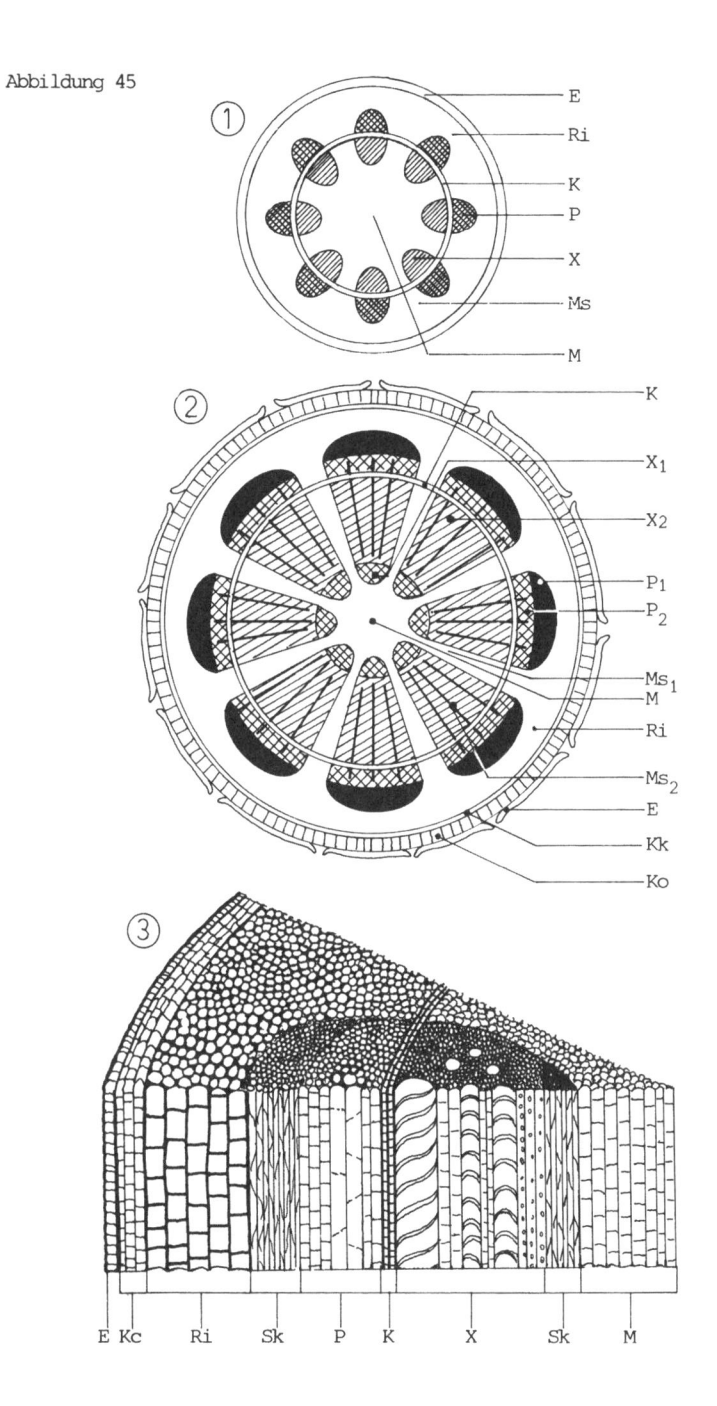

Abbildung 45

85

4.3.3. Anatomie des Grundorgans Laubblatt

Abbildung 46

① Das typische Laubblatt ist mit seiner Blattober- und Blattunterseite flächig gestaltet. Die Blattspreite = Blattfläche (Spr) wird begrenzt durch den Blattrand (Br), läuft in der Blattspitze (Spi) aus und wird durch den Blattstiel (St) mit der Sproßachse verbunden. Der Blattstiel verästelt sich in den Blattadern (Ba), die als Leitbündel das gesamte Laubblatt netzartig durchziehen.

② Der innere Aufbau des Laubblattes läßt sich an dem Schnittbild des Laubblattes verdeutlichen :

1. Die Epidermis (E) = Oberhaut bedeckt die gesamte Blattober- und Blattunterseite der Blattspreite. Die Epidermis wird von einer für Wasser und Gase schwer durchlässigen Haut, der Kutikula (K), überzogen. Die Blattunterseite weist zahlreiche Spaltöffnungen (Sp) auf, die den Gasaustausch und die Transpiration regulieren.

2. Von den Epidermen der Blattober- und Blattunterseite wird das Mesophyll[1] (Ms) begrenzt, das sich aus zwei Gewebeschichten zusammensetzt :

   a) Palisadenparenchym = Palisadengewebe (Pg) mit länglichen, zylinderförmigen Zellen, die senkrecht zur Blattfläche angeordnet sind und einen hohen Chlorophyllgehalt aufweisen, der für die Photosynthese von Bedeutung ist.

   b) Schwammparenchym = Schwammgewebe (Sg) mit unregelmäßig gestalteten Zellen, die einen geringeren Chlorophyllgehalt besitzen. Interzellularräume (I) stellen die Verbindung zwischen den durch Schließzellen (Sz) regulierbaren Spaltöffnungen (Spö) auf der Blattunterseite und dem Palisadengewebe her. Dadurch wird der Austausch von Gasen (CO_2 und O_2) und die Transpiration ermöglicht.

3. Leitbündel (Lb) durchziehen als 'Adern' mit ständig feiner werdenden Verästelungen das Mesophyll des Laubblattes. Die kollateral geschlossenen Leitbündel weisen oben das Xylem (X), unten hingegen das Phloem (P) auf, umschlossen von der Bündelscheide (Bs). Durch die Leitbündel wird der Stofftransport und zugleich eine genügende Festigkeit der Blattspreite ermöglicht.

---

[1] mesos (gr.) = mitten; phyllon (gr.) = Blatt; Mesophyll = Blattgewebe zwischen den Epidermen

Abbildung 46

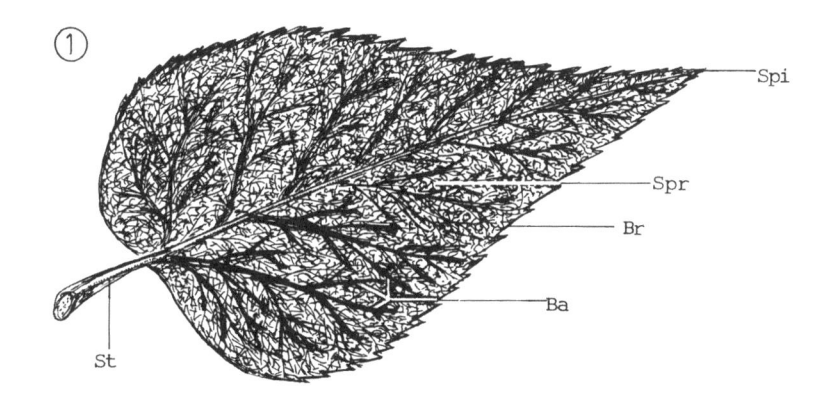

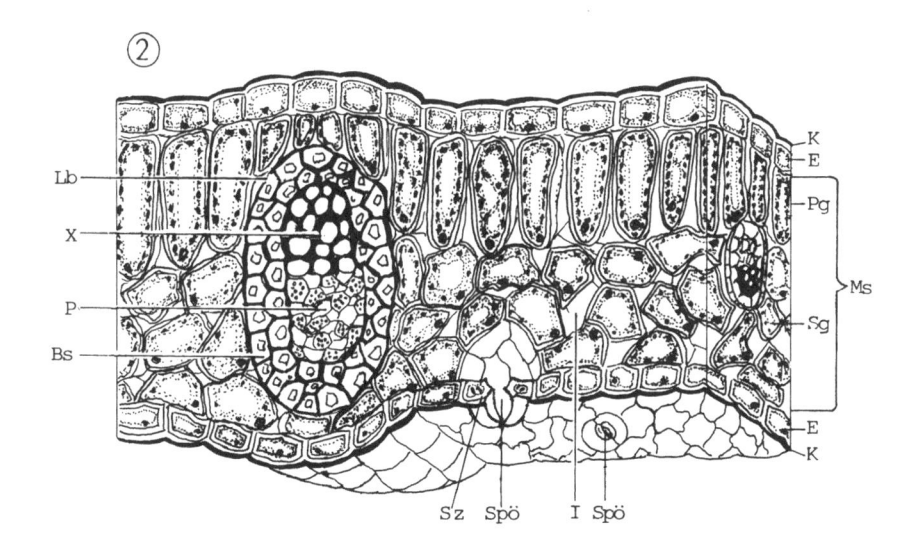

5. Physiologie

Die Physiologie ist die Lehre von den Lebensvorgängen der Pflanze. Während Morphologie und Anatomie vornehmlich beschreibende Teilwissenschaften der Phytologie oder Botanik sind, versucht die Physiologie die Lebensvorgänge mit den Methoden der Chemie und Physik zu erklären und die ursächlichen Zusammenhänge der Vorgänge aufzuspüren.

Die Pflanzenphysiologie wird aus Gründen der Zweckmäßigkeit in drei Teilgebieten behandelt :

1. Physiologie des Stoffwechsels
   Eine Pflanze vermag nur dann zu leben, wenn ihr laufend Bau- und auch Betriebsstoffe zur Verfügung stehen. Dazu muß die Pflanze aus ihrer Umgebung anorganische Stoffe aufnehmen und diese in körpereigene organische Stoffe (Kohlenhydrate, Fette, Eiweißstoffe) umwandeln. Dieser Umsetzungsprozeß wird als Assimilation oder auch als Baustoffwechsel bezeichnet. Diesem Prozeß steht der Betriebsstoffwechsel, auch Dissimilation genannt, gegenüber. Hierbei werden körpereigene Stoffe abgebaut, um die für die Lebensvorgänge erforderliche Energie zu gewinnen.

2. Physiologie des Wachstums
   Die erwähnte Assimilation hat ein Wachstum der Pflanze zur Folge, weil die Substanzzunahme eine Ausdehnung des Pflanzenkörpers bewirkt. Der Körper der Pflanze entwickelt sich in Phasen, bis er seine endgültige Gestalt und Größe erlangt hat. Diese Entwicklung wird als vegetative[1] Phase bezeichnet (vgl. Abschnitt 5.2.2.1.). Ihr folgt die generative[2] oder reproduktive[3] Phase (vgl. Abschnitt 5.2.2.2.), die von der Blütenbildung über die Erzeugung von Früchten mit Samen bis zum Tode der Pflanze reicht.

3. Physiologie der Bewegungen
   Im Gegensatz zu den Tieren vermögen die höheren Pflanzen nur in begrenztem Maße Bewegungen auszuüben. Neben sog. autonomen[4] Bewegungen, wie sie etwa Windepflanzen zeigen, gibt es auch Reizbewegungen der Pflanzen, die durch äußere Reizeinflüsse ausgeübt werden, wenn sich z.B. Sprosse dem Lichte zuwenden.

---

1) vegetare (l.) = leben, wachsen; Vegetative Phase = Wachstumsphase
2) generare (l.) = zeugen
3) reproducere (l.) = hervorbringen
   Generative oder reproduktive Phase = Phase der Fortpflanzung
4) autos (gr.) = selbst; nomos (gr.) = Gesetz; autonom = eigengesetzlich

5.1. Stoffwechsel

Der pflanzliche Organismus setzt sich aus einer Fülle von Stoffen zusammen, die vielfachen chemischen Umsetzungen unterworfen sind. Die Erklärung dieser Vorgänge ist Aufgabe der Physiologie.

Die Stoffwechselvorgänge schließen die Ernährung und Atmung ein :

1. Ernährung

    Die Pflanze nimmt verhältnismäßig einfache (= anorganische) Verbindungen auf und baut aus diesen komplizierte (= organische) Verbindungen auf, aus denen ihre Körpersubstanz besteht. Diese Aufbauvorgänge werden als Ernährung bezeichnet. Gebräuchlicher ist die Bezeichnung Assimilation , weil hierdurch zum Ausdruck gebracht wird, daß die aufgenommenen anorganischen und körperfremden Stoffe den vorhandenen körpereigenen Stoffen angeglichen werden. Diese Prozesse führen zur Bildung von Kohlenhydraten, Fetten und Eiweißstoffen, die Zellbestandteile, also Baustoffe des Pflanzenkörpers sind. Deshalb ist für diese Vorgänge auch die Bezeichnung Baustoffwechsel üblich.

2. Atmung

    In einer weiteren Folge chemischer Umsetzungsprozesse wird nun ein Teil der gebildeten organischen körpereigenen Stoffe wieder abgebaut. Hierdurch wird die für die Pflanze lebensnotwendige Energie gewonnen. Diese der Energiegewinnung dienenden Stoffwechselvorgänge werden im weitesten Sinne als Atmung bezeichnet, im Gegensatz zur Assimilation auch als Dissimilation . Gebräuchlich ist auch die Bezeichnung Betriebsstoffwechsel , weil durch die genannten Vorgänge die zur Aufrechterhaltung der Lebensfunktionen notwendige Energie freigesetzt wird.

Zum Stoffwechsel zählen auch die physikalisch erklärbaren Vorgänge des Eintritts von Stoffen in den Pflanzenkörper, des Stofftransportes und der Stoffausscheidung.

Von besonderer Bedeutung für die Lebensvorgänge und damit für das Leben der Pflanze ist das Wasser. Deshalb soll der sog. Wasserhaushalt der Pflanze den Stoffwechselprozessen Ernährung und Atmung vorangestellt werden.

5.1.1. Wasserhaushalt der Pflanze

Ein Gewichtsvergleich frischer und getrockneter Pflanzen läßt erkennen, daß Pflanzen in großen Mengen Wasser enthalten. Der Wassergehalt ist bei den einzelnen Pflanzenarten unterschiedlich groß. Er erreicht bei Wasserpflanzen oft mehr als 90 %, bei den Speicherwurzeln von Möhre und Zuckerrübe reicht er bis 85 %, bei frischem Holz bis etwa 40 %, während er bei Samen bis zu 10 % beträgt.

Sinkt der Wassergehalt einer Pflanze unter einen bestimmten Wert, so verlangsamen sich die Lebensvorgänge, vollständiger Wasserentzug hat den Tod der Pflanze zur Folge.

Die Bedeutung des Wassers für die Pflanze

1. Wasser ist Lösungs- und Transportmittel für die von den Wurzelhaaren aufgenommenen Nährsalze und für die durch die Assimilation gebildeten körpereigenen Stoffe

2. Wasser ist unerläßlich für den Turgor der Zellen und damit auch für die Stabilität des Pflanzenkörpers, vornehmlich bei krautigen Pflanzen

3. Die chemischen Umsetzungsprozesse im Pflanzenkörper erfolgen in einer wässerigen Phase

4. Wasser ist ein wesentlicher Ausgangsstoff für die Bildung der Kohlenhydrate durch die Photosynthese

Die von den Wurzel aufgenommenen Wassermengen werden jedoch nur zu einem geringen Teil der Nutzung zugeführt. Die überwiegenden Wassermengen werden von der Pflanze durch die Spaltöffnungen der Laubblätter in Form von Wasserdampf wieder an die Atmosphäre abgegeben. Dieser Vorgang wird als Transpiration bezeichnet.

Es wird deutlich, daß eine ausreichende Versorgung des Pflanzenkörpers mit Wasser für einen normalen Ablauf der Lebensvorgänge und damit auch für das Leben der Pflanze unerläßlich ist.

Der sog. Wasserhaushalt der Pflanze umfaßt :

1. Wasseraufnahme
2. Wasserleitung
3. Wasserabgabe

5.1.1.1. Wasseraufnahme   Abbildung 47

Bei Landpflanzen erfolgt die Wasseraufnahme durch das Absorptionsgewebe der Wurzel. Zur Vergrößerung der Oberfläche befinden sich hinter der Wurzelspitze die Wurzelhaare, einzellige und schlauchartige Ausstülpungen der Wurzelhaut (=Rhizodermis). Die Wurzelhaare zwängen sich zwischen die Bodenteilchen, die vom Haftwasser, einer dünnen Wasserschicht mit schwacher Nährsalzlösung, umgeben sind. Die Aufnahme des Wassers erfolgt derart, daß das Bodenwasser mit seiner schwachen Salzkonzentration durch die Zellwände der Wurzelhaare von der stärkeren Zellsaftkonzentration der Wurzelhaarzelle aufgesaugt wird. Dieser Vorgang wird als Osmose[1] bezeichnet. Gleiche osmotische Vorgänge bewirken nunmehr den Fluß des Wassers von Zellen niedriger Konzentration zu Zellen mit einer stärker konzentrierten Lösung, bis das Wasser schließlich zu den im Zentralzylinder der Wurzel befindlichen Gefäßen, dem aus Tracheen und Tracheiden bestehenden Xylem, gelangt.

5.1.1.2. Wasserleitung   Abbildung 47

Die Leitung des Wassers von der Wurzel bis zu den Laubblättern erfolgt im Xylem der Leitbündel bzw. im Holz der Holzgewächse. Als Kraft für den Transport des Wassers bis zu den Stellen der Pflanze kann der Wurzeldruck, durch das Pumpen des Wassers von den Zellen in das Xylem bedingt, alleine nicht verantwortlich sein. Ursache für das Aufsteigen des Wassers in einem zusammenhängenden Wasserfaden im Xylem der Sproßachse ist vielmehr der sog. Transpirationssog, der durch die Verdunstung des Wassers in den Laubblättern entsteht. Die großen Wassermengen, die von der Pflanze dem Boden entzogen werden, gehen im wesentlichen durch Transpiration wieder verloren, während die Nährsalze in der Pflanze zurückbleiben. Die Strömungsgeschwindigkeit des Wassers ist bei den Pflanzenarten unterschiedlich und beträgt z.B. bei Eichen 20-45 m/h, bei Birken etwa 2 m/h, bei krautigen Pflanzen bis zu 60 m/h.

---

[1] osmos (gr.) = Stoßen, Stoß
 Osmose = Ausgleich der Konzentration von zwei verschieden konzentrierten Lösungen durch eine halbdurchlässige Membran. Das Lösungsmittel wandert dabei von der schwächer zur stärker konzentrierten Lösung

5.1.1.3. Wasserabgabe

Abbildung 47

Die sehr wasserhaltigen Laubblätter verdunsten mit ihrer großen Fläche infolge des schwankenden Feuchtigkeitsgehaltes der Luft ständig Wasser. Dieser Vorgang wird als Transpiration[1] bezeichnet.

Die Transpiration bewirkt

1. einen Transpirationssog, wodurch das Wasser mit den darin gelösten Nährsalzen innerhalb der Gefäße bis in die Laubblätter geleitet wird
2. bei stärkerer Sonneneinstrahlung eine Kühlung der Laubblätter durch die Verdunstungskälte, die eine schädigende Wirkung durch Überhitzung verhindert

Die Transpiration erfolgt innerhalb der Laubblätter in den Interzellularräumen, die mit den Spaltöffnungen auf der Blattunterseite in Verbindung stehen. Durch Schließzellen können die Spaltöffnungen geöffnet und verschlossen werden. Dadurch wird die Transpiration regulierbar. Der Wasserdampf tritt durch die Spaltöffnungen ins Freie.

Der Wasserverlust durch Transpiration ist bei den Pflanzen nicht unerheblich. So wurden z.B. für eine Sonnenblume an einem Tage 1 Liter, für eine Birke mit etwa 200 000 Blättern 60 - 70 Liter, an einem heißen Tage sogar 400 Liter Wasser berechnet.

Neben der Transpiration ist bei einigen Pflanzenarten eine Wasserabgabe in Tropfenform zu beobachten, die als Guttation[2] bezeichnet wird. Bei zu hoher Luftfeuchtigkeit wird die Transpirationsmöglichkeit reduziert. So finden sich etwa bei Gräsern und beim Frauenmantel an den Laubblättern Wasserdrüsen als besondere Ausscheidungsdrüsen, die eine Guttation ermöglichen (vgl. hierzu 4.2.2.6.).

Erklärung zur Abbildung

Die Abbildung zeigt das Schema der Wasseraufnahme im Bereich der Wurzelhaare, die Wasserleitung in den Ringgefäßen im Bereich der Wurzel und der Sproßachse. Wasserabgabe wird verdeutlicht im Bereich des Laubblattes durch eine Spaltöffnung. Der Pflanze (links) werden die entsprechenden Organe im Schnittbild gegenübergestellt.

---

1) transpirare (l.) = ausatmen
2) gutta (l.) = Tropfen; Guttation = aktive Wasserausscheidung

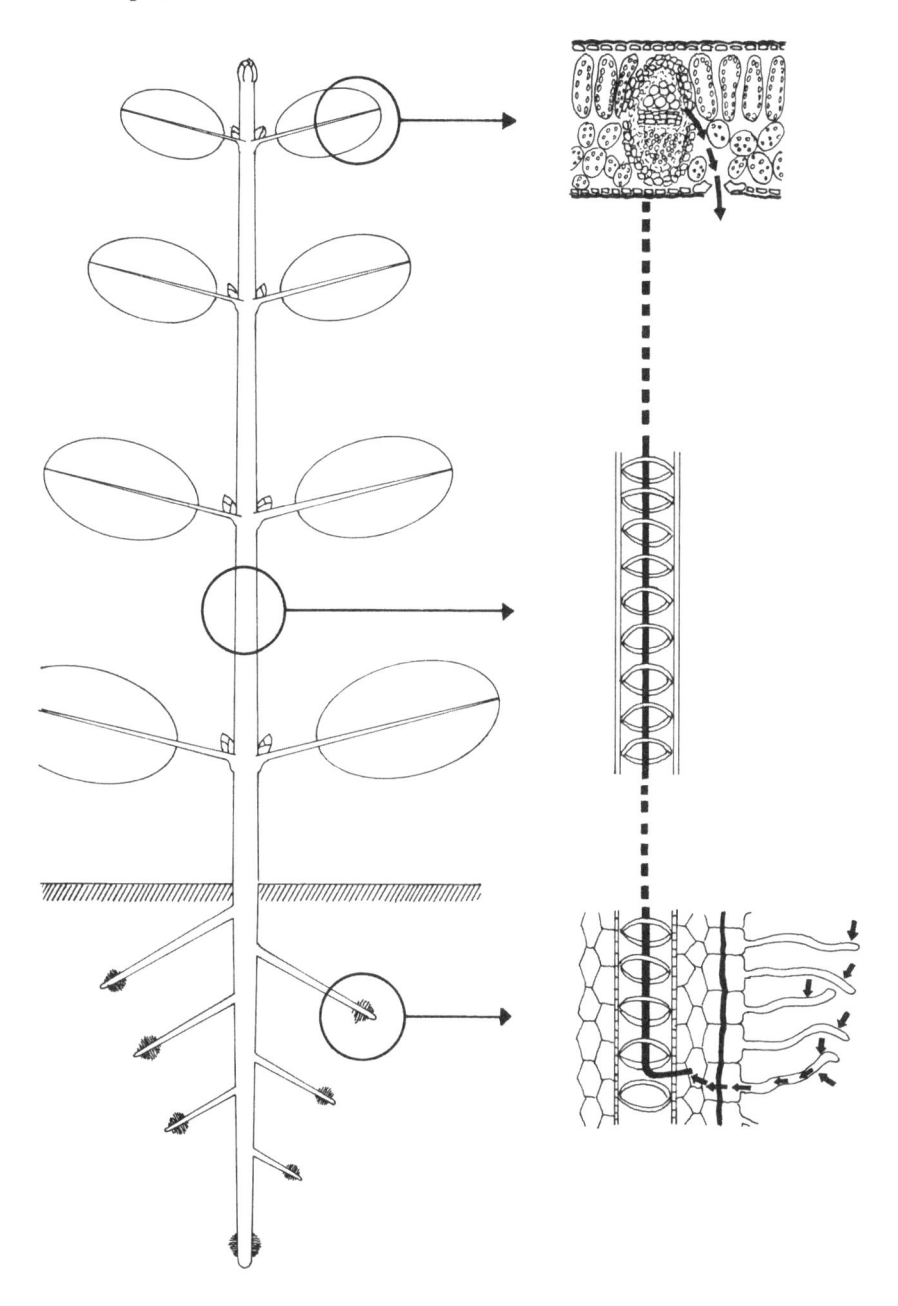

Abbildung 47

93

5.1.2. Ernährung

Wasseraufnahme und Wasserleitung sind Voraussetzungen für den Ablauf aller Lebensvorgänge und damit auch für die Ernährung der Pflanze. Das Wachstum der Pflanze zeigt, daß sie gezwungen ist, aus ihrer Umgebung Stoffe aufzunehmen. Die aufgenommenen Stoffe werden unter Energieverbrauch in körpereigene Substanzen umgewandelt, um mit deren Hilfe den Betriebs- und Baustoffwechsel, also Ernährung und Atmung, durchzuführen. Die Umwandlung der aufgenommenen Nährstoffe in körpereigene Substanz bezeichnet man als Assimilation.

Zur Deckung des Bedarfs an Kohlenstoff wird der atmosphärischen Luft Kohlendioxid entnommen. Die im Pflanzenkörper befindlichen Mineralstoffe werden als sog. Nährsalze von den Wurzelhaaren in gelöster Form aus dem Boden aufgenommen. Da Salze in wäßriger Lösung dissoziieren, stehen der Pflanze Kationen und Anionen zur Verfügung.

5.1.2.1. Mineralien
Abbildung 48

Als Nährsalzquelle nutzt die Pflanze den Boden mit seinen mineralischen Bestandteilen. Mineralien können z.B. als

Carbonate $CaCO_3$ $MgCO_3$ $FeCO_3$ Sulfate $CaSO_4$ $BaSO_4$
Phosphate $Ca_3(PO_4)_2$ Silikate $KAlSiO_3$
Nitrate $NaNO_3$ KNO_3 $Ca(NO_3)_2$ vorliegen.

Da die genannten Mineralsalze in wäßriger Lösung dissoziieren, werden sie von der Pflanze als Ionen aufgenommen. Deshalb ist es gleichgültig, ob etwa Kationen als Carbonate, Sulfate oder als Nitrate vorliegen.

Als unentbehrliche Pflanzennährstoffe gelten die Elemente, die für Wachstum und Entwicklung notwendig sind und durch andere Elemente nicht ersetzt werden können:

Kohlenstoff   C   Schwefel   S
Wasserstoff   H   Kalium   K
Sauerstoff   O   Magnesium   Mg
Stickstoff   N   Calcium   Ca
Phosphor   P   Eisen   Fe

Weitere Elemente werden, wenn auch in geringen Mengen, von der Pflanze benötigt. Zu diesen sog. Spurenelementen zählen u.a.: Mangan, Kupfer, Zink, Molybdän, Bor.

Abbildung 48

Die Bedeutung der Elemente für den Stoffwechsel

Element	aufgenommen als	Bedeutung
C Kohlenstoff	CO_2 HCO_3^-	die wichtigsten Bausteine der organischen Verbindungen
H Wasserstoff	H_2O	
O Sauerstoff	CO_2 O_2 teils als H_2O	
N Stickstoff	NO_3^- NH_4^+	wesentlicher Bestandteil der Aminosäuren und der Eiweißstoffe
P Phosphor	PO_4^{---}	in den lebensnotwendigen Phosphatiden (z.B. Lecithin), Nukleotiden und Nukleoproteiden der Zellkerneiweiße. Phosphatverbindungen sind von Bedeutung als Energieüberträger im Atmungsstoffwechsel
S Schwefel	SO_4^{--}	Bestandteil einiger wichtiger Aminosäuren (Cystein, Methionin) und Eiweißstoffe
K Kalium	als Kation aufgenommen	Vorkommen im Plasma und Zellsaft. Kalium ist mitbeteiligt an der Synthese der Eiweißstoffe
Mg Magnesium	als Kation aufgenommen	Vorkommen im Chlorophyll. Wichtige Funktion bei der Photosynthese
Ca Calcium	als Kation aufgenommen	Gebunden an verschiedene organische Säuren. Überschußmengen an Calcium sind im Calciumoxalat gebunden
Fe Eisen	als Kation aufgenommen	Am Aufbau von Atmungsenzymen beteiligt. Eisenmangel der Pflanze verhindert die Chlorophyllbildung und bewirkt Gelbfärbung der Laubblätter (= Chlorose)

5.1.2.2. Autotrophe Ernährung

Zur Ernährung benötigt die Pflanze neben Wasser und Mineralien auch organische Substanzen (Kohlenhydrate, Eiweißstoffe, Fette). Besondere Bedeutung kommt hierbei den Kohlenhydraten zu. Grüne, d.h. chlorophyllhaltige Pflanzen können sich ohne die Aufnahme organischer Stoffe selbst ernähren, weil sie die Fähigkeit besitzen, aufgenommene anorganische Stoffe (Kohlendioxid und Wasser) unter Aufnahme von Sonnenenergie durch Photosynthese in organische Verbindungen umzuwandeln. Diese als Kohlenstoffassimilation bezeichnete Tätigkeit befähigt die grünen Pflanzen zur autotrophen[1] Ernährung.

5.1.2.3. Heterotrophe Ernährung   Abbildung 49

Im Gegensatz zu autotrophen Pflanzen bedürfen die heterotrophen[2] Pflanzen (wie auch Mensch und Tier) der Aufnahme organischer Nährstoffe. Es sind meist nichtgrüne Pflanzen, welche die erforderlichen Nährstoffe anderen Lebewesen entziehen. Entnehmen heterotrophe Pflanzen organische Stoffe abgestorbenen bzw. lebendem organischen Material, so unterscheidet man zwischen Saprophyten und Parasiten.

1. Saprophyten[3]. Zu ihnen zählen viele Pilze (z.B. Schimmelpilze) und Bakterien, durch deren Lebenstätigkeit abgestorbene organische Substanz (Pflanzen- und Tierleichen, Laubstreu) beseitigt wird. Auch die im Verdauungstrakt von Mensch und Tier am Aufschluß der Nahrung beteiligten Bakterien zählen zu den Saprophyten, von den höheren Pflanzen der heimischen Flora der Fichtenspargel (1) und die zur Familie der Orchideen zählende Nestwurz (2).

2. Parasiten[4]. Zu diesen zählen viele Bakterien, die als Krankheitserreger (Wundstarrkrampf-, Cholera-, Typhuserreger) wirken, ferner Pilze, die als Krankheitserreger bei Sproßpflanzen auftreten (Getreiderost, Kartoffelkrebs, Echter Mehltau). Bei höheren Pflanzen zeigt sich Parasitismus in zwei Formen:

a) Halbschmarotzer sind grüne Pflanzen, die CO_2 assimilieren, ihren Wirtspflanzen (Wpf) aber mittels Haustorien (vgl. 3.5.1.4.) Wasser und Nährsalze entziehen. Beispiele: Mistel (3), Wachtelweizen, Augentrost (4), Klappertopf.

b) Vollschmarotzer besitzen kein Blattgrün, entziehen den Wirtspflanzen (Wpf) deshalb neben Wasser und Nährsalzen auch organische Substanzen. Beispiele: Europäische Seide (5), Schuppenwurz, Sommerwurz-Arten (6).

---

1) autos (gr.) = selbst; trophe (gr.) = Nahrung, Ernährung
2) heteros (gr.) = anders
3) sapros (gr.) = in Fäulnis übergehend, verfault; phyton (gr.) = Pflanze
4) parasitos (gr.) = Mitesser, Schmarotzer

Abbildung 49

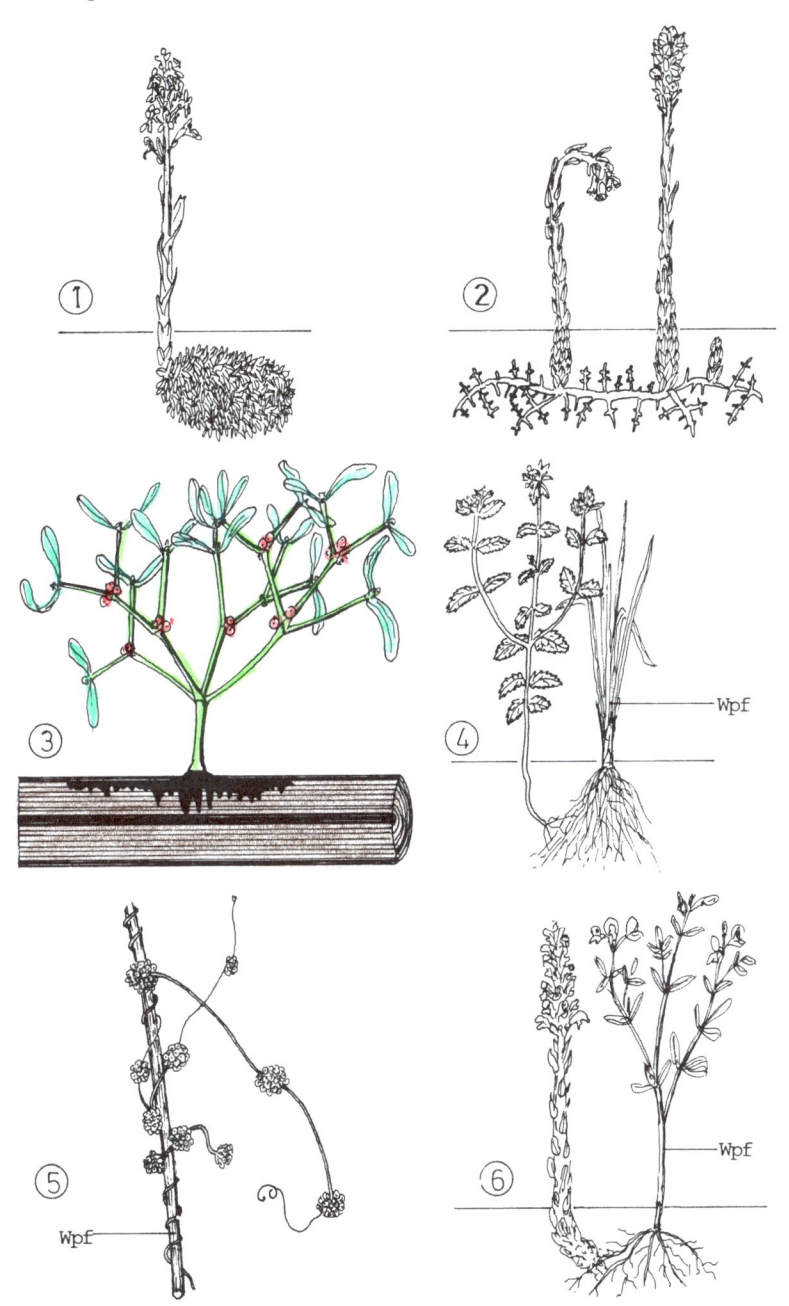

5.1.2.4. Photosynthese   Abbildung 50

Photosynthese, auch Kohlenstoff-Assimilation genannt, ist der Aufbau von energiereichen Kohlenhydraten aus Kohlendioxid und Wasser. Weil bei dieser Synthese der Kohlenhydrate die Reaktionsprodukte energiereicher als die Ausgangsstoffe sind, ist eine Energiezufuhr erforderlich. Da die Pflanzen als Energiequelle die Lichtenergie der Sonne nutzen, nennt man diesen Vorgang Photosynthese[1].

Die Photosynthese ist der Grundprozeß zur Bildung energiereicher organischer Substanz.

Organ der Photosynthese ist das Laubblatt.

Hauptort der Photosynthese sind die Zellen des Palisadenparenchyms.

Ausgangsstoffe für die Photosynthese sind das Wasser (H_2O), das von den Wurzelhaaren der Wurzel aufgenommen und durch die Gefäße zum Palisadengewebe der Laubblätter geleitet wird. Weiterhin ist Kohlendioxid (CO_2) erforderlich, das durch die Spaltöffnungen auf der Unterseite des Laubblattes und durch die Interzellularräume des Mesophylls zu den Zellen des Palisadengewebes gelangt.

Wesentliche Voraussetzungen für die Photosynthese sind das Vorhandensein des Chlorophylls in den Chloroplasten und Sonnenlicht, das die erforderliche Energie liefert. Dem Chlorophyll fällt die Funktion eines Biokatalysators zu.

Die Photosynthese läuft als hochkomplizierter Prozeß in mehreren miteinander verknüpften Phasen, in sog. Licht- und Dunkelreaktionen, ab. Stark vereinfachend läßt sich die Photosynthese in folgender Gleichung darstellen:

$$6\ CO_2 + 6\ H_2O \xrightarrow[\text{Chlorophyll}]{\text{Licht}} C_6H_{12}O_6 + 6\ O_2$$

Produkte der Photosynthese sind energiereicher Traubenzucker (Glucose) und Sauerstoff.

---

[1] phos, photos (gr.) = Licht; synthesis (gr.) = Aufbau

Abbildung 50

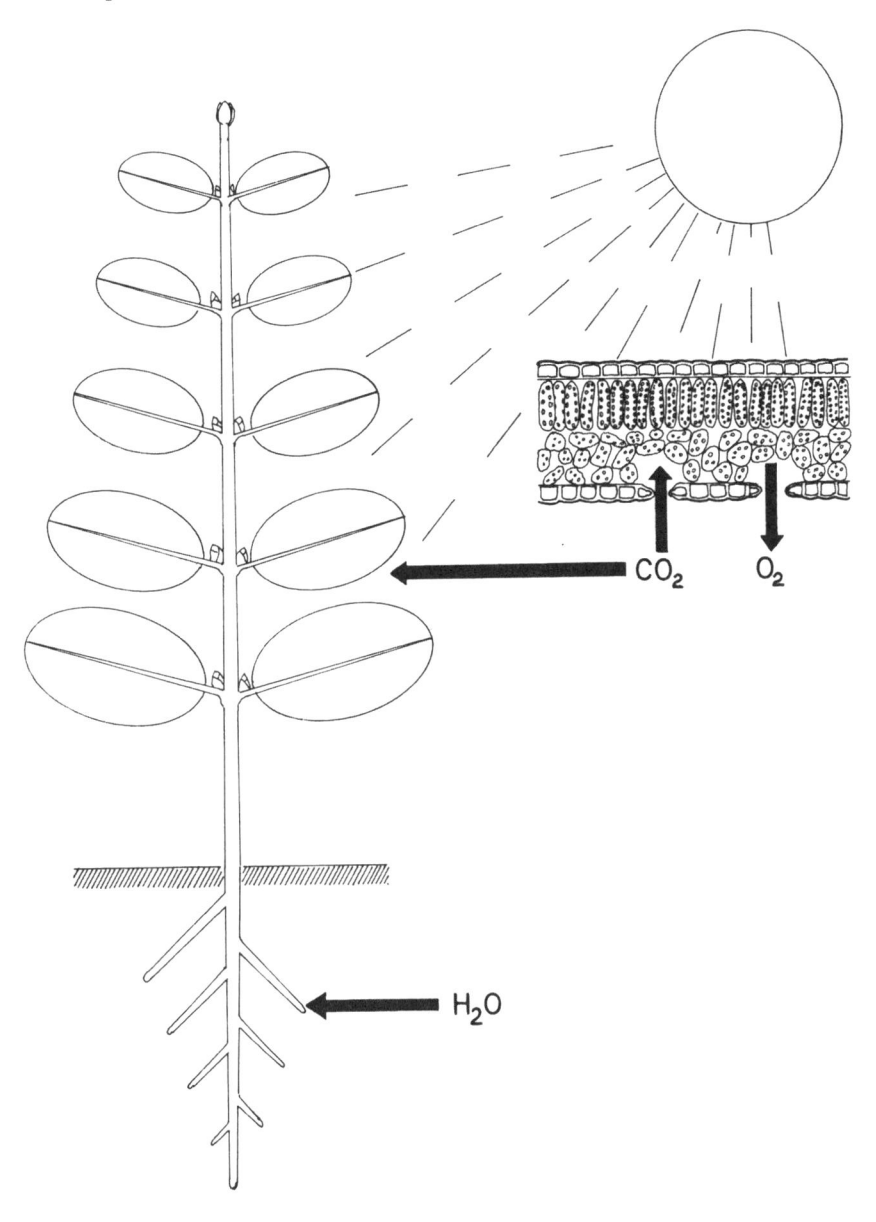

Abbildung 51

Bei vielen Pflanzen wird der am Tage durch Photosynthese gebildete Traubenzucker unter Abspaltung von Wasser vorübergehend in unlösliche Stärke umgewandelt :

$$n\ C_6H_{12}O_6 \longrightarrow (C_6H_{10}O_5)n + n\ H_2O$$

In Form kleinster Körnchen wird diese sog. Assimilationsstärke in den Chloroplasten abgelagert. In der Nacht wird diese Stärke wieder in ein wasserlösliches Kohlenhydrat zurückverwandelt, weil wasserlösliche Stoffe transportfähig sind, die wasserunlösliche Stärke hingegen nicht. Durch die Siebröhren gelangen die Kohlenhydrate zu den Orten der Verwendung oder der Speicherung.
Die Kohlenhydrate finden Verwendung zur Gewinnung von Energie und zum Aufbau neuer Zellsubstanz. In den Speicherorganen werden die Kohlenhydrate als sog. Speicher- oder Reservestärke abgelagert. Aus den Einfachzuckern vermag die Pflanze auch Zweifach- und Vielfachzucker zu entwickeln.

Bedeutung der Photosynthese

Bei der Photosynthese handelt es sich um den wichtigsten biochemischen Prozeß auf Erden, durch den energiereiche organische Verbindungen aus anorganischen Stoffen in großen Mengen aufgebaut werden. Ohne die Kohlenstoff-Assimilation wäre ein Leben auf der Erde undenkbar.
Um die Assimilationsleistung der grünen Pflanzen zu verdeutlichen, seien ermittelte durchschnittliche Tagesleistungen pro m^2 Blattfläche verschiedener Pflanzen angegeben :
Inkarnatklee 4,7 - 6,5 g, Gerste 5,9 - 9,4 g, bei Kartoffel und Zuckerrübe 5,o - 10,o g Kohlenhydrate.

Durch Photosynthese wird
1. Stärke produziert, aus der von der Pflanze Eiweißstoffe und Fette aufgebaut werden können, die Menschen und Tieren als Nährstoffe dienen
2. Sauerstoff gebildet, der von allen Lebewesen zur Verbrennung der Nährstoffe benötigt wird
3. die größte Energiespeicherung auf Erden durchgeführt. Die Energiequellen Holz, Torf, Kohle und Erdöl sind letztlich durch die Photosyntheseleistung der Pflanzen entstanden.

Abbildung 51

Kohlenhydrate im pflanzlichen Stoffwechsel

Einfachzucker = Monosaccharide	Summenformel $C_6H_{12}O_6$
Traubenzucker = Glucose	Hauptprodukt der Photosynthese. Angereichertes Vorkommen in süßen Früchten
Fruchtzucker = Fructose	Angereichertes Vorkommen in süßen Früchten

Doppelzucker = Disaccharide	Summenformel $C_{12}H_{22}O_{11}$
Rohrzucker Rübenzucker = Saccharose	Transportform des Zuckers in der Pflanze. Vorkommen im Zuckerrohr (Saccharum officinarum) und in der Zuckerrübe (Peta vulgaris), in süßen Früchten
Malzzucker = Maltose	Zusammengesetzt aus zwei Molekülen Traubenzucker; entsteht beim Abbau der Stärke

Vielfachzucker = Polysaccharide	Summenformel $(C_6H_{10}O_5)n$
Stärke	Erstes sichtbares Produkt der Photosynthese. Assimilations- und Reservestärke. Reservestoff für viele Pflanzen in den Speicherorganen. Kartoffel-, Mais-, Reis-, Weizenstärke
Inulin	In der lebenden Pflanze in kolloidgelöster Form als Reservestoff in unterirdischen Organen. (Rad. Bardanae, Rad. Taraxaci, Rhiz. Helenii)
Fructoside = Fructosane	Reservestoff in den Blättern der Getreidepflanzen, gebildet unter Einschluß von Fructose
Zellulose	Gerüstsubstanz der Pflanze, Baustoff der Zellwände, der Fasern, des Holzes

Zu den Abkömmlingen der Kohlenhydrate zählen u.a. die pharmakologisch wichtigen Schleime, Glykoside, Gummiarten und Pektine

5.1.3. Dissimilation

Abbildung 52

Für die Lebensvorgänge in den Zellen, den Aufbau körpereigener Substanzen und das Wachstum wird von der Pflanze ständig Energie benötigt. Wie alle Organismen, so ist auch das Leben der Pflanze von der laufenden Bereitstellung von Energie abhängig. Energiereiche organische körpereigene Stoffe dienen der Pflanze - wie auch dem Menschen und dem Tier - als Energiequelle. Die Freisetzung der in diesen Stoffen enthaltenen Energie wird als <u>Dissimilation</u>[1] bezeichnet. <u>Dissimilation kann als Atmung oder Gärung erfolgen.</u>

Atmung, zum Unterschied von der sog. äußeren Atmung besser als Zellatmung bezeichnet, ist die häufigere Form der Dissimilation. Sie ist verbreitet beim Menschen, den Tieren und allen grünen Pflanzen, aber auch bei vielen Bakterien und Pilzen.

Gärung ist eine Form der Energiefreisetzung, die vor allem bei Bakterien und Pilzen vorkommt.

5.1.3.1. Atmung

Das Wesen der Atmung besteht darin, die im Traubenzucker gespeicherte Energie durch Abbau des Traubenzuckers freizusetzen. Andere von der Pflanze gespeicherte Kohlenhydrate müssen zunächst in Traubenzucker zurückverwandelt werden. Für den Atmungsvorgang ist Sauerstoff erforderlich, den die Pflanze hauptsächlich durch die Spaltöffnungen der Laubblätter, aber auch etwa durch die Lentizellen verholzter Sproßachsen aufnimmt.

Traubenzucker wird unter Energiefreisetzung zu Kohlendioxid und Wasser abgebaut:

$$\boxed{C_6H_{12}O_6 \; + \; 6\;O_2 \longrightarrow 6\;CO_2 \; + \; 6\;H_2O}$$

Die Atmung ist keine Oxidation, die unter Hitzeentwicklung vor sich geht. Sie verläuft vielmehr in Stufen, von Atmungsenzymen gesteuert, so daß auch die Energie stufenweise freigesetzt wird. Damit ist der Pflanze die Energie verfügbar, die sie für weitere chemische Umsetzungen benötigt.

Da Pflanzen durch die Photosynthese einen Überschuß an Energie gegenüber der durch Atmung freigesetzten erzielen, stehen den anderen Lebewesen bedeutende Energiemengen zur Verfügung.

---

[1] dissimilatio (l.) = 'Unähnlichmachung'

Abbildung 52

Stoff- und Energieaufnahme und deren Abgabe durch autotrophe und heterotrophe Organismen

	Grüne Pflanzen	Viele Bakterien und Pilze	Mensch und Tiere
Stoffaufnahme	energiearme, anorganische Nährstoffe: Wasser, Mineralsalze, Kohlendioxid Sauerstoff	energiereiche, organische Nährstoffe: Kohlenhydrate Eiweißstoffe, Fette Sauerstoff	energiereiche, organische Nährstoffe: Kohlenhydrate Eiweißstoffe, Fette Sauerstoff
Energie- aufnahme	Energie des Sonnenlichtes	in den Nährstoffen enthaltene chemische Energie	in den Nährstoffen enthaltene chemische Energie
Im Körper durch Assimilation gebildete Stoffe	energiereiche, organische, körpereigene Stoffe	energiereiche, organische, körpereigene Stoffe	energiereiche, organische, körpereigene Stoffe
Stoffabgabe	Sauerstoff Kohlendioxid Wasser	Kohlendioxid, Gärungsprodukte der Bakterien und der Hefepilze Wasser	Kohlendioxid, unverdauliche Reststoffe (Kot) Wasser (Harn)
Energieabgabe	Wärmeenergie	Wärmeenergie, chemisch gebundene Energie	Wärmeenergie, chemisch gebundene Energie

5.1.3.2. Gärung

Unter Gärung wird die Dissimilation organischer Substanzen durch lebende Organismen verstanden, die ohne Sauerstoffaufnahme vor sich geht. Energie wird durch den teilweisen Abbau organischer Verbindungen gewonnen, wobei die Abbauprodukte noch energiereich sind. Die verschiedenen Gärungen werden nach den aus ihnen hervorgehenden Endprodukten bezeichnet :

1. Alkoholische Gärung

   Hefepilze (Saccharomyces) spalten Traubenzucker in Äthylalkohol und Kohlendioxid :

   $$C_6H_{12}O_6 \longrightarrow 2\ C_2H_5OH\ +\ 2\ CO_2$$

2. Milchsäuregärung

   Milchsäurebakterien (Bacillus acidi lactici) bauen Traubenzucker zu Milchsäure ab :

   $$C_6H_{12}O_6 \longrightarrow 2\ CH_3 \cdot CHOH \cdot COOH$$

3. Essigsäuregärung

   Oxidation des Äthylalkohols durch Essigsäurebakterien (Bacterium aceti, Bacterium orleanse) zu Essigsäure :

   $$C_2H_5OH\ +\ O_2 \longrightarrow CH_3 \cdot COOH\ +\ H_2O$$

   Die Essigsäuregärung ist keine Gärung im eigentlichen Sinne, vielmehr eine Oxidation.

Fäulnis und Verwesung

Eiweißstoffe werden bei Sauerstoffmangel durch Bakterien und Pilze zu anorganischen Stoffen (H_2S, NH_3, CO_2 u.a.) abgebaut. Diese Vorgänge werden als Fäulnis bezeichnet.
Bei Anwesenheit von Sauerstoff tritt hingegen eine Verwesung ein. Dabei werden Stickstoffverbindungen zu H_2O, H_2S, NH_3, CH_4 und N_2 abgebaut.
Die an den genannten Vorgängen beteiligten Bakterien und Pilze verwerten vor allem organische Stoffe, die als Abfallstoffe entstehen oder nach dem Absterben der Lebewesen übrigbleiben. Durch Fäulnis und Verwesung entstehen somit wiederum Stoffe, die grünen Pflanzen als Grundlage der Ernährung dienen. Die als Reduzenten[1] bezeichneten Bakterien und Pilze sind somit für den Stoffkreislauf in der Natur von Bedeutung.

---
1) reducere (l.) = zurückführen

5.1.4. Stofftransport

Das Aufrechterhalten der Lebensfunktionen erfordert einen ständigen Stofftransport. Der Transport der Nährsalze erfolgt mit dem des Wassers in den Gefäßen des Xylems. Organische Stoffe werden hingegen in den Siebröhren des Phloems von den Orten der Synthese (Laubblätter) zu den Orten des Verbrauches (Bildungsgewebe, Streckungszonen) oder der Speicherung (Wurzeln, Wurzelknollen, Rhizome, Samen usw.) geleitet. Damit werden die Stoffe nicht nur abwärts, sondern auch aufwärts in der Pflanze transportiert. Transportfähig sind nur leicht wasserlösliche Stoffe. Hochmolekulare Verbindungen müssen dieserhalb zuvor in niedermolekulare umgewandelt werden. So wird etwa die Stärke vor dem Transport in Saccharose umgewandelt, während nach dem erfolgten Transport eine Rückwandlung der Saccharose in Stärke vorgenommen wird.

5.1.5. Stoffausscheidung

Neben den lebensnotwendigen Produkten des sog. Grund- oder Primärstoffwechsels (Kohlenhydrate, Eiweiße) produzieren Pflanzen eine Vielzahl weiterer Stoffe, die für sie im allgemeinen keine physiologische Bedeutung haben, die aber als sog. sekundäre Stoffwechselprodukte von großer Wichtigkeit in der Pharmazeutik als Inhaltsstoffe der Drogen sind. Wesentliches Merkmal dieser sekundären Stoffwechselprodukte ist, daß sie aus dem Grundstoffwechsel ausgeschieden werden als

1. <u>Rekrete</u> [1] = Stoffe, die nach der Aufnahme von der Pflanze nicht erst in den Stoffwechsel eingeschleust, sondern gleich wieder ausgeschieden werden. So etwa das durch Transpiration ausgeschiedene Wasser oder die mit der Wasseraufnahme zwangsläufig in den Pflanzenkörper gelangten Salze, wie das Calcium als Calciumoxalat (Sauerklee) oder die Kieselsäure im Schachtelhalm.
2. <u>Sekrete</u> [2] = Stoffe, die von speziellen Drüsen abgesondert, bestimmte Funktionen erfüllen : Nektardrüsen sondern Nektar, Verdauungsdrüsen sondern bei Insekten fangenden Pflanzen (Sonnentau) Eiweißstoffe spaltende Sekrete ab.
3. <u>Exkrete</u> [3] = Stoffwechselprodukte, die teilweise ausgeschieden (z.B. Kohlendioxid), teilweise im Pflanzenkörper abgelagert werden : Ätherische Öle, Alkaloide, Farbstoffe, Fette, Öle, Glykoside, Harze, Milchsaft, Säuren u.a. (vgl. 4.1.3. und 4.2.2.6).

---

1) recernere (1.) = wieder ausscheiden
2) secernere (1.) = absondern
3) excernere (1.) = aussondern

5.2. Formwechsel

Die Physiologie des Formwechsels, die auch als Entwicklungsphysiologie bezeichnet wird, beschäftigt sich mit den äußeren und inneren Ursachen des Formwechsels der Pflanze, also mit den Erscheinungen des Wachstums und der Entwicklung der Pflanze, die als Grunderscheinungen des Lebens eng mit dem Stoffwechsel verbunden sind.

5.2.1. Wachstum

Wachstum ist eine mit Formveränderung verbundene, nicht mehr umkehrbare Volumenzunahme des Pflanzenkörpers.

Das Wachstum der Pflanze ist die Folge einer durch die Assimilationstätigkeit bewirkten Stoffzunahme.

In den Pflanzenzellen erfolgt die Synthese der Eiweißstoffe, die wesentlicher Bestandteil des lebenden Protoplasmas darstellen. Ausgangsstoff hierfür sind u.a. die bei der Photosynthese gebildeten Kohlenhydrate, die auch die für die Eiweißsynthese erforderliche Energie liefern. Die Eiweißsynthese führt zu einer Zunahme des Protoplasmas. Bei der Pflanze beschränken sich die Wachstumsvorgänge auf die Bildungsgewebe, die sich vor allem an der Sproß- und Wurzelspitze befinden (vgl. hierzu 4.2.1.). Eine ständige Synthese von neuer Plasmasubstanz ist Voraussetzung für weitere Wachstumsvorgänge.

Wachstum kann auch durch Zellteilung erfolgen. Die Plasmasynthese läuft parallel mit der Zellteilung im Bildungsgewebe ab. Der eigentlichen Zellteilung geht eine Teilung des Zellkerns voraus. Plasmasynthese und Zellteilung führen zu einer Substanzvermehrung und damit zu einer Volumenzunahme der Pflanze und sind damit Voraussetzung für die Bildung von Geweben und Organen.

Dem Wachstum des Protoplasmas und der Zellteilung schließt sich eine Streckung der Zellen an. Das sog. Streckenwachstum ist mit einer weiteren Volumenzunahme des Pflanzenkörpers verbunden. Die Zelle nimmt Wasser auf, im Zellinneren bilden sich mehrere oder eine große Vakuole (vgl. 4.1.2.). Das Streckenwachstum erfolgt im Bereich der Streckungszone, die sich an den Bereich des Bildungsgewebes anschließt.

Alle diese Wachstumsvorgänge werden durch Wuchsstoffe (= Hormone) ausgelöst und auch gesteuert.

5.2.2. Entwicklung

Wachstum und Entwicklung einer Pflanze vollziehen sich nicht mit gleichbleibender Intensität. Sie erfolgen vielmehr in bestimmten Phasen, die von der Bildung besonderer Hormone und deren Steuerungsfunktionen abhängig sind.

Die Entwicklung einer Pflanze umfaßt den Zeitraum von der Befruchtung der Eizelle über die Keimung des Samens und die Ausbildung des endgültigen Pflanzenkörpers bis zum Tode der Pflanze. Die Lebenszeit einer Pflanze läßt sich somit in zwei große Abschnitte gliedern :

1. vegetative Phase
2. generative Phase

5.2.2.1. Vegetative Phase

Diese Phase der Entwicklung und des Wachstums ist durch das Keimen des Samens, die Entwicklung der Keimpflanze und die Ausbildung von Wurzel, Sproßachse und Laubblättern gekennzeichnet. Die Bildung von Geweben und Organen wird durch innere Einflüsse (Stoffwechsel und Steuerung durch Pflanzenhormone) und durch Umwelteinflüsse (Licht, Temperatur, Feuchtigkeit, Nährstoffversorgung) bestimmt. Durch Differenzierung erhalten die Zellen ihre endgültige Gestalt, sie werden auf bestimmte Aufgaben spezialisiert. Es bilden sich verschiedene Zelltypen, Gewebe und Organe aus. Diese Differenzierungsvorgänge schließen sich an das Streckenwachstum an. Die Pflanze nimmt schließlich ihre endgültige typische Gestalt an.

5.2.2.2. Generative Phase

Diese Phase, die auch als reproduktive oder Fortpflanzungsphase bezeichnet wird, ist dadurch gekennzeichnet, daß die Pflanze zur Blühreife gelangt und Blüten ausbildet. Blüten dienen der geschlechtlichen Fortpflanzung. Der Befruchtung folgt die Samenbildung mit anschließender Samenreife.

Die Entwicklung von Blüten wird durch innere und äußere Faktoren, durch das Zusammenwirken von Licht, Temperatur und Pflanzenhormonen ausgelöst.

5.2.3. Lebensdauer und Wuchsformen der Pflanzen

Viele Pflanzen sterben, nachdem sie zur Blühreife gelangt sind und die Samen verbreitet haben, mit allen ihren Organen ab. Diese Pflanzen bezeichnet man als kurzlebig. Ihnen stehen die sogen. ausdauernden Pflanzen gegenüber, die viele Jahre hindurch Blüten und Samen hervorbringen, bevor sie, bedingt durch natürliches Altern, absterben.

5.2.3.1. Kräuter

Abbildung 53

Als Kräuter werden die Pflanzen bezeichnet, die einen mehr oder weniger weichen und saftigen oberirdischen Sproß besitzen und nach einmalig erfolgter Blüte und Samenreife mit allen ihren Teilen absterben. Nach der Lebensdauer werden unterschieden:

1. Einjährig = annuelle[1] Pflanzen   ①   Symbol ⊙
   Bei diesen einjährigen Pflanzen, die man auch Sommerannuelle nennt, erfolgen Keimung, Wachstum und Entwicklung, Blüte, Fruchtreife und Absterben der Pflanze in einem Jahr.
   Beispiele: Sommerweizen, Klatschmohn, Erbse, Saatlein, Anis, Echtes Springkraut, Koriander, Bohnenkraut, Majoran, Tomate, Sonnenblume, Echte Kamille ①

2. Einjährig überwinternde Pflanzen   ②   Symbol ①
   Diese Kräuter nennt man auch Winterannuelle. Im Herbst keimen die Samen, während Blüte, Fruchtreife und Absterben der Pflanze im darauffolgenden Jahr erfolgen.
   Beispiele: Winterweizen, Spinat, Weiße Nachtnelke, Hirtentäschel, Tausendgüldenkraut, Purpurrote Taubnessel, Hundskamille, Acker-Hellerkraut, Kornblume ②

3. Zweijährige = bienne[2] Pflanzen   ③   Symbol ⊙⊙
   Die Keimung der Samen und die Ausbildung von Blattrosetten erfolgen bei diesen Kräutern im ersten Jahr. Im darauffolgenden Jahr entwickelt sich ein Blütenstand. Die Pflanze stirbt nach Blüte und Fruchtreife mit allen ihren Teilen ab.
   Beispiele: Wilde Malve, Gemeine Nachtkerze, Garten-Petersilie, Kümmel, Fenchel, Roter Fingerhut, Königskerze ③

---

[1] annuus (l.) = einjährig
[2] biennis (l.) = zweijährig

Abbildung 53

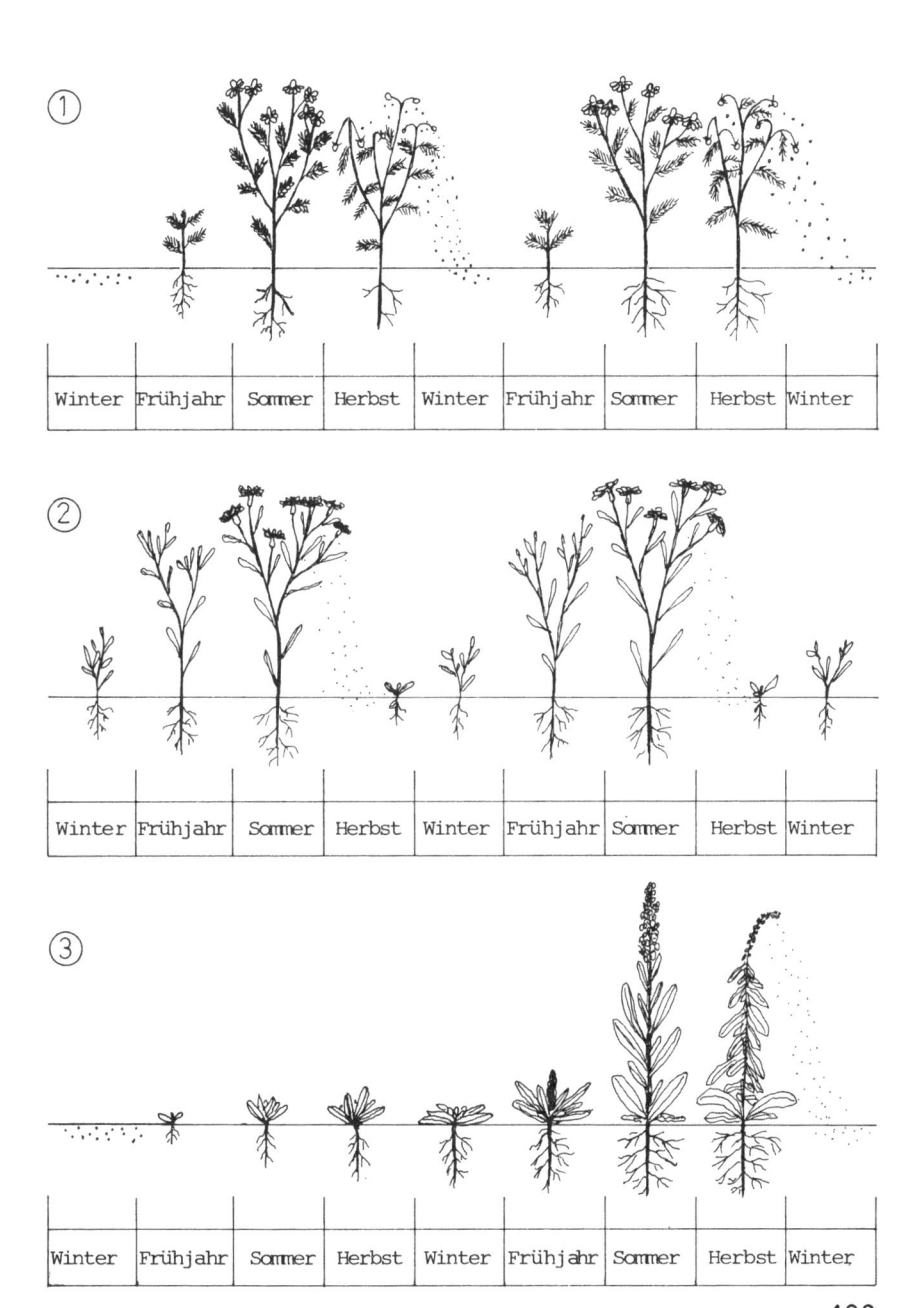

5.2.3.2. Stauden
Symbol 2| Abbildung 54

Stauden sind **ausdauernde Pflanzen**, deren **Sprosse krautig** sind. Nach der **Fruchtreife sterben** die **oberirdischen** Teile der Pflanze ab, während die **unterirdischen** Organe **überwintern**. Nach der Lage der Erneuerungsknospen werden unterschieden:

1. Oberflächenpflanzen (= **Chamaephyten**[1]) ①

   Die **Erneuerungsknospen** dieser Stauden **liegen kurz über der Erdoberfläche** und **werden im Winter durch abgefallene** Pflanzenteile **oder Schnee** geschützt.

   Beispiele: Echte Sternmiere, Karthäusernelke, Mauerpfeffer, Blaue Luzerne, Bittersüßer Nachtschatten, Gemeiner Beifuß, Katzenpfötchen, Taubenkropf-Leimkraut, Echter Ehrenpreis, Goldnessel ①.

2. Erdschürfepflanzen (= **Hemikryptophyten**[2]) ②

   Die Erneuerungsknospen dieser Stauden **sitzen im Winter** geschützt in Höhe der **Erdoberfläche** an den unterirdischen überwinternden Organen.

   Beispiele: Breit-Wegerich, Spitz-Wegerich, Echter Alant, Römische Kamille, Schafgarbe, Rainfarn, Klette, Wegwarte, Löwenzahn, Huflattich, Arnika, Echter Baldrian ②.

3. Erdpflanzen (= **Geophyten**[3]) ③

   Die **oberirdischen Teile** dieser Stauden **sterben im Herbst ab**, während die **Überwinterungsorgane, die zugleich als Speicherorgane für Nährstoffe** dienen, **im Boden geschützt** liegen. Überwinterungsorgane sind **Rhizome** (Schwertlilie), **Zwiebeln** (Tulpe) und **Wurzelknollen** (Knabenkräuter).

   Beispiele: Adlerfarn, Herbst-Zeitlose, Küchen-Zwiebel, Hyazinthe, Spargel, Zweiblättrige Schattenblume, Maiglöckchen, Schneeglöckchen, Lerchensporn, Waldmeister, Busch-Windröschen, Garten-Tulpe ③.

---

1) chamai (gr.) = niedrig, zwerghaft, auf der Erde; phyton (gr.) = Pflanze
2) hemi (gr.) = halb-; kryptos (gr.) = geheim
3) geo- (gr.) = erd-; phyton (gr.) = Pflanze

Abbildung 54

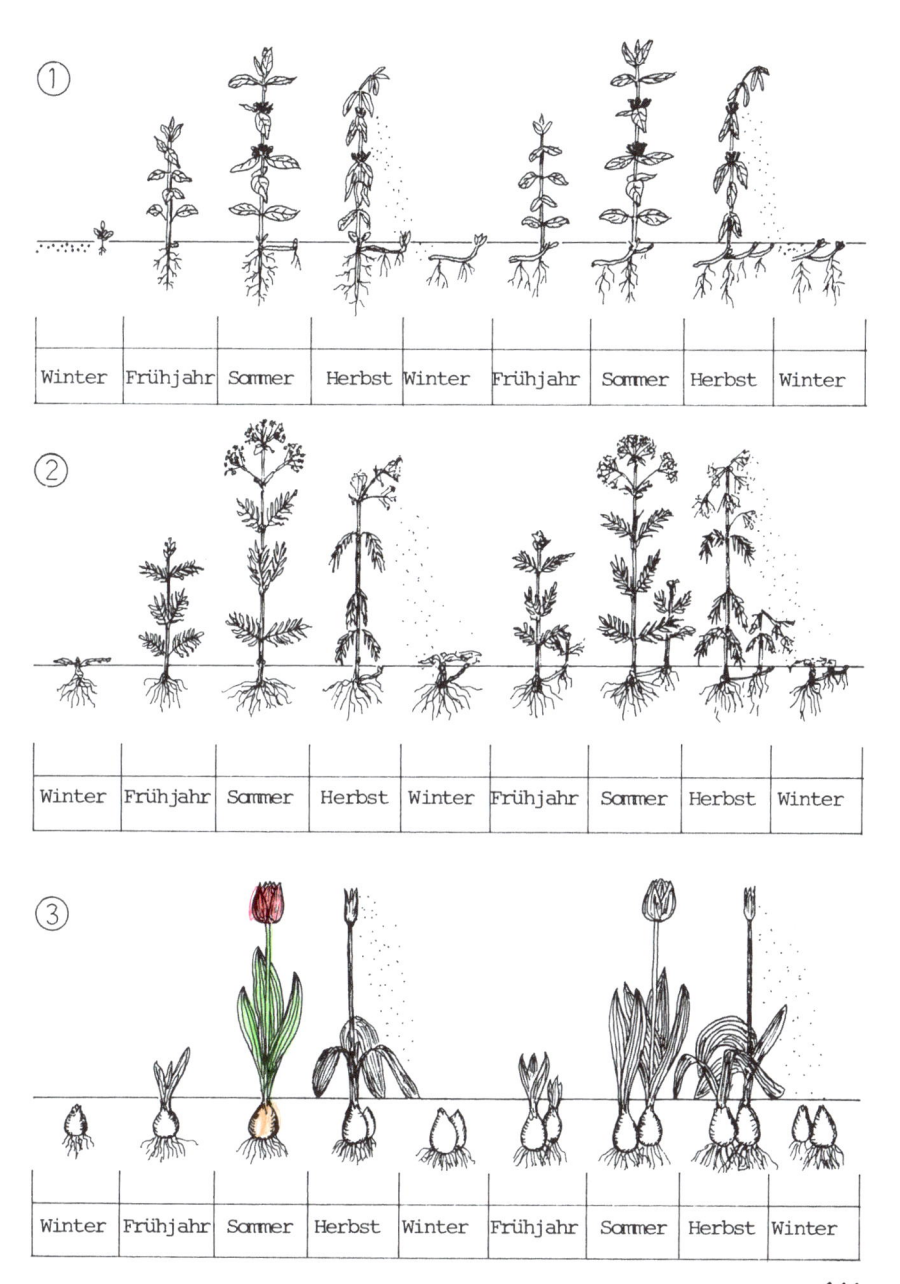

①

| Winter | Frühjahr | Sommer | Herbst | Winter | Frühjahr | Sommer | Herbst | Winter |

②

| Winter | Frühjahr | Sommer | Herbst | Winter | Frühjahr | Sommer | Herbst | Winter |

③

| Winter | Frühjahr | Sommer | Herbst | Winter | Frühjahr | Sommer | Herbst | Winter |

5.2.3.3. Holzgewächse

Abbildung 55

Das Sproßsystem (Stämme, Äste, Zweige) dieser ausdauernden Gewächse ist **verholzt**. Sommergrüne Holzgewächse werfen im Herbst ihre Laubblätter ab (z.B. Eiche, Buche, Birke, Holunder). Hingegen behalten die Immergrünen Holzgewächse auch im Winter die Laubblätter (z.B. Stechpalme, Eibe, Fichte). Bei den Holzgewächsen werden unterschieden :

        1. Halbsträucher
        2. Sträucher
        3. Bäume

1. Halbsträucher ① ②   Symbol : $\hbar$

Der **untere Teil des Sproßsystems** dieser bis **etwa 50 cm hoch** werdenden ausdauernden Pflanzen ist **verholzt**, der **obere Teil** hingegen **krautig**. Die holzigen Teile überwintern, während die **krautigen** Sproßteile im Herbst **absterben**.

Beispiele : Dornige Hauhechel, Heidelbeere, Gemeine Glockenheide, Echte Bärentraube ①, Heidekraut ②, Echte Salbei, Ysop, Thymian, Lavendel, Wermut

2. Sträucher ③   Symbol : $\hbar$

Diese ausdauernden Holzgewächse sind dadurch gekennzeichnet, daß die Äste einem Stamm dicht über oder kurz unterhalb der Erdoberfläche erwachsen. Die Laubblätter fallen im Herbst ab.

Beispiele : Gemeine Haselnuß, Zweigriffliger Weißdorn, Gemeiner Besenginster, Faulbaum, Stechpalme, Gemeiner Sanddorn, Rosmarin, Schwarzer Holunder, Rote Johannisbeere ③

3. Bäume ④ ⑤   Symbol : $\hbar$

Diese **höher wachsenden** und ausdauernden Holzgewächse bilden einen **einzigen aufrechten Stamm**, der sich **von** einer **bestimmten Höhe an** verzweigt.

Beispiele : Lärche, Kiefer, Fichte ④, Hänge-Birke, Buche, Eiche, Walnuß, Obstbäume ⑤

Abbildung 55

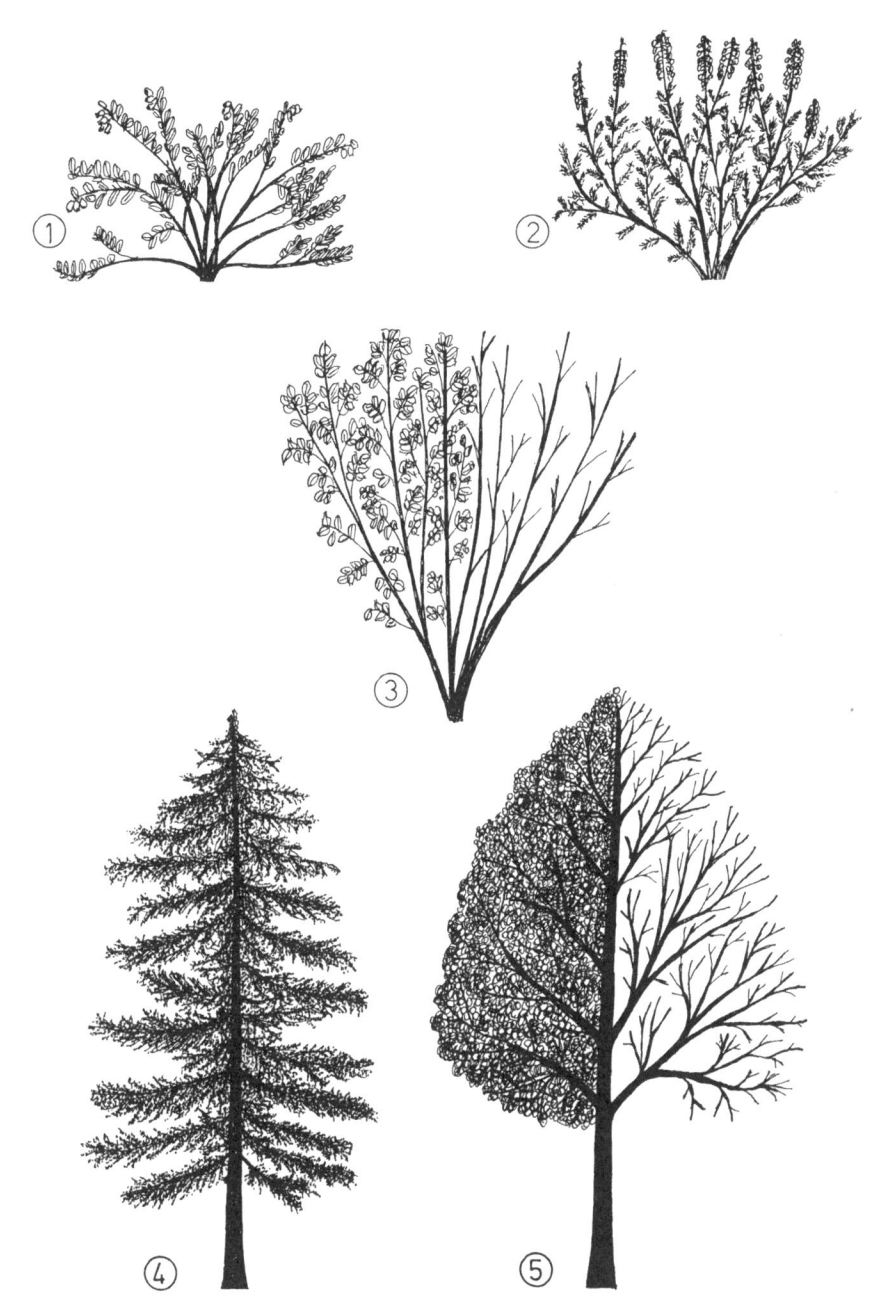

5.3. Reizbarkeit und Bewegungen

Abbildung 56

Reizbarkeit ist ein Kennzeichen des Lebens. Die Umwelt der Lebewesen, auch die der Pflanzen, unterliegt einem ständigen Wandel. Zur Sicherung des Lebens ist es daher notwendig, sich den äußeren Bedingungen anzupassen. Auch Pflanzen können Reize der Umwelt aufnehmen und darauf mit Bewegungen einzelner Organe oder Organteile reagieren. Hier sollen einige Reize und die darauf folgenden Bewegungen aufgezeigt werden :

a) Tropismen [1]

Bewegungen, die von der Richtung des auslösenden Reizes abhängig sind.

1. Schwerkraft der Erde = Geotropismus [2]   ①
   Die Hauptwurzel wächst in Richtung auf den Erdmittelpunkt (positiv geotropisch), während die Sproßachse in entgegengesetzte Richtung wächst (negativ geotropisch).

2. Lichtreiz = Phototropismus [3]   ②
   Pflanzen passen ihre Lage der Richtung des einfallenden Lichtes an. Die Änderung der Bewegungsrichtung kommt durch schnelleres Wachsen der dem Lichte abgewandten Zellgewebe zustande.

3. Berührungsreiz = Thigmotropismus [4]   ③
   Dies ist die Fähigkeit mancher Pflanzen, berührte Pflanzenteile zu krümmen. So wächst z.B. die der Berührungsstelle abgewandte Seite einer Ranke schneller, umschlingt dadurch eine Stütze und gibt somit der Pflanze einen Halt.

4. Chemischer Reiz = Chemotropismus   ④
   Darunter wird die Fähigkeit verstanden, auf unterschiedliche Konzentrationen chemischer Substanzen zu reagieren. So wachsen z.B. Pollenschläuche auf Zuckerlösungen zu und dringen dadurch von der Narbe innerhalb des Griffels zur Samenanlage vor.

b) Nastien [5]

Bewegungen, die von der Reizrichtung unabhängig sind.

1. Wärmereiz = Thermonastie [6]   ⑤
   Erhöhung der Temperatur regt z.B. die Oberseite der Blumenblätter, Temperaturabfall deren Unterseite zur verstärkten Zellstreckung an. Beispiel : Tulpenblüte.

2. Lichtreiz = Photonastie [3]   ⑥
   Änderung der Lichtstärke bewirkt Öffnen bzw. Schließen der Blüten. Beispiel für sog. Tagblüher : Gänseblümchen; für Nachtblüher : 'Königin der Nacht'. Der Wiesen-Bocksbart schließt bereits gegen Mittag bei intensiverer Lichtstärke wieder seine Blüten.

3. Stoßreiz = Seismonastie [7]   ⑦
   Es ist die Fähigkeit mancher Pflanzen, auf Stoß oder Erschütterung mit Bewegungen zu reagieren. Ein bekanntes Beispiel hierfür ist die 'Sinnpflanze' (Mimosa pudica). Sie klappt nach Berühren in kurzer Zeit die Fiederblättchen zusammen und senkt darauf den Blattstiel.

---

1) tropos (gr.) = Richtung, Wendung
3) phos, photos (gr.) = Licht
5) nastos (gr.) = gedreht
7) seismos (gr.) = Erdbeben

2) ge, gaia (gr.) = Erde
4) thigma (gr.) = Berührung
6) thermos (gr.) = warm

Abbildung 56

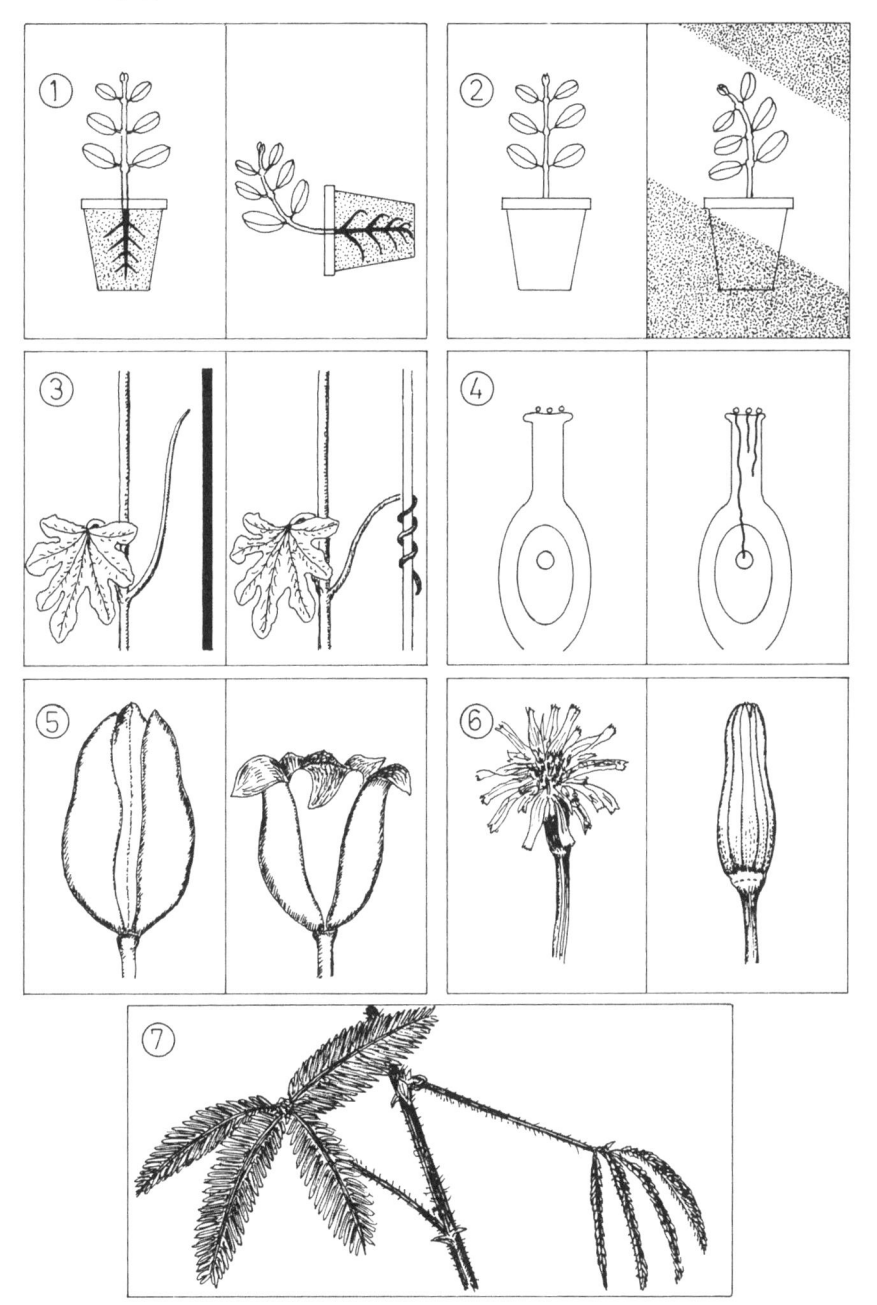

6. Fortpflanzung

Im Gegensatz zur toten Materie besitzen Lebewesen - so auch die Pflanzen - die Fähigkeit, Nachkommen zu erzeugen, sich fortzupflanzen. Da jede Pflanze nur eine begrenzte Lebensdauer besitzt, wird durch die Fortpflanzung der Fortbestand der Pflanzenart und damit die Fortdauer des Lebens gesichert. Fortpflanzung vollzieht sich

1. ungeschlechtlich = vegetativ[1] = asexuell[2]
2. geschlechtlich = generativ[3] = sexuell[4]

6.1. Ungeschlechtliche Fortpflanzung

Abbildung 57

Bei der ungeschlechtlichen Fortpflanzung, die im Pflanzenreich auch bei den Samenpflanzen weit verbreitet ist, lösen sich Teile der Mutterpflanze ab und bilden einen neuen Pflanzenorganismus. Im Abschnitt Morphologie wurde z.B. bei den Wurzelstöcken als Metamorphose des Grundorgans Sproßachse auf deren Fähigkeit zur vegetativen Vermehrung hingewiesen. Zur ungeschlechtlichen Vermehrung sind u.a. befähigt :

1. Wurzelstöcke = Rhizome
   Beispiele : Salomonssiegel, Schwertlilien-Arten, Busch-Windröschen, Kalmus ①
2. Zwiebeln
   Beispiele : Knoblauch, Garten-Tulpe, Küchen-Zwiebel ② durch die Bildung von Ersatzzwiebeln
3. Sproßausläufer
   a) Oberirdische Sproßausläufer : Wald-Erdbeere, Wohlriechendes Veilchen, Kriechender Günsel, Gänse-Fingerkraut ③
   b) Unterirdische Sproßausläufer : Hopfen, Süßholz, Weiße Taubnessel, Pfeffer-Minze, Huflattich ④
4. Sproßknollen
   Beispiele : Knollige Sonnenblume, Knollen-Ziest, Kartoffel

Für Gärtner und Landwirte ist die vegetative Vermehrung von großer Bedeutung. Stecklinge (z.B. bei Weide ⑤, Rose ⑥) oder Absenker ⑦ (z.B. bei Weinstock, Haselnuß, Stachel- und Johannisbeere) bewurzeln sich selbst durch die Ausbildung sproßbürtiger Wurzeln an den Knoten der Sproßachsen. Nach Bewurzelung und Trennung von der Mutterpflanze entstehen neue Pflanzenindviduen.

---

1) vegetare (l.) = beleben
2) a-, an- (gr.) = verneinende Vorsilbe : un-, nicht, ohne;
   sexualis (l.) = geschlechtlich; asexuell = ungeschlechtlich
3) generare (l.) = zeugen
4) sexualis (l.) = geschlechtlich

Abbildung 57

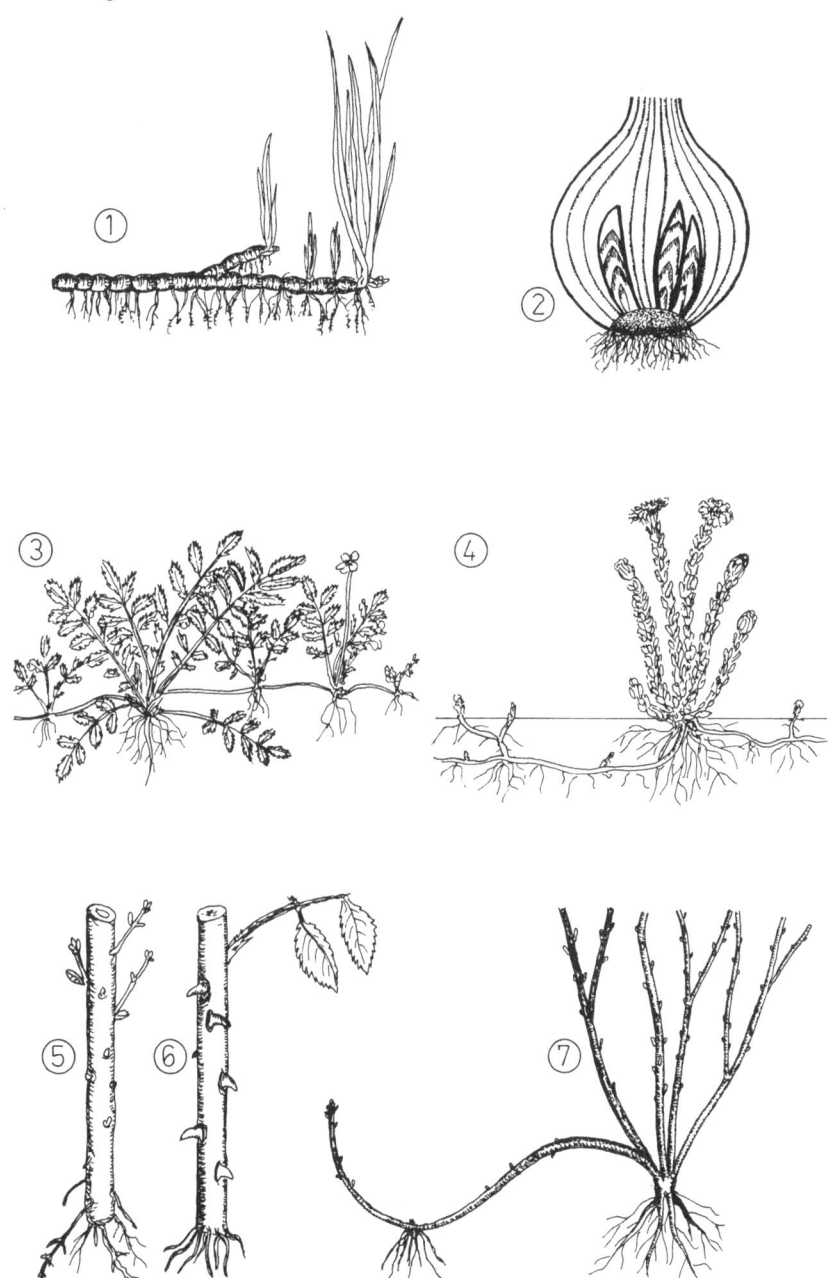

6.2. Geschlechtliche Fortpflanzung der Samenpflanzen

Bei der ungeschlechtlichen Fortpflanzung entstehen Nachkommen aus abgelösten Teilen eines elterlichen Organismus. Eltern und Nachkommen stimmen in ihren Merkmalen überein. Die geschlechtliche Fortpflanzung ist hingegen dadurch gekennzeichnet, daß zwei geschlechtsverschiedene Geschlechtszellen zu einer befruchteten Eizelle verschmelzen, aus der sich dann ein neuer Pflanzenorganismus entwickelt. Dieser kann die Merkmale beider Eltern aufweisen. Samenpflanzen bilden Blüten als Organ der geschlechtlichen Fortpflanzung aus.

6.2.1. Die Blüte
Abbildung 58

Die Blüte der Samenpflanzen ist ein gestauchter Sproß mit metamorphosierten Laubblättern ① ② ③ ④ , die als Blütenblätter im Dienst der geschlechtlichen Fortpflanzung stehen. Die Sproßachse ist mit ihren Knoten und Internodien derart gestaucht, daß sich ein sog. Blütenboden ⑤ bildet. Dieser ist die Ansatzstelle für die zu Blütenblättern umgewandelten Laubblätter.

Eine vollständige Blüte setzt sich aus Blütenblättern zusammen, die sich auf dem Blütenboden in mehreren Kreisen anordnen :

1. Kelchblätter ①
   Grüne, zur Photosynthese befähigte Blätter, die im Knospenzustand der Blüte eine Schutz- und Hüllfunktion übernehmen

2. Blumen- oder Kronblätter ②
   Weiß oder bunt gefärbt, bilden sie zur Anlockung der Insekten den sog. Schauapparat

   } Blütenhülle
   = unwesentliche Blütenteile

3. Staubblätter ③
   Die auch als Staubgefäße bezeichneten Staubblätter stellen die männlichen Geschlechtsorgane (Symbol:♂) der Blüte dar

4. Fruchtblätter ④
   Die Fruchtblätter bilden mit der Samenanlage in ihrer Gesamtheit das weibliche Geschlechtsorgan (Symbol:♀)

   } Fortpflanzungsorgane
   = wesentliche Blütenteile

Anmerkung zur gegenüberstehenden schematischen Darstellung der Blüte :
die Kelch-, Blumen- und Staubblätter sind teilweise entfernt

Abbildung 58

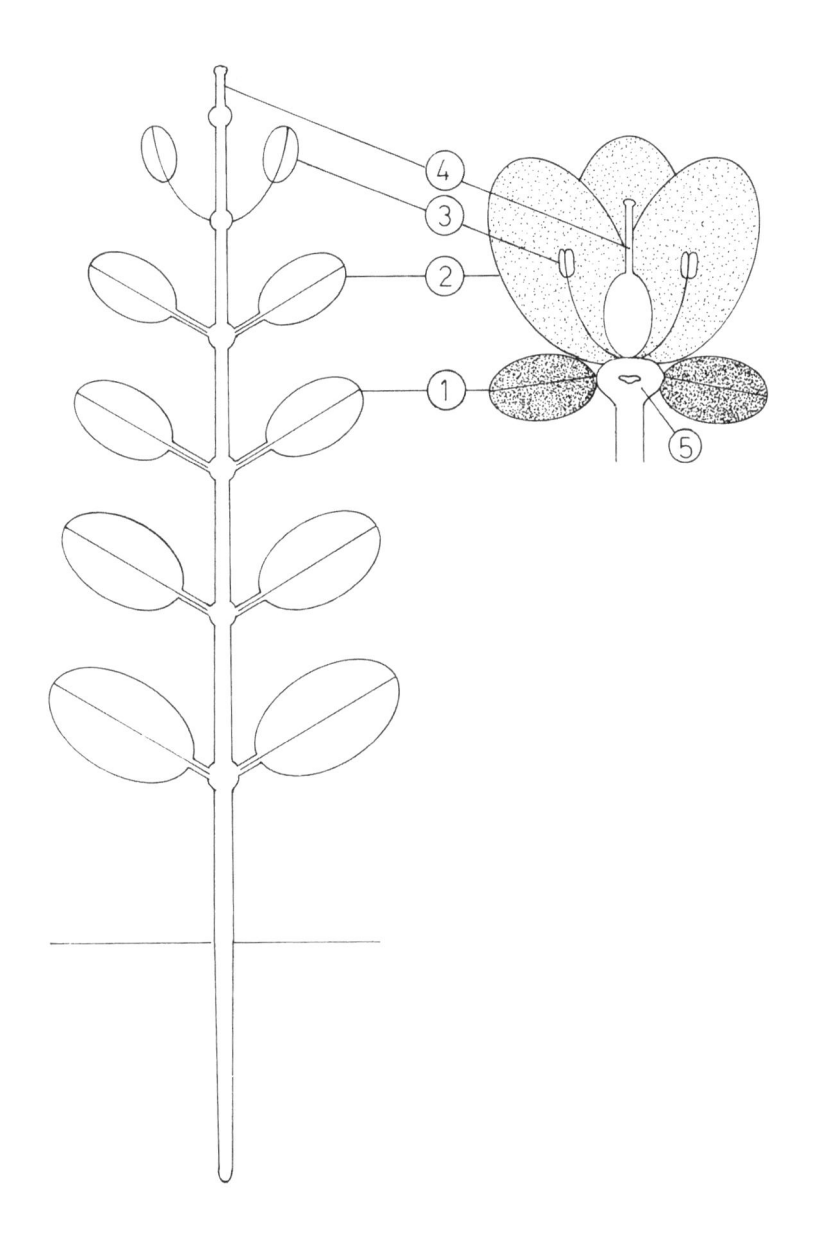

6.2.1.1. Die Blütenteile   Abbildung 59

Die Blüte ① ist ein stark gestauchter Sproß mit umgewandelten Laubblättern. Die <u>Blütenblätter</u> stehen, von außen nach innen vorgehend, in vier Kreisen : <u>Kelchblätter</u> Ⓚ , <u>Blumen- oder Kronblätter</u> Ⓒ , <u>Staubblätter</u> Ⓐ und <u>Fruchtblätter</u> Ⓖ .

1. Die Blütenhülle = Perianth[1]

Bei den meisten zweikeimblättrigen Pflanzen besteht die <u>Blütenhülle</u> (Bh) aus den grünen Kelch- und den häufig farbigen Blumen- oder Kronblättern. An der geschlechtlichen Fortpflanzung sind sie nicht unmittelbar beteiligt. Ihre Aufgabe besteht darin, die im Knospenzustand der Blüte noch nicht herangereiften <u>Fortpflanzungsorgane</u> (Fo), die Staub- und Fruchtblätter, schützend zu umhüllen.

a) <u>Kelchblätter</u>

Die Gesamtheit der Kelchblätter einer Blüte wird <u>Kelch = Calyx</u>[2] (K) genannt. Nach Farbe und Gestalt ist der ursprüngliche Blattcharakter dieser Blütenblätter noch deutlich erkennbar. Neben der Funktion des Knospenschutzes besitzen sie die Fähigkeit zur Photosynthese. Nach der Blütezeit fällt der Kelch meist ab, bei manchen Pflanzen bleibt er bis zur Fruchtreife erhalten. Beispiele : Erdbeere, Tomate, Apfel, Birne.

b) Blumen- oder Kronblätter

Die Blumenblätter werden in ihrer Gesamtheit als <u>Krone = Corolla</u>[3] (C) bezeichnet. Die Kronblätter sind im Gegensatz zu den Kelchblättern oft auffallend gefärbt. Sie stellen den 'Schauapparat' der Blüte dar, der die Insekten zum Besuch der Blüte anlockt. Nektarien (vgl. Abbildung 41,3) unterstützen den für die Bestäubung wichtigen Insektenbesuch.

Pflanzen mit getrennten Blumenblättern ihrer Blüten werden <u>Getrenntblumenblättrige = Choripetalae</u>[4] genannt. Zu ihnen zählen z.B. die <u>Pflanzen der Familien Hahnenfuß-, Mohn-, Rosengewächse</u>. Beispiele : <u>Buschwindröschen</u>②, <u>Klatsch-Mohn</u>③, <u>Hunds-Rose</u>④.
Besitzt eine Pflanze Blüten mit verwachsenen Blumenblättern, so wird sie den <u>Verwachsenblumenblättrigen = Sympetalae</u>[5] zugeordnet. Zu ihnen zählen u.a. Pflanzen der Familien der Glockenblumengewächse - <u>Glockenblume</u>⑤, der Braunwurzgewächse - <u>Fingerhut</u>⑥, Lippenblütengewächse - <u>Taubnessel</u> ⑦.

Bei einkeimblättrigen Pflanzen treten Blüten auf, deren Blütenhülle aus gleichartigen Blättern besteht, also keinen Unterschied der Kelch- und Blumenblätter zeigt. Eine solche Blütenhülle wird als <u>Perigon</u>[6] bezeichnet. Beispiele : <u>Tulpe</u> ⑧, Herbstzeitlose, Krokus, Lilie.

1) peri- (gr.) = um-, herum-; anthos (gr.) = Blume, Blüte
2) Kalyx (gr.) = Kelch
3) corolla (l.) = Krönchen
4) choris (gr.) = getrennt, abgesondert; petalon (gr.) = Blättchen
5) sym- (gr.) = mit-, zusammen-; petalon (gr.) = Blättchen
6) peri- (gr.) = um-, herum-; gonos (gr.) = Abkunft

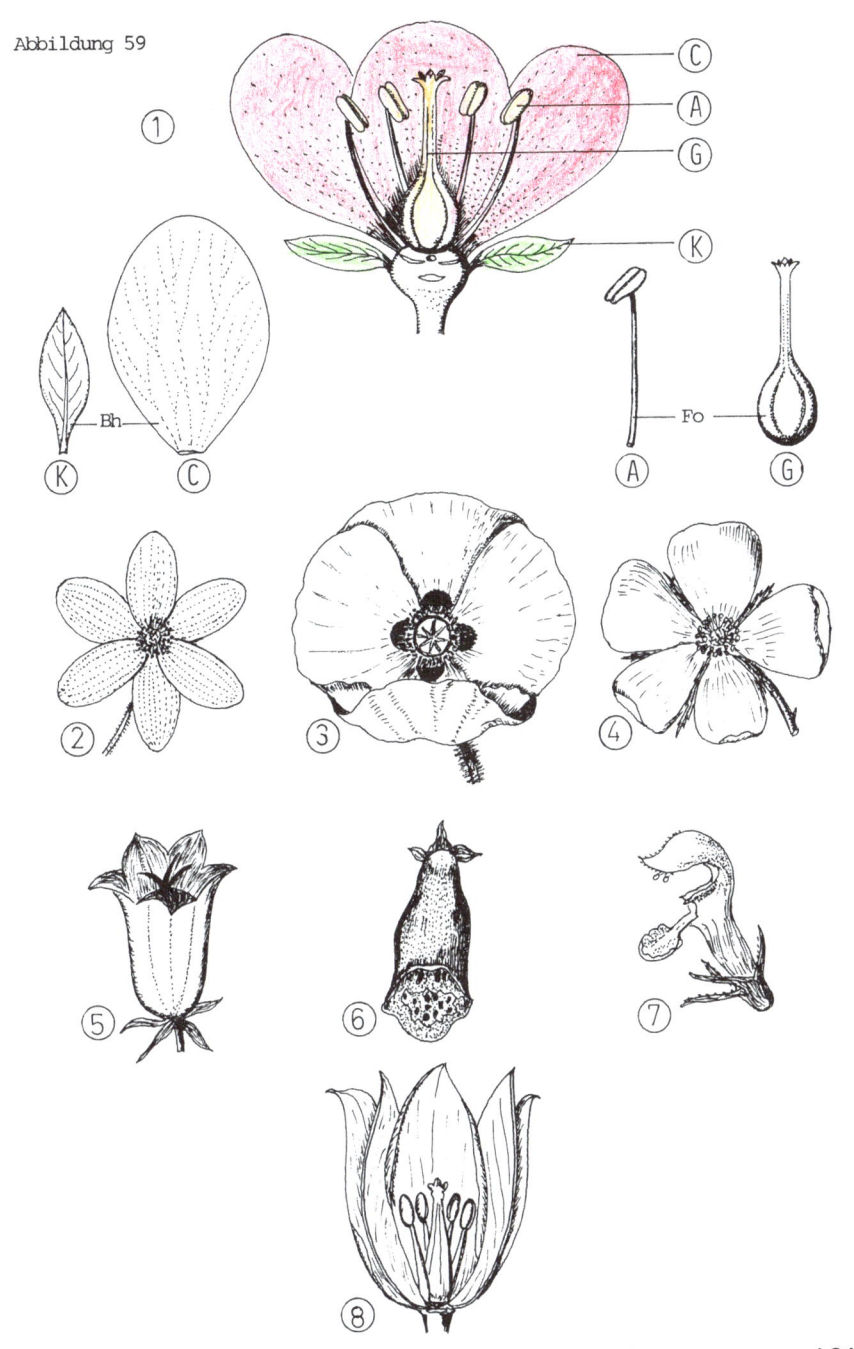

Abbildung 59

2. Die Fortpflanzungsorgane

Wesentliche Teile einer Blüte sind die Staubblätter ($\male$) und die Fruchtblätter ($\female$), also die männlichen und die weiblichen Geschlechtsorgane.

a) Staubblätter
Abbildung 60

Das Staubblatt als männliches Geschlechtsorgan der Blüte ist ein stark abgewandeltes Laubblatt. Die Gesamtheit der Staubblätter einer Blüte wird als Andrözeum[1] bezeichnet.

Das einzelne Staubblatt ① setzt sich aus dem stielförmigen Staubfaden = Filament[2] (Sf) und dem zweiteiligen Staubbeutel = Anthere[3] (Sb) zusammen. Ein Querschnitt durch eine Anthere ② zeigt die beiden Staubbeutelhälften (Sh), die durch das sog. Mittelband = Konnektiv[4] (Mb) verbunden sind. Die Staubbeutelhälften bestehen aus jeweils zwei Pollensäcken (Ps), in deren Pollenfächern (Pf) sich der Blütenstaub = Pollen (P) befindet. Bei der Reife der Pollen reissen die Pollenfächer auf ③ und entlassen den Pollen, der durch den Wind oder durch Insekten verbreitet wird.

Die Pollenkörner ④⑤⑥ sind Träger der männlichen Fortpflanzungszellen. Für die einzelnen Pflanzengattungen sind Pollenkörner bestimmter Größe und Gestalt typisch : Apfel ④, Sonnenblume ⑤, Wiesen-Flockenblume ⑥. So kann z.B. beim Honig durch eine sog. Pollenanalyse auf die von den Bienen besuchten Blütenpflanzen geschlossen werden.

b) Fruchtblätter
Abbildung 61

Die Gesamtheit der Fruchtblätter einer Blüte wird als Gynözeum[5] bezeichnet. Die Blattherkunft der Fruchtblätter ist im Gegensatz zu den Staubblättern wieder deutlicher erkennbar. Das Fruchtblatt als weibliches Geschlechtsorgan der Blüte ① besteht aus dem auf dem Blütenboden (Bb) aufsitzenden Fruchtknoten (Fk), der die Samenanlage (Sa) umschließt, aus dem Griffel (Gr) und aus der Narbe (N).(Vgl. den Längsschnitt durch einen Fruchtknoten ②) Bei den einzelnen Pflanzengattungen und -familien ist die Anzahl der Fruchtblätter unterschiedlich. Die Fruchtblätter können, wenn sie in der Mehrzahl auftreten, entweder untereinander frei stehen ③, wobei jedes Fruchtblatt einen eigenen Fruchtknoten mit Griffel und Narbe bildet, oder zu einem einzigen Fruchtknoten mit einem gemeinsamen Griffel verwachsen sein ④ ⑤. Die Anzahl der Narbenzipfel läßt die Zahl der verwachsenen Fruchtblätter erkennen.

---

1) aner, andros (gr.) = Mann; oikos (gr.) = Haus; Andrözeum = Gesamtheit der Staubblätter
2) filamentum (l.) = Fadenwerk
3) antheros (gr.) = -blühend
4) con- (l.) = zusammen-; nectere (l.) = knüpfen, binden
5) gyne (gr.) = Frau; oikos (gr.) = Haus; Gynözeum = Gesamtheit der Fruchtblätter

Abbildung 60

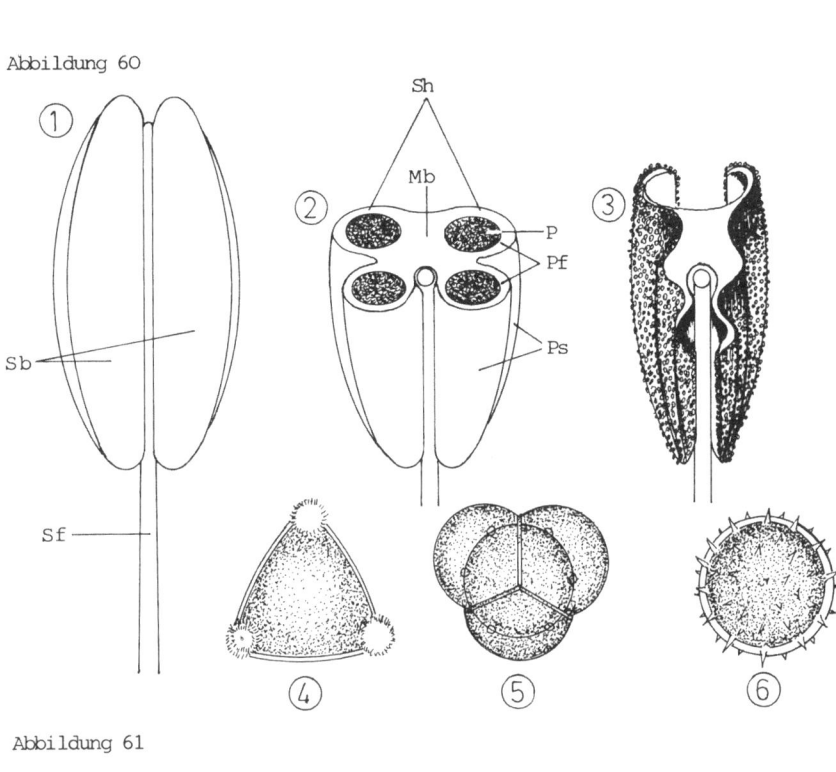

Abbildung 61

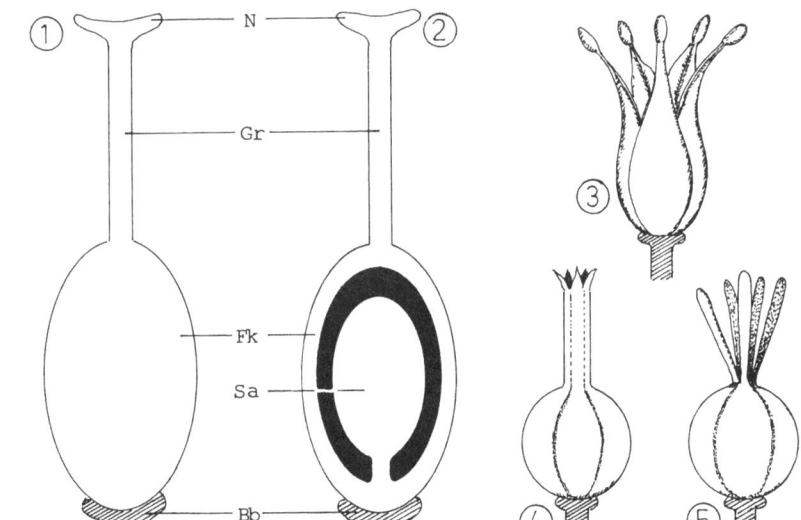

6.2.1.2. Geschlechtsverteilung bei den Blütenpflanzen

Nach der Geschlechtigkeit der Blüten werden unterschieden:

1. **Zweigeschlechtige** oder **zwittrige** Blüten
   Blüten, bei denen männliche und weibliche Geschlechtsorgane, also **Staubblätter** (♂) und **Fruchtblätter** (♀), in einer Blüte **vereint** auftreten: (♂♀) oder (⚥).

2. **Eingeschlechtige** Blüten
   Es handelt sich um Blüten, die entweder **nur Staubblätter** **oder nur Fruchtblätter** besitzen. Dabei werden die Blüten mit Staubblättern als **männliche** (♂), die mit Fruchtblättern als **weibliche** Blüten (♀) bezeichnet.

Abbildung 62

Nach dem Auftreten der genannten Blütenarten werden die Pflanzen bezeichnet als

1. Pflanzen mit **Zwitterblüten**
   Die Blüten dieser Pflanzen sind **zwittrig oder zweigeschlechtig** (♂♀), da Staub- und Fruchtblätter **in einer Blüte vereint** sind. Hierzu zählen die meisten Blütenpflanzen.
   Beispiele: Tulpe, Hecken-Rose, Schlüsselblume, Kümmel, Echte Salbei, Weiße Taubnessel, Storchschnabel

2. **Einhäusige** = monözische[1] Pflanzen
   Männliche (♂) und weibliche (♀) Blüten treten bei einer Pflanze, getrennt voneinander, auf.
   Beispiele: Haselnuß, Mais, Birke, Buche, Eiche, Walnuß

3. **Zweihäusige** = diözische[2] Pflanzen
   Männliche (♂) und weibliche (♀) Blüten treten bei verschiedenen Pflanzen der gleichen Art auf.
   Beispiele: Wacholder, Pappel, Weide, Hopfen, Große Brennnessel, Weiße Lichtnelke, Sanddorn, Rote Zaunrübe

---

1) monos (gr.) = allein, einzig; oikos (gr.) = Haus; monözisch = einhäusig
2) di- (gr.) = zwei- ; oikos (gr.) = Haus; diözisch = zweihäusig

Abbildung 62

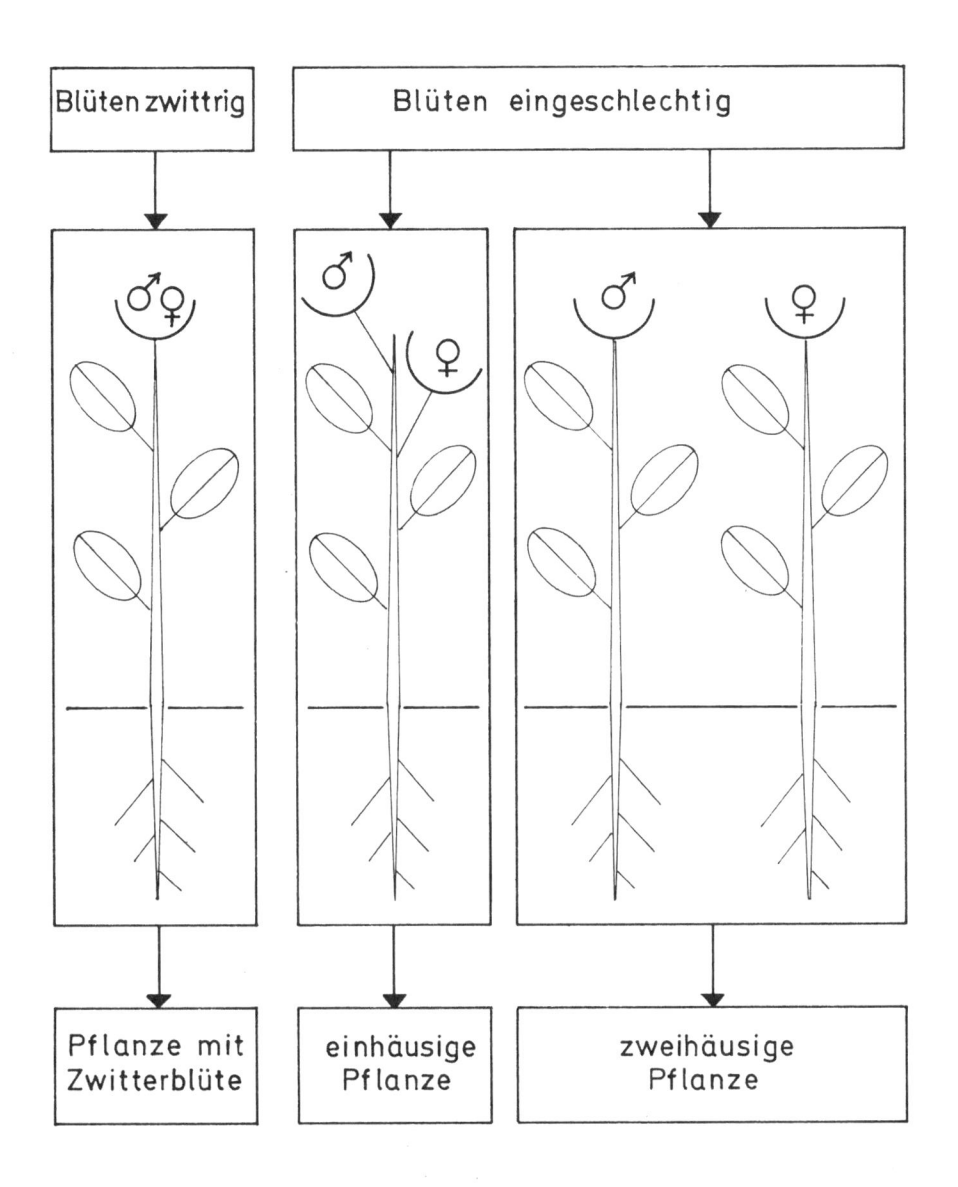

Blüten zwittrig	Blüten eingeschlechtig	
Pflanze mit Zwitterblüte	einhäusige Pflanze	zweihäusige Pflanze

125

6.2.1.3. Die Stellung des Fruchtknotens   Abbildung 63

Die Stellung des Fruchtknotens in Beziehung zum Blütenboden, dem obersten Teil der Blütenachse, und zu den anderen Blütenteilen ist von Pflanzenfamilie zu Pflanzenfamilie unterschiedlich. Es werden drei verschiedene Stellungen des Fruchtknotens unterschieden:

    1. oberständig
    2. mittelständig
    3. unterständig

1. Oberständiger Fruchtknoten ① ④

Der Fruchtknoten steht auf dem gewölbten Blütenboden und damit über den Ansatzstellen der Kelch-, Blumen- und Staubblätter.

Beispiele: Liliengewächse (Garten-Tulpe); Hahnenfußgewächse (Scharfer Hahnenfuß); Kreuzblütengewächse (Weisser Senf); Lindengewächse (Sommer- und Winter-Linde); Malvengewächse (Weg-Malve); Primelgewächse (Schlüsselblume); Enziangewächse (Gelber Enzian); Mohngewächse (Schlaf-Mohn ④))

2. Mittelständiger Fruchtknoten ② ⑤

Der Fruchtknoten steht frei auf dem Grunde eines krug- oder becherförmig gewölbten Blütenbodens, auf dessen oberem Rand die Kelch-, Blumen- und Staubblätter angeordnet sind.

Beispiele: Mandel, Rose, Schlehe, Kirsche ⑤

3. Unterständiger Fruchtknoten ③ ⑥

Der Fruchtknoten ist mit dem Blütenboden verwachsen und befindet sich daher unterhalb der Ansatzstelle der Kelch-, Blumen- und Staubblätter.

Beispiele: Irisgewächse (Schwertlilie); Sanddorn, Doldengewächse (Kümmel); Korbblütengewächse (Arnika); Schneeglöckchen, Schwarzer Holunder, Zweigriffeliger Weißdorn, Gewürznelkenbaum, Apfel, Birne ⑥

Anmerkung zur gegenüberstehenden Abbildung : Der Blütenboden ist in den schematischen Zeichnungen ① ② und ③ schraffiert

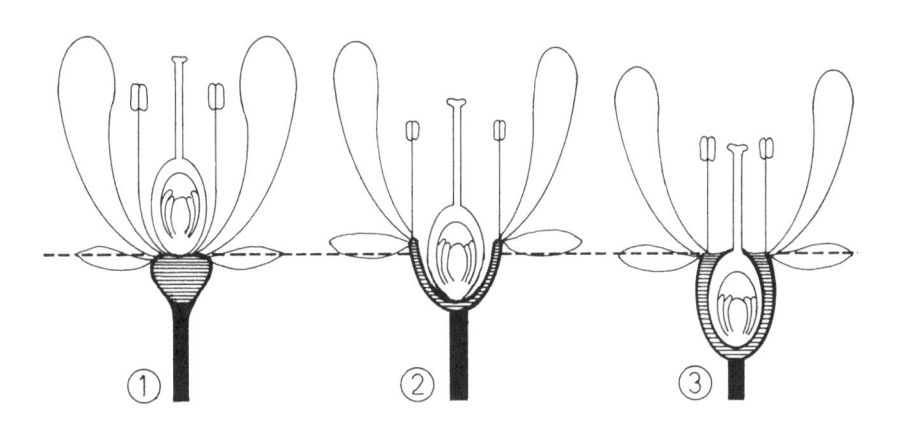

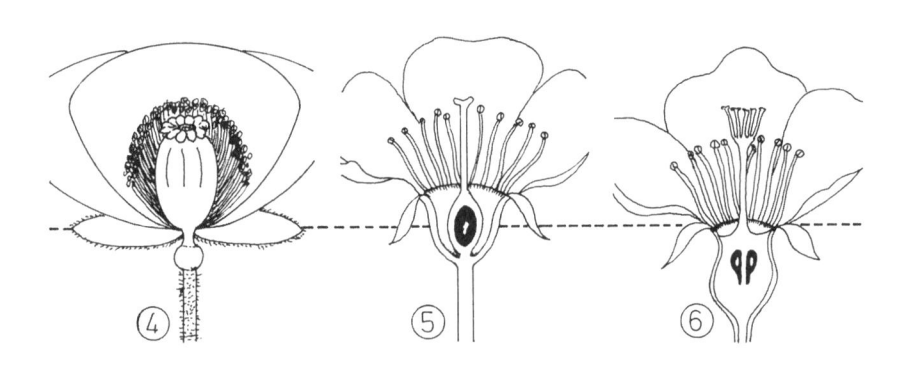

Abbildung 63

6.2.1.4. Blütendiagramm - Blütenformel Abbildung 64

Eine vereinfachte und doch aussagekräftige Darstellung einer Blüte ist durch ein Blütendiagramm möglich, während die Blütenformel den Aufbau einer Blüte mit Hilfe von Symbolen veranschaulicht.

Bei einer Blüte sitzen die Blütenblätter auf dem Blütenboden und sind in Kreisen - von außen nach innen - im allgemeinen wie folgt angeordnet:

Kelchblätter, Blumen- oder Kronblätter, Staubblätter, Fruchtblätter

a) Blütendiagramm ① - ⑥

Das Blütendiagramm ist eine zeichnerische Darstellung der einzelnen Blütenteile nach Zahl und Stellung im jeweiligen Blattkreis. Auf dem ersten und äußeren Kreis sind die Kelchblätter schraffiert eingezeichnet. Der zweite Kreis zeigt in Schwarz die Blumenblätter. Der nächste Blattkreis verdeutlicht die Staubblätter, während im Mittelpunkt des Diagramms die Fruchtblätter eingetragen sind. Die Zeichnung des Fruchtknotens im Querschnitt läßt erkennen, wieviele Fruchtblätter an der Bildung des Fruchtknotens beteiligt und wie diese miteinander verwachsen sind.

b) Blütenformel ① - ⑥

Die Darstellung des Blütenaufbaues und die Stellung der beteiligten Blütenblätter wird bei der Blütenformel mit Symbolen vorgenommen. Dabei bedeutet:

K = Kelch = Kelchblätter
C = Corolla = Blumenkrone, Blumen- oder Kronblätter
P = Perigon = Blütenhülle ist nicht in Kelch- und Blumenblätter gegliedert
A = Andrözeum = Gesamtheit der Staubblätter
G = Gynözeum = Gesamtheit der Fruchtblätter
∞ = Zahl des Blütenteils ist sehr groß
( ) = Blütenteile sind verwachsen
[ ] = Staubblätter sind mit der Blumenkrone verwachsen

hinter den Symbolen bzw. in Klammern stehende Zahlen geben die Anzahl des jeweiligen Blütenteils an

unterstrichene Zahl = oberständiger Fruchtknoten
überstrichene Zahl = unterständiger Fruchtknoten

Abbildung 64 bringt Blütenzeichnungen, Diagramme und Blütenformeln von Blüten aus folgenden Pflanzenfamilien:

① Kreuzblütengewächse = Brassicaceae = [Cruciferae] : Raps
② Rosengewächse = Rosaceae : Hunds-Rose
③ Schmetterlingsblütengewächse = Fabaceae [=Papilionaceae] : Erbse
④ Doldengewächse = Apiaceae = [Umbelliferae] : Kümmel
⑤ Lippenblütengewächse = Lamiaceae [=Labiatae] : Weiße Taubnessel
⑥ Korbblütengewächse = Asteraceae [=Compositae] : Röhrenblüte des Löwenzahns

Abbildung 64

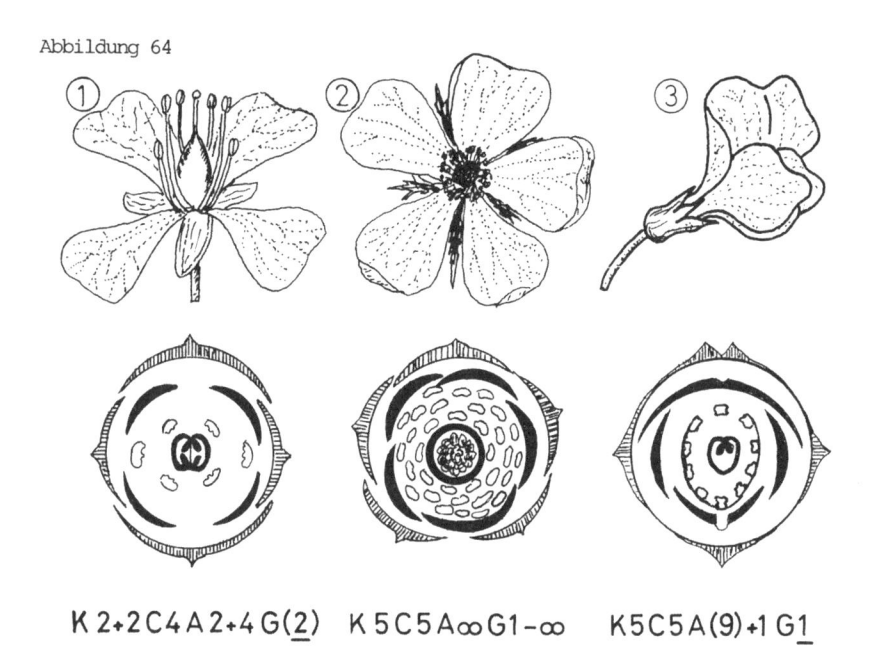

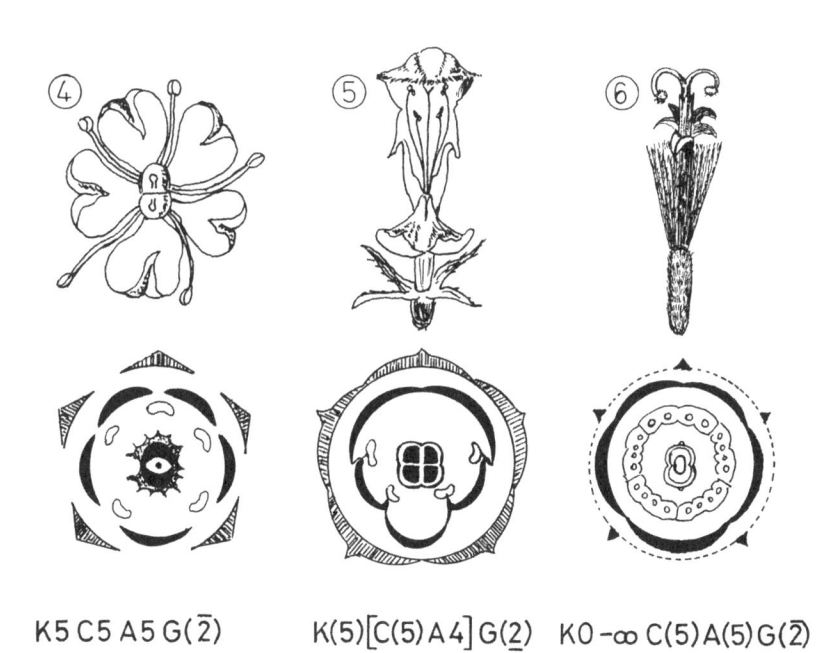

K 2+2 C 4 A 2+4 G(2)   K 5 C 5 A∞ G 1-∞   K 5 C 5 A(9)+1 G1

K 5 C 5 A 5 G($\overline{2}$)   K(5)[C(5)A 4] G(2)   K 0-∞ C(5) A(5) G($\overline{2}$)

6.2.2. Blütenstände

Entwickeln Pflanzen mehrere Blüten, so werden diese häufig in einem Blütenstand, auch Infloreszenz[1] genannt, zusammengefaßt. Allgemein lassen sich zwei Gruppen von Blütenständen unterscheiden:
1. Razemöse[2] Blütenstände
2. Zymöse[3] Blütenstände

6.2.2.1. Razemöse Blütenstände (= Traubige Blütenstände)

Diese Blütenstände besitzen jeweils eine Hauptachse, die länger und stärker ist als die Seitenachsen. Sind nur Seitenachsen 1. Ordnung vorhanden, so spricht man von einfachen traubigen Blütenständen, treten hingegen Seitenachsen höherer Ordnung auf, so von zusammengesetzt traubigen Blütenständen. Die Einzelblüten stehen häufig in den Achseln von Hochblättern, die auch als Tragblätter (Tb) oder Brakteen[4] bezeichnet werden.

a) Einfache traubige Blütenstände   Abbildung 65

1. Traube ①
   Lange Hauptachse mit gestielten Einzelblüten in den Achseln von Tragblättern (Tb).
   Beispiele: Maiglöckchen, Lupine, Fingerhut, Bohne, Weidenröschen.
   Typischer Blütenstand der Kreuzblütengewächse: Wiesenschaumkraut, Hirtentäschel, Acker-Hellerkraut
2. Ähre ②
   Lange Hauptachse mit sitzenden = ungestielten Einzelblüten.
   Beispiele: Wegerich-Arten, Nachtkerzen-Arten
3. Kätzchen ③
   Ähre mit meist hängender Hauptachse und sitzenden männlichen oder weiblichen Einzelblüten.
   Beispiele: Pappel, Haselnuß, Birke, Walnuß, Weide
4. Kolben ④
   Ähre mit stark verdickter und fleischiger Hauptachse.
   Beispiele: Anthurium, Aronstab, Kalmus, Mais, Sumpf-Calla
5. Köpfchen ⑤
   Gestauchter Kolben mit sitzenden Einzelblüten.
   Beispiele: Echte Kamille, Klee-Arten, Wiesenknopf
6. Körbchen ⑥
   Gestauchte und verbreiterte Hauptachse mit sitzenden Einzelblüten. Das Blütenkörbchen ist von Hüllblättern (Hb) umgeben.
   Beispiele: Charakteristischer Blütenstand vieler Korbblütengewächse: Arnika, Huflattich, Löwenzahn, Silberdistel, Sonnenblume
7. Dolde ⑦
   Vom Endpunkt der Hauptachse gehen gleichlang gestielte Einzelblüten aus.
   Beispiele: Efeu, Schlüsselblume, Sterndolde

---

1) inflorescere (l.) = aufblühen, erblühen; Infloreszenz = Blütenstand
2) racemus (l.) = (Wein-)Traube
3) cyma (l.) = junger Sproß; cymosus (l.) = voller Sprossen
4) bractea (l.) = dünnes Blättchen

Abbildung 65

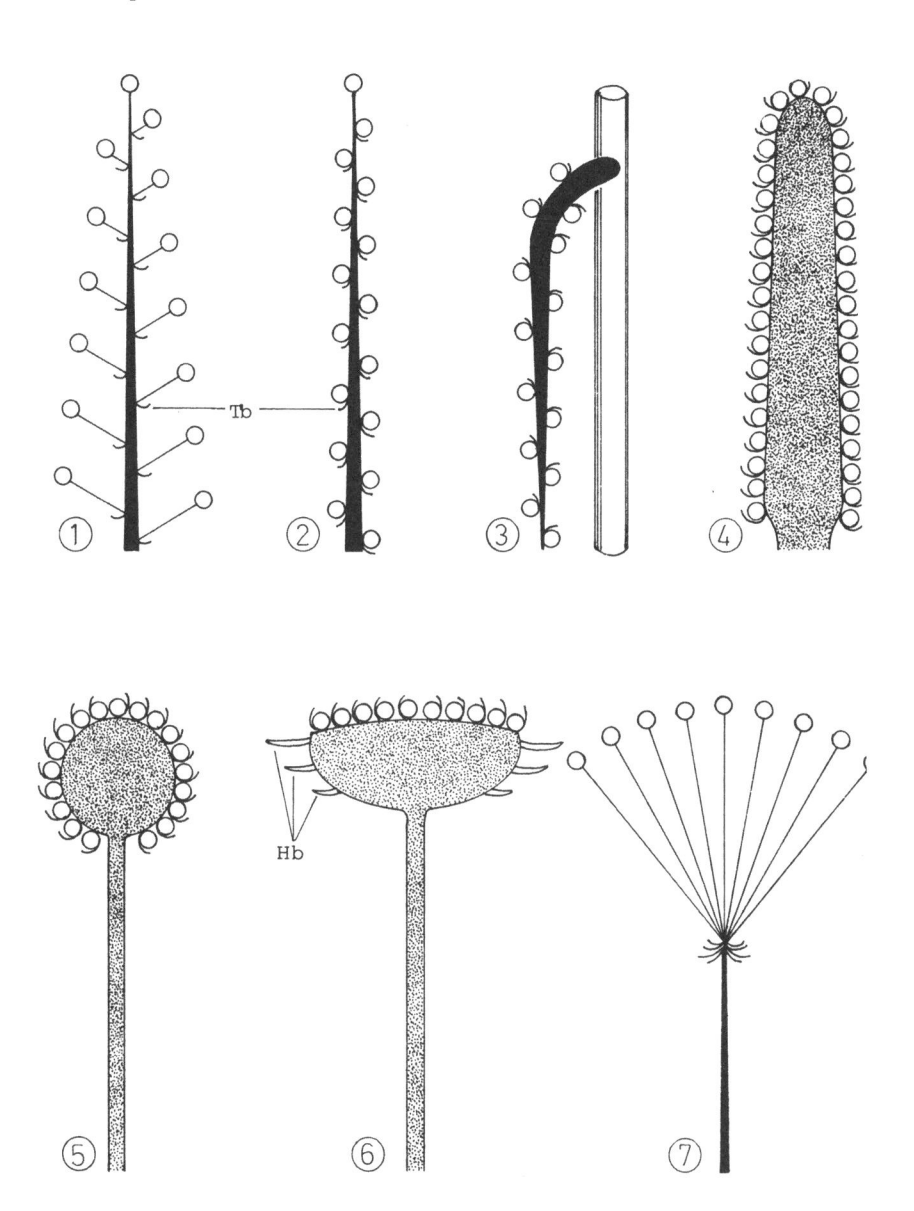

b) Zusammengesetzt traubige Blütenstände   Abbildung 66

Bei den zusammengesetzt traubigen Blütenständen werden die für den Blütenstand 'Traube' charakteristischen Seitenblüten durch einfache Blütenstände, etwa durch eine Traube oder Ähre, ersetzt.

1. Rispe ①
   Der Blütenstand der Rispe kann als zusammengesetzte Traube bezeichnet werden.
   Beispiele: Straußgras-Arten, Wiesen-Kammgras; Beifuß, Flieder, Roßkastanie, Weinstock, Wermut

2. Zusammengesetzte Ähre ②
   An der Hauptachse befinden sich anstelle sitzender Einzelblüten Ähren, die 'Ährchen' genannt werden.
   Beispiele: Gerste, Roggen, Weizen und viele andere Süß-Gräser

3. Zusammengesetzte Dolde ③
   An diesem Blütenstand, auch als Doppeldolde bezeichnet, befinden sich statt der Einzelblüten einer Dolde wiederum kleinere Dolden, die als 'Döldchen' (Dö) bezeichnet werden. Am Ende der Hauptachse sind häufig lanzettliche Hochblätter, die eine sogenannte Hülle (H) bilden. An den Döldchen befinden sich oft noch kleinere Hochblätter, die in ihrer Gesamtheit das 'Hüllchen' (Hü) darstellen.
   Beispiele: Die zusammengesetzte Dolde ist der charakteristische Blütenstand der Familie der Doldengewächse. Zu dieser Pflanzenfamilie zählen z.B. Anis, Fenchel, Kümmel, Liebstöckel, Wiesen Bärenklau, Wilde Möhre

4. Ebenstrauß ④ ⑤
   Bezeichnung für einen aus einer Rispe oder Traube hervorgegangenen Blütenstand, bei dem die Blüten in einer Ebene bzw. in einer nach oben gewölbten Fläche stehen.

   a) Dolden- oder Schirmrispe ④
      Abgeleitet von einer Rispe, stehen die Blüten in einer Ebene.
      Beispiele: Eberesche, Schwarzer Holunder, Rainfarn, Schafgarbe, Schneeball

   b) Dolden- oder Schirmtraube ⑤
      Aus einer Traube abgeleiteter Blütenstand, bei dem die Blüten auf einer gewölbten Fläche stehen.
      Beispiele: Birne, Kirsche, Doldiger Milchstern, Schleifenblume

Abbildung 66

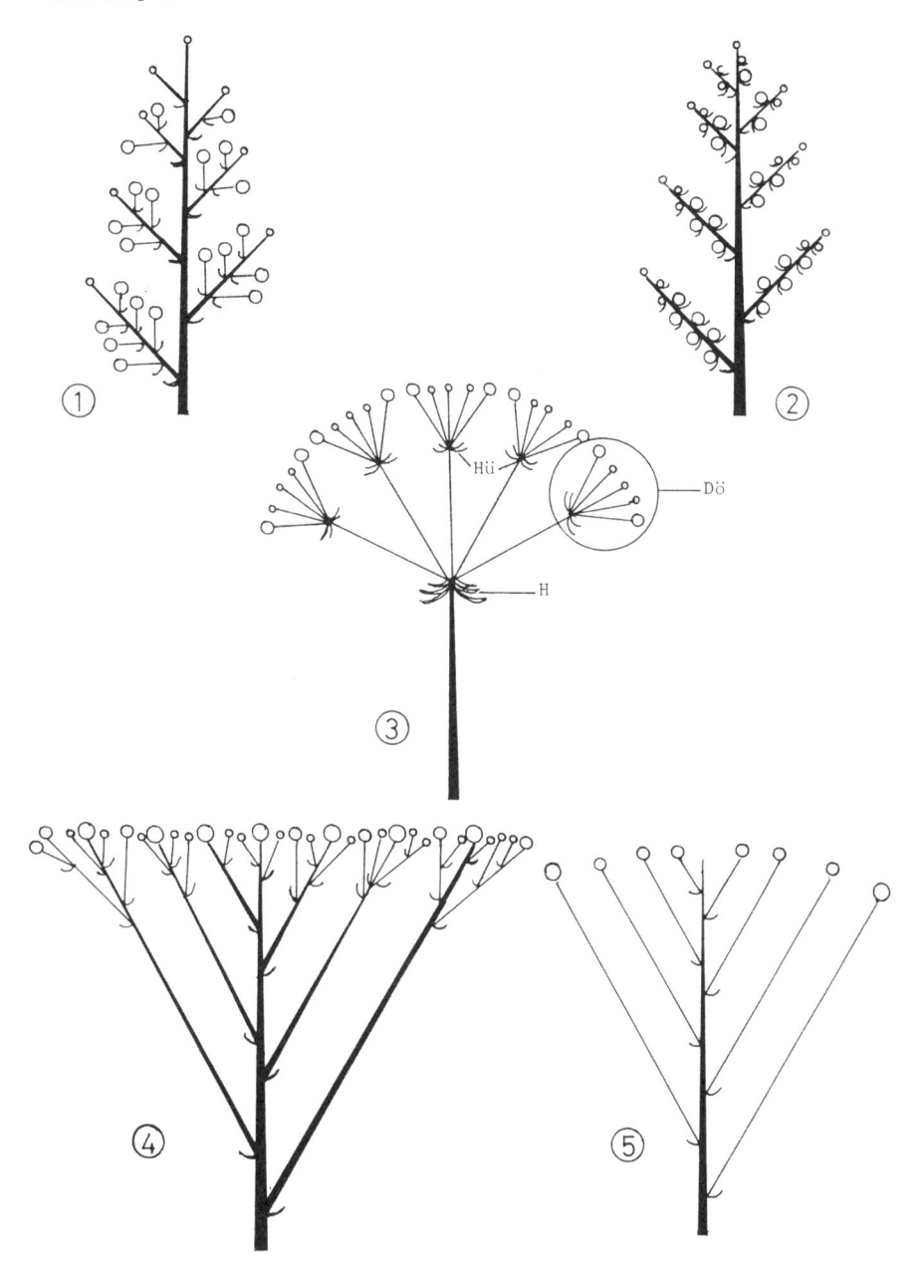

6.2.2.2. Zymöse Blütenstände   Abbildung 67

Zymöse[1] Blütenstände sind dadurch gekennzeichnet, daß sie durch frühzeitigen Abschluß des Wachstums eine verkürzte Hauptachse besitzen, die mit einer Blüte endet. Unterhalb dieser Endblüte befinden sich Hochblätter, sog. Tragblätter (Tb), aus deren Achseln Seitenachsen hervorgehen, die wiederum in Blüten enden, dabei aber die erste Endblüte überragen. Dieser Vorgang kann sich mehrfach in gleicher Weise wiederholen. Nach der Zahl der Seitenachsen, die von der Hauptachse ausgehen, unterscheidet man:

1. Monochasium [2]

   Blütenstand, bei dem unterhalb der Endblüte der Hauptachse jeweils nur eine Seitenachse entspringt, die wiederum in einer Endblüte endet.
   Zu den Monochasien zählen:

   a) Sichel ①
      Blütenstand, bei dem die aufeinanderfolgenden Seitenachsen in einer Ebene liegen.
      Beispiel: Binsengewächse

   b) Fächer ②
      Blütenstand, bei dem alle aufeinanderfolgenden Seitenachsen in einer Ebene liegen.
      Beispiele: Iris- (Schwertlilen-) Arten, Gladiole

   c) Schraubel ③ , siehe Diagramm
      Blütenstand, bei dem die aufeinanderfolgenden Seitenachsen zwar in verschiedenen Ebenen stehen, die relative Richtung der Auszweigungen jedoch immer dieselbe bleibt.
      Beispiele: Johanniskraut, Taglilie (Hemerocallis)

   d) Wickel ④ siehe Diagramm
      Blütenstand, bei dem die aufeinanderfolgenden Seitenachsen in verschiedenen Ebenen liegen, wobei sich die Richtung der Auszweigung von Zweig zu Zweig ändert.
      Beispiele: Blütenstände der Nachtschattengewächse: z.B. Bilsenkraut, Tollkirsche, Tomate; Blütenstände vieler Rauhblattgewächse: z.B. Lungenkraut, Natternkopf, Vergißmeinnicht

2. Dichasium [3] ⑤

   Blütenstand, bei dem unterhalb der Endblüte der verkürzten Hauptachse zwei Seitenachsen entspringen, die wiederum in einer Endblüte enden. Die Seitenachsen verzweigen sich in gleicher Weise.
   Beispiele: Typischer Blütenstand der Nelkengewächse: z.B. Hornkraut, Lichtnelke, Miere

3. Pleiochasium [4] ⑥

   Blütenstand, bei dem unter der Endblüte der verkürzten Hauptachse mehr als zwei Seitenachsen entspringen.
   Beispiel: Wolfsmilch

---

1) cyma (l.) = junger Sproß; cymosus (l.) = voller Sproß
2) monos (gr.) = allein, einzig; chasis (gr.) = Scheidung, Verzweigung; Monochasium = einästiger (zymöser) Blütenstand
3) di- (gr.) = zwei; Dichasium = zweiästiger (zymöser) Blütenstand
4) pleion (gr.) = mehr; Pleiochasium = mehrästiger (zymöser) Blütenstand

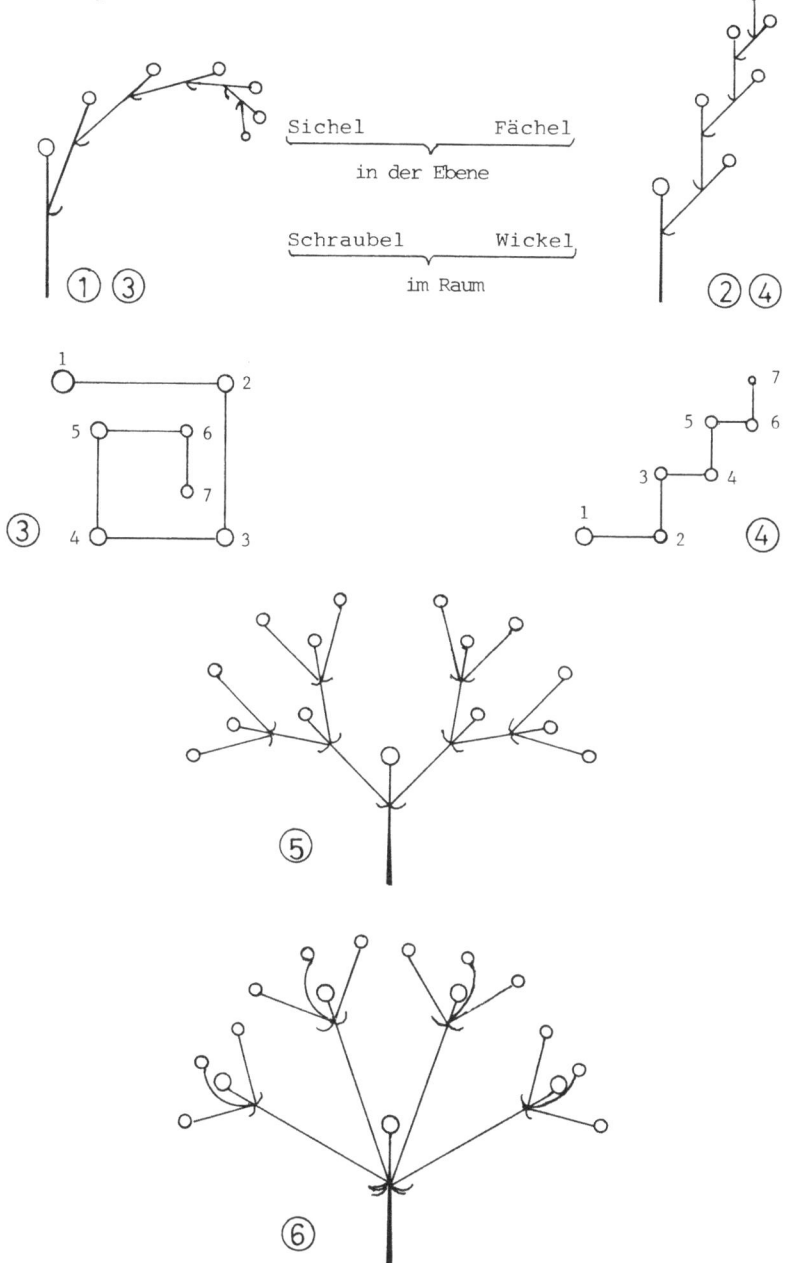

Abbildung 67

$$\underbrace{\text{Sichel} \qquad \text{Fächel}}_{\text{in der Ebene}}$$

$$\underbrace{\text{Schraubel} \qquad \text{Wickel}}_{\text{im Raum}}$$

① ③

② ④

③

④

⑤

⑥

6.2.3. Die Bestäubung

Unter Bestäubung versteht man die Übertragung des Pollens (= Blütenstaub) auf die Narbe des Fruchtblattes.

Bestäubungsarten

Abbildung 68

1. Selbstbestäubung ①

   Berührt der Staubbeutel die Narbe der gleichen Blüte, so wird der Pollen auf die Narbe übertragen.

   Beispiele : Erbse, Bohne, Sauerklee, Hunds-Veilchen, Stengelumfassende Taubnessel

2. Nachbarbestäubung ②

   Der Pollen gelangt auf die Narbe einer anderen Blüte derselben Pflanze.

   Beispiele : Doldengewächse, Lippenblütengewächse, Korbblütengewächse

3. Fremdbestäubung ③

   Der Pollen gelangt auf die Narbe einer Blüte einer anderen Pflanze der gleichen Pflanzenart. Fremdbestäubung ist bei den meisten Pflanzenarten die Regel.

Bei vielen Pflanzenarten wird durch besondere Vorkehrungen die Selbstbestäubung verhindert, weil oft ungenügender Samenansatz und auch entartete Nachkommen die Folgen der Selbstbestäubung sind :

1. Selbstbestäubung ist bei ein- und zweihäusigen Pflanzen, bedingt durch die eingeschlechtigen Blüten, nicht möglich.
2. Bei vielen Pflanzenarten mit Zwitterblüten wird eine Selbstbestäubung bei zeitlich verschobener Geschlechtsreife verhindert durch
   a) <u>Vormännlichkeit</u> : Die Pollen stäuben, bevor die Narbe der gleichen Blüte geschlechtsreif ist.
      Beispiele : Storchschnabelgewächse, Doldengewächse, Glockenblumengewächse, Linde, Fingerhut
   b) <u>Vorweiblichkeit</u> : Die Narbe erlangt vor dem Stäuben des Pollens der gleichen Blüte ihre Reife.
      Beispiele : Aronstab, Apfel, Birne, Erdbeere, Rose, Wegerich

<u>Die Übertragung des Pollens auf die Narbe kann erfolgen durch :</u>

1. <u>Insekten</u> : Die 'Insektenblütler' locken durch Nektar, Duft und durch die leuchtenden Farben der Blumenblätter die Insekten an. Der durch einen Blütenbesuch den Insekten anhaftende Pollen wird beim Aufsuchen der nächsten Blüte auf deren Narbe übertragen = <u>Insektenbestäubung</u> ④.
   Beispiele : Pflanzenarten der Familien der Dolden- und Lippenblütengewächse.

2. <u>Wind</u> : Die 'Windblütler' zeichnen sich durch unscheinbare Blüten aus, entwickeln große Mengen kleiner und leichter Pollen, die vom Wind auf die Narben selbst weit entfernter Blüten getragen werden können = <u>Windbestäubung</u>.
   Beispiele : Gräser, Eiche, Buche, Birke, Haselnuß ⑤

Abbildung 68

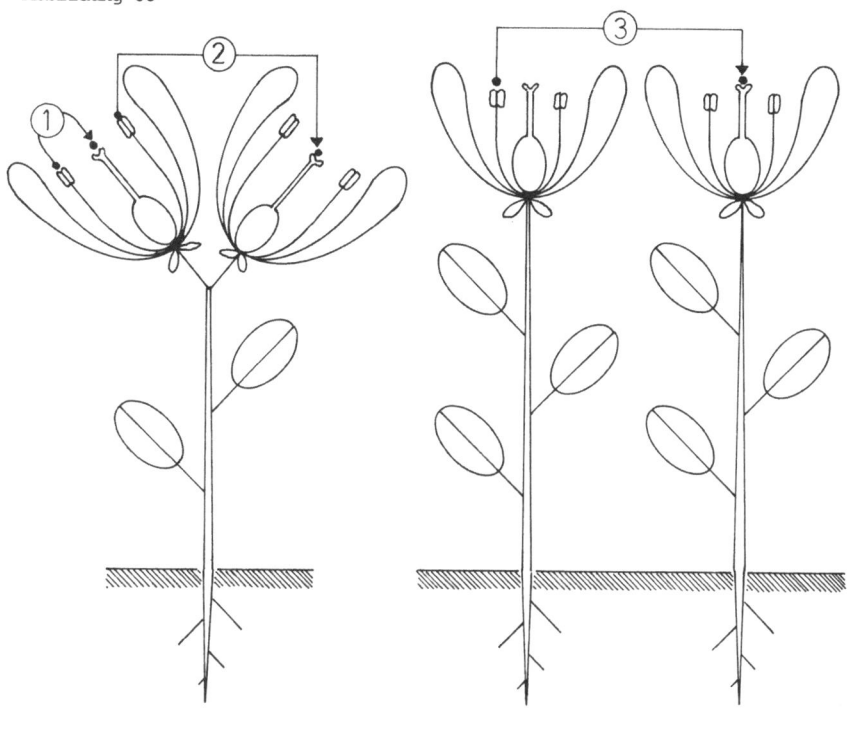

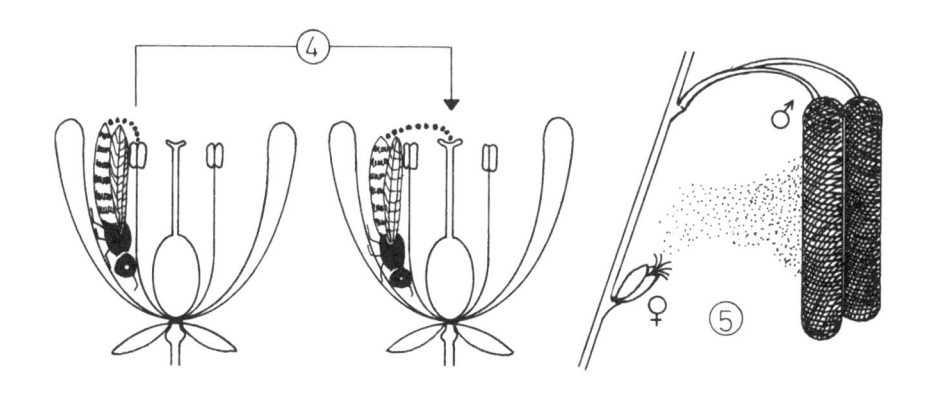

6.2.4. Die Befruchtung

Abbildung 69

Bei der Bestäubung gelangt ein Pollenkorn (Pk) auf die Narbe (N) einer Blüte ① der gleichen Pflanzenart. Das Pollenkorn wird von den Absonderungen der Narbe - Schleim, Zuckerstoffe - festgehalten und eingehüllt. Die Absonderungen der Narbe veranlassen das Pollenkorn, einen Pollenschlauch (Ps) zu entwickeln, der durch das lockere Gewebe des Griffels (G) auf die von der Fruchtknotenwand (Fw) umschlossene und von den Samenhüllen (Sh) = Integumente[1] geschützte Samenanlage zuwächst. Die Samenanlage besteht aus Knospenkern (Kk) = Nucellus[2] und Samenhüllen, liegt in der Fruchtknotenhöhle (Fh) und ist durch den Stiel (St) = Nabelstrang mit der Fruchtknotenwand (Fw) verbunden.

Der Pollenschlauch ② enthält drei Kerne. An der Spitze des Pollenschlauches befindet sich der Wachstumskern = Vegetativer Kern (Vk), der das Wachstum des Pollenschlauches bewirkt, zurückliegend befinden sich zwei männliche Geschlechtskerne = Generative Kerne (Gk).

Abbildung ① zeigt, wie der Pollenschlauch (Ps) durch den Knospenmund (Km) = Mikropyle[3] bis zum Knospenkern (Kk) vordringt. Der Knospenkern umhüllt den Embryosack (Es) mit der Eizelle (Ez) und dem Embryosackkern (Esk). Nun öffnet sich der Pollenschlauch und entläßt die drei Kerne. Der vegetative Kern geht zugrunde.

Ein männlicher Geschlechtskern verschmilzt mit der Eizelle Ⓘ
der andere Geschlechtskern verschmilzt mit dem Embryosackkern Ⅱ
Somit erfolgt eine doppelte Befruchtung, die für die bedecktsamigen Pflanzen - im Gegensatz zu den nacktsamigen Pflanzen, z.B. Nadelhölzer - charakteristisch ist.

Aus der befruchteten Eizelle entwickelt sich der Keimling = Embryo[4], die junge Anlage der Pflanze.

Aus dem befruchteten Embryosackkern bildet sich das Nährgewebe, das sog. Endosperm.

Erläuterungen zur Abbildung 69 :

Bb = Blütenboden	G = Griffel	Pk = Pollenkorn
Es = Embryosack	Gk = Generativer Kern	Ps = Pollenschlauch
Esk= Embryosackkern	Kk = Knospenkern	Sh = Samenhülle
Ez = Eizelle	Km = Knospenmund	St = Stiel = Nabelstang
Fh = Fruchtknotenhöhle	N = Narbe	Vk = Vegetativer Kern
Fw = Fruchtknotenwand		

1) integumentum (l.) = Hülle, Decke
2) nucellus (l.) = Nüßchen
3) mikros (gr.) = klein; pyle (gr.) = Tor; Mikropyle = Öffnung zwischen
4) embryon (gr.) = ungeborene Leibesfrucht   Integumenten
5) endon (gr.) = innen; sperma (gr.) = Same; Endosperm = Nährgewebe des
                                                                        Embryos

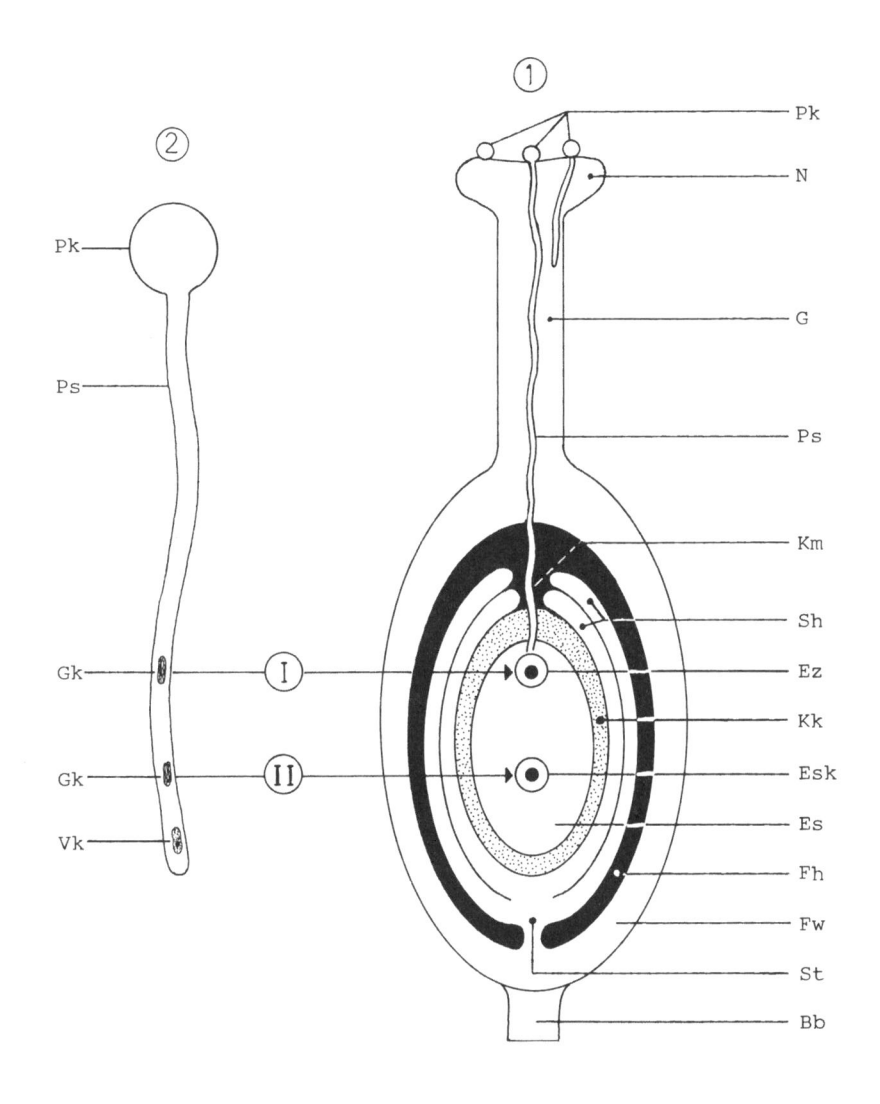

Abbildung 69

6.2.5. Die Fruchtbildung

Abbildung 70

Nach der Befruchtung entwickelt sich der Fruchtknoten mit der eingeschlossenen Samenanlage zur Frucht. Die Kelchblätter, die Blumen- oder Kronblätter und die Staubblätter fallen in den meisten Fällen nunmehr vom Blütenboden ab oder vertrocknen.

a) Samenbildung ① ② ③

Die schematische Längsschnittzeichnungen eines Fruchtknotens ① und einer isolierten Samenanlage ② zeigen die von den Samenhüllen = Integumenten (Sh) umschlossene Samenanlage mit Eizelle (Ez) und Embryosackkern (Ek).
Nach der Befruchtung entwickelt sich, wie ③ zeigt, aus der befruchteten Eizelle (Ez) der Keimling = Embryo (E), der bereits die Anlagen einer jungen Pflanze mit Keimwurzel (Kw), Keimstengel (Ks) und zwei Keimblätter (Ko) erkennen läßt.
Aus dem Embryosackkern (Ek) bildet sich das Nährgewebe = Endosperm (N).
Embryo (E) und Nährgewebe (N) bilden zusammen mit der Samenschale (Ss), die sich aus den beiden Samenhüllen = Integumenten (Sh) entwickelt, den Samen.

> Samen = Keimling + Nährgewebe + Samenschale

b) Fruchtbildung ④ ⑤ ⑥

Mit der Entwicklung der Samenanlage zum Samen erfährt gleichzeitig die Fruchtknotenwand (Fw) des Fruchtknotens eine Veränderung ④. Durch Wachstum der Fruchtknotenwand nimmt der Fruchtknoten mehr oder weniger an Umfang zu (siehe hierzu ⑤ ⑥). Dabei entwickelt sich die Fruchtknotenwand (Fw) zur Fruchtwand = Perikarp[1], die sich aus drei Schichten zusammensetzt :

Exokarp[2] (Ex) = Außenschicht = äußerer Teil der Fruchtwand
Mesokarp[3] (M) = Mittelschicht = mittlerer Teil der Fruchtwand
Endokarp[4] (En) = Innenschicht = innerer Teil der Fruchtwand

Das Perikarp mit seinen drei Schichten umgibt den Samen und bildet mit diesem die Frucht.

> Frucht = Samen + Fruchtwand

---

1) peri- (gr.) = um-, herum-; karpos (gr.) = Frucht
2) exo (gr.) = außen, draußen
3) mesos (gr.) = mitten
4) endon (gr.) = innen

Abbildung 70

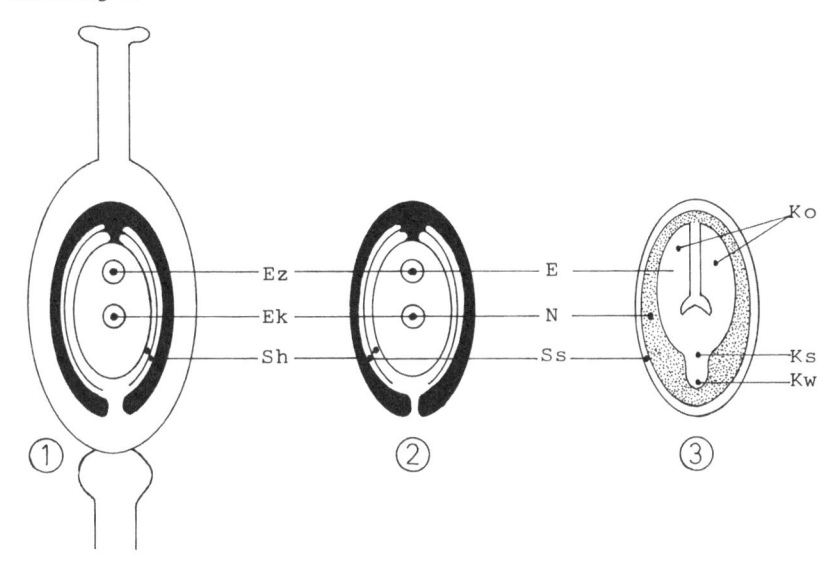

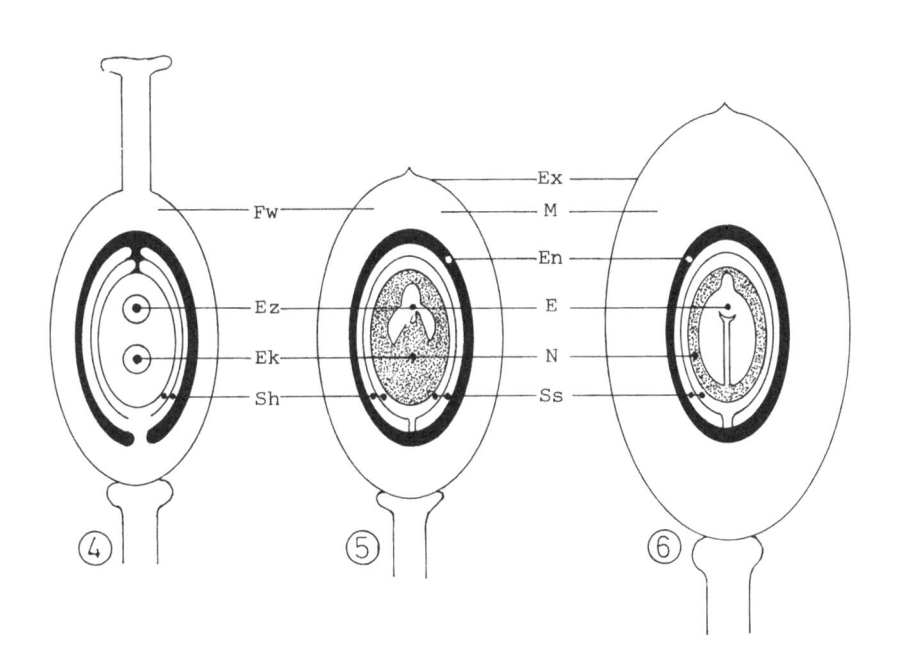

141

6.2.6. Systematik der Früchte

Abbildung 71

Mit dem Reifungsprozeß der Samen verläuft gleichzeitig die Ausbildung des Fruchtknotens zur Frucht. Die Fruchtwand umschließt die Samen bis zur endgültigen Fruchtreife. Die Samen werden ausgestreut, oder es löst sich die ganze Frucht von der Pflanze.

Während sich Einzelfrüchte aus einem Fruchtknoten entwickeln, vermögen Blüten mit mehreren Fruchtknoten Sammelfrüchte hervorzubringen. In diesem Falle stellt jeder Fruchtknoten eine Frucht dar.

An der Fruchtbildung können bei bestimmten Pflanzenarten neben dem Fruchtknoten aber auch andere Blütenteile, etwa der Blütenboden, beteiligt werden. Bei anderen Pflanzenarten gliedert sich die Fruchtwand, das sog. Perikarp, in mehrere Schichten, in das Exo-, Meso- und Endokarp auf. Dadurch kommt es zur Ausbildung einer fleischigen oder saftigen Fruchtwand.

Es ist nicht möglich, eine verbindliche und durchgängige Systematik der vielfältigen Fruchtformen aufzustellen. In den verschiedenen botanischen Lehrbüchern finden sich deshalb Gliederungen der Früchte nach unterschiedlichen Ordnungskriterien. Alle aufgestellten Systeme bleiben Versuche, die Früchte nicht nur als morphologische, sondern auch als funktionelle Einheiten zu werten und sie dann in ein System einzugliedern.

So finden sich in der Literatur Systematiken, welche die verschiedensten Fruchttypen nach folgenden Gesichtspunkten ordnen :

1. Streufrüchte	1. Schließfrüchte	1. Trockenfrüchte
2. Schließfrüchte	2. Springfrüchte	2. Saftfrüchte
3. Sonderformen	3. Sammelfrüchte	3. Sammelfrüchte
	4. Scheinfrüchte	

1. Einfache Früchte	1. Trockenfrüchte
2. Sammelfrüchte	2. Steinfrüchte
3. Fruchtstände	3. Beerenfrüchte

Diese Beispiele erhellen, daß die nachfolgende Systematik (vgl. hierzu die nebenstehende Übersicht) auch nur als ein Versuch gewertet werden kann.

Abbildung 71

```
                                        ┌──► Balgfrüchte
                                        │
                                        ├──► Hülsenfrüchte
                      ┌──► Streufrüchte ┤
                      │                 ├──► Schotenfrüchte
                      │                 │
                      │                 └──► Kapselfrüchte
  Trockene Früchte ───┤
                      │                 ┌──► Nußfrüchte
                      └──► Schließfrüchte┤
                                        └──► Spaltfrüchte
  Früchte
                                        ┌──► Steinfrüchte
                                        │
                      ┌──► Echte Früchte ┼──► Beerenfrüchte
                      │                 │
  Saftige Früchte ────┤                 └──► Sammelfrüchte
                      │
                      └──► Scheinfrüchte ──► Kernfrüchte
```

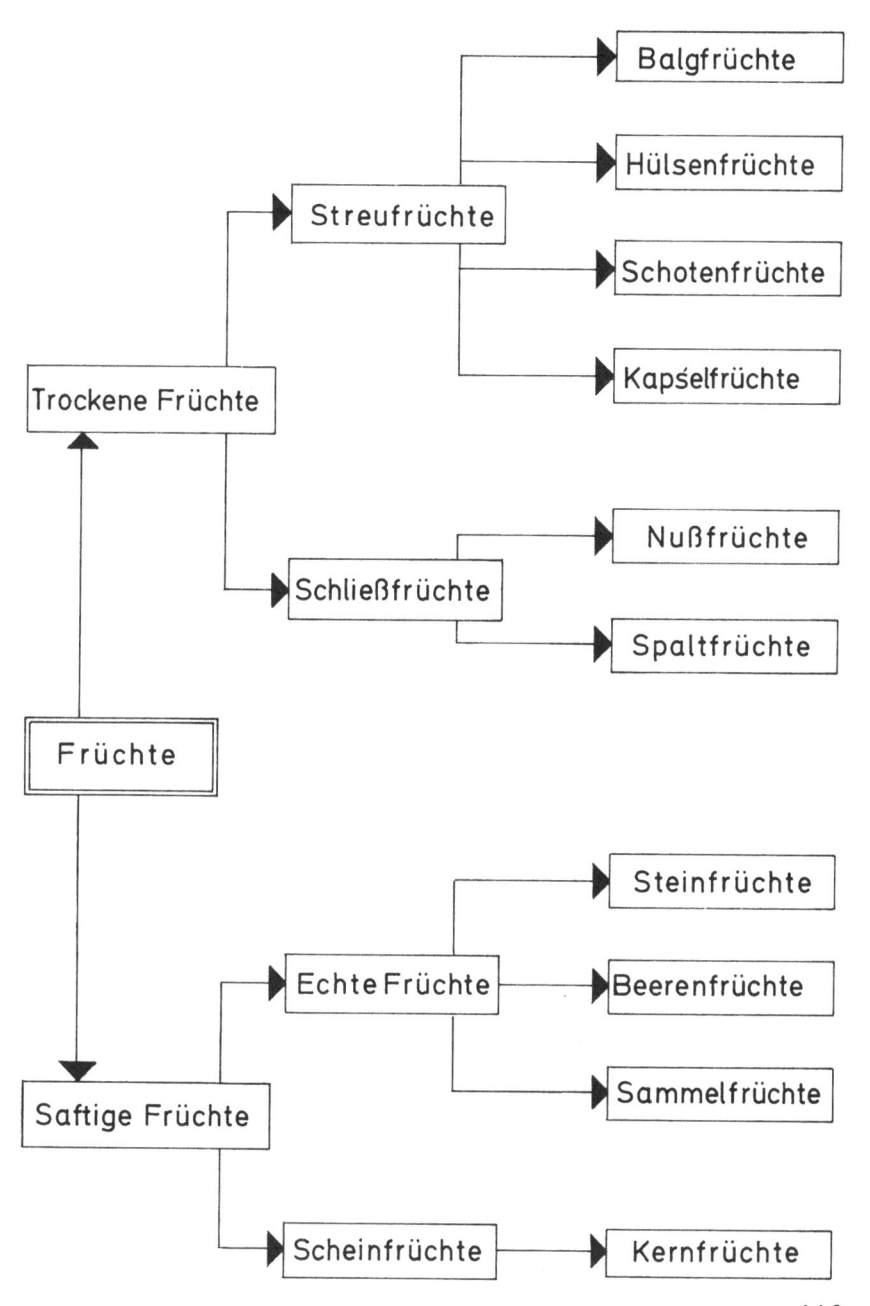

6.2.6.1. Trockene Früchte

Die Schichten des Perikarps sind im Reifezustand der Frucht mehr oder weniger trocken und bestehen aus abgestorbenen Zellen.

a) Streufrüchte   Abbildung 72
Die auch als Öffnungs- oder Springfrüchte bezeichneten Früchte öffnen sich selbsttätig bei der Reife und streuen die Samen aus.

1. Balgfrucht ①

   Die Frucht geht aus einem Fruchtblatt hervor und springt an der Verwachsungsnaht des Fruchtblattes (= Bauchnaht) auf.
   Beispiele: Fruchtform vieler Hahnenfußgewächse: Pfingstrose, Trollblume, Rittersporn, Blauer Eisenhut, Akelei, Scharfer Hahnenfuß, Christrose ① . Einzelfrucht der Sammelfrucht Sternanis

2. Hülse ②

   Die Hülse besteht aus einem Fruchtblatt und springt an der Bauch- und Rückennaht auf.
   Beispiele: Typische Fruchtform der Pflanzen der Ordnung Fabales = Hülsenfrüchtler mit deren Familien Johannisbrot-, Mimosen- und Schmetterlingsblütengewächse: Sennespflanze, Lupine, Goldregen, Besenginster, Hauhechel, Gemeiner Wundklee, Vogel-Wicke, Linse, Erbse, Feuer-Bohne ②

3. Schote ③

   Diese Fruchtform entsteht aus zwei Fruchtblättern, die bei der Reife an den Nähten aufspringen. Zwischen den Fruchtblättern befindet sich eine falsche Scheidewand, an deren Rändern die Samen sitzen. Bei einer Schote ist die Frucht mehr als dreimal so lang wie breit.
   Beispiele: Charakteristische Fruchtform der Pflanzen der Familie der Kreuzblütengewächse: Schwarzer Senf, Gemüse-Kohl ③, Raps, Acker-Senf, Weißer Senf, Garten-Rettich, Schöllkraut
   - Ist die Frucht höchstens dreimal so lang wie breit, so spricht man von einem Schötchen. Beispiel: Hirtentäschel

4. Kapseln

   Die Frucht einer Kapsel besteht aus mehreren Fruchtblättern. Die Kapseln öffnen sich auf verschiedene Weise und streuen die Samen aus. Nach der Art der Öffnung werden unterschieden:

   Spaltkapseln ④
   Sie öffnen sich entlang der Verwachsungsnähte der Fruchtblätter.
   Beispiele: Kardamomen, Lilien-Arten, Schwertlilien-Arten, Saat-Lein, Johanniskraut, Gemeine Roßkastanie ④

   Deckelkapseln ⑤
   Die Frucht öffnet sich durch Ablösen eines Deckels.
   Beispiele: Schwarzes Bilsenkraut, Wegerich, Acker-Gauchheil ⑤

   Porenkapseln ⑥
   Bei der Porenkapsel bilden sich Poren, Öffnungen an der Fruchtwand, durch die die Samen heraustreten.
   Beispiele: Garten-Löwenmaul, Glockenblumen-Arten, Mohn-Arten ⑥

Abbildung 72

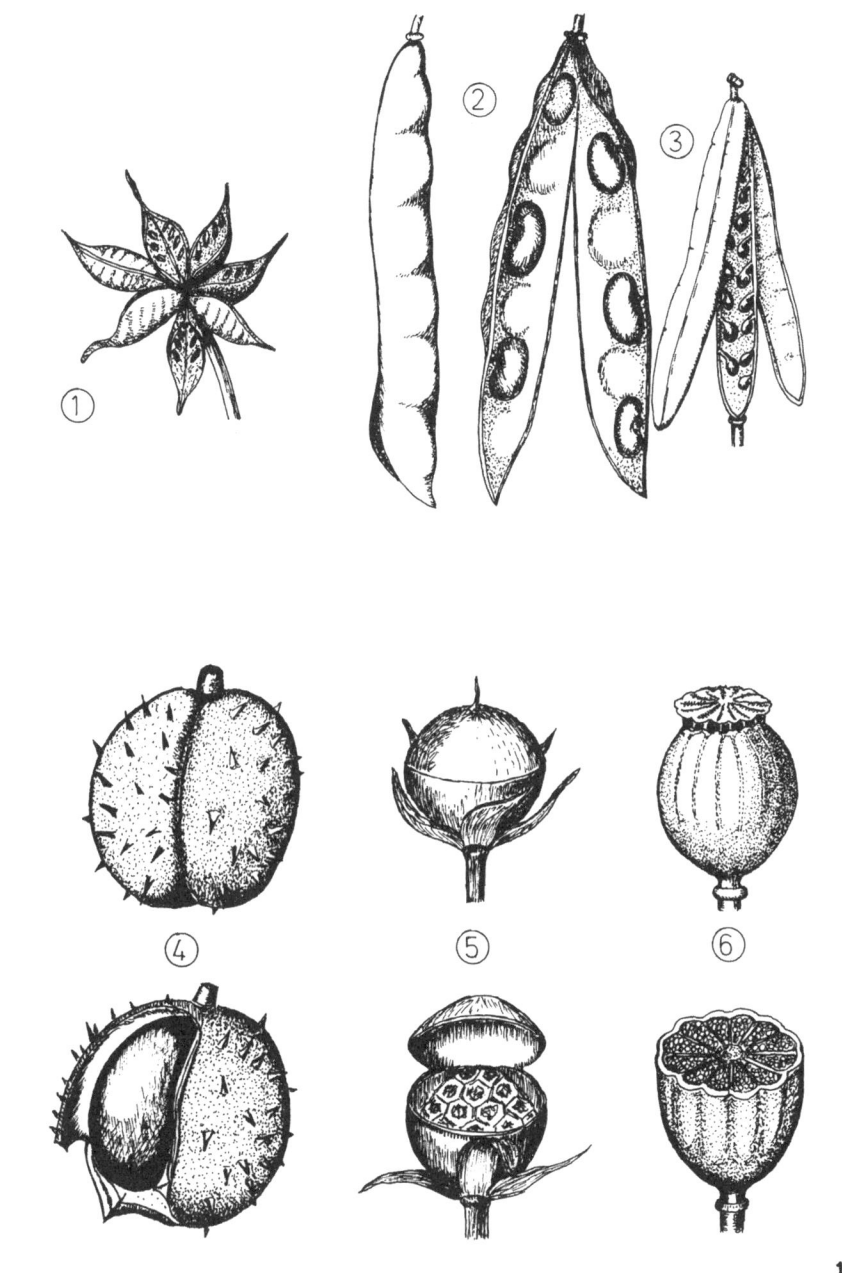

b) Schließfrüchte   Abbildung 73

Im Gegensatz zu den Streufrüchten, die sich bei der Reife öffnen und die Samen ausstreuen, bleibt das Perikarp der Schließfrucht, das meist nur einen Samen umhüllt, geschlossen. Die Frucht löst sich als Ganzes von der Pflanze.

1. Nüsse

   Das durch gebildete Steinzellen harte und trockene Perikarp der Nußfrucht umschließt meist nur einen Samen. Die Fruchtwand ist nicht mit der Samenschale verwachsen.
   Beispiele: Haselnuß (1), Eichel (2) (jeweils mit Fruchtlängsschnitt).
   Buckecker (3) mit Einzelfrucht, Linde (4), Edelkastanie.
   (Fb) = Fruchtbecher
   Birke (5) und Ulme (6) sind geflügelte Nüsse.

   Unterformen der Nußfrucht:
   Karyopse [1] wird die aus einem oberständigen Fruchtknoten gebildete Frucht der Süßgräser genannt. Fruchtwand und Samenschale sind miteinander verwachsen.
   Beispiele: Süßgräser, Getreide; Roggen (7) mit Fruchtlänsschnitt
   Achäne [2] ist eine aus einem unterständigen Fruchtknoten hervorgegangene Frucht, die besonders bei den Korbblütengewächsen auftritt. Die Fruchtwand ist mit der Samenschale verwachsen. Häufig tritt ein sogenannter Pappus (P) auf, ein zum Flugorgan umgebildeter Haarkelch.
   Beispiele: Sonnenblume (8) mit Fruchtlängsschnitt, Löwenzahn (9) mit Pappus; Arnika, Echte Kamille

2. Spaltfrüchte

   Der Fruchtknoten, aus zwei oder mehreren Fruchtblättern gebildet, teilt sich bei der Reife in einsamige Teilfrüchte.
   Beispiele: Die Früchte der Doldengewächse Anis, Kümmel (10), Fenchel u.a. teilen sich in zwei Teilfrüchte. Ahorn (11) eine geflügelte Spaltfrucht. Die Früchte der Lippenblütengewächse zerfallen in vier einsamige Teilfrüchte, die als Klausen bezeichnet werden: Spaltfrucht der Weißen Taubnessel (12) (zwei Kelchblätter entfernt, Gesamtfrucht, Teilfrucht = Klause). Die Spaltfrucht der Malve (13) zerfällt in viele Teilfrüchte.

---
1) karyon (gr.) = Nuß, Kern; opsis (gr.) = Aussehen; Karyopse = Grasfrucht
2) a- (gr.) = verneinende Vorsilbe; chainein (gr.) = sich öffnen; Achäne = für die meisten Korbblütengewächse (Asteraceae) typische Schließfrucht.

Abbildung 73

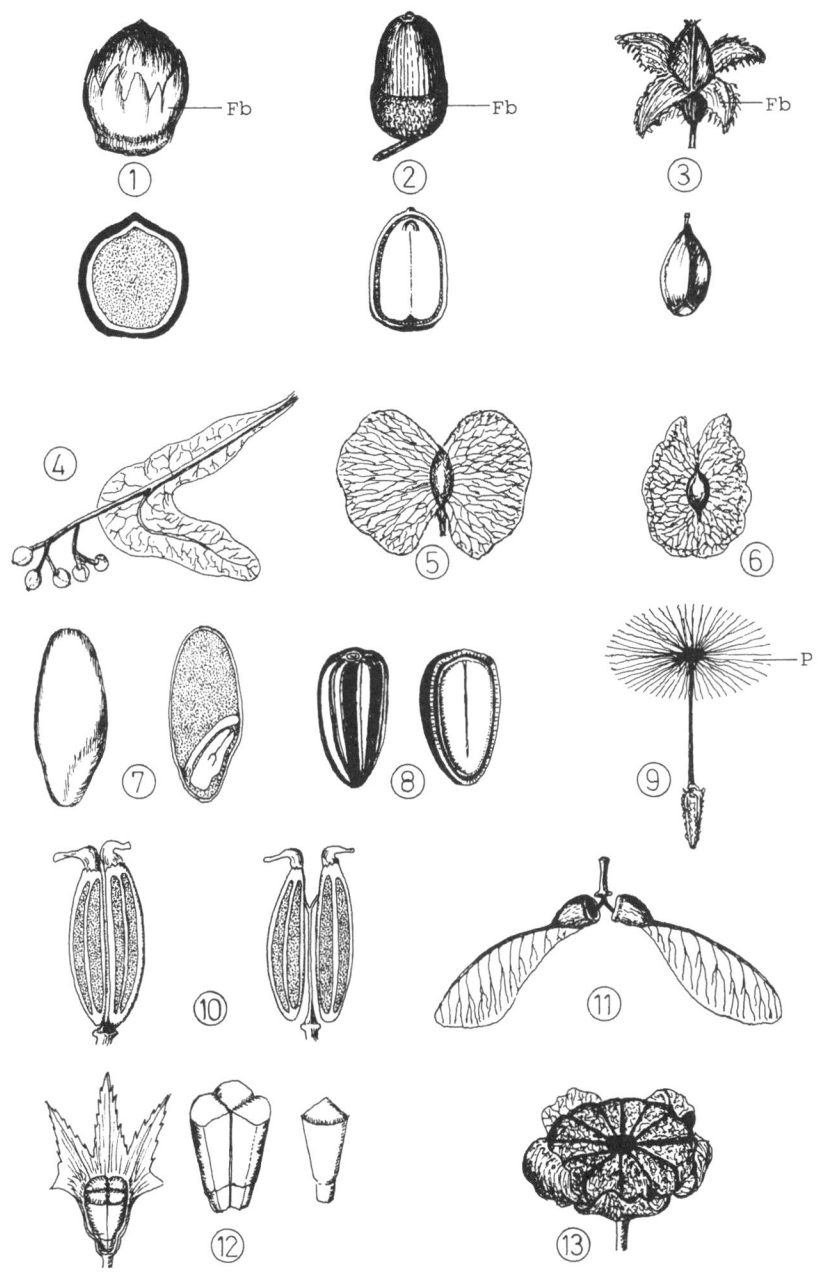

6.2.6.2. Saftige Früchte Abbildungen 74 und 75

Das Perikarp der saftigen Früchte ist mehr oder weniger fleischig oder saftig. Das Fruchtfleisch = Pulpa[1)] vieler saftiger Früchte stellt eine Lockspeise für Tiere dar, die dadurch zur Verbreitung der Samen beitragen.

a) Echte Früchte

Bei der echten Frucht ist das Perikarp, die Fruchtwand, aus der Wandung eines ober- oder mittelständigen Fruchtknotens hervorgegangen. Das den oder die Samen (Sa) umschließende Perikarp gliedert sich in ein außen liegendes Exokarp (Ex) und ein innen befindliches Endokarp (En). Zwischen beiden liegt das fleischige oder saftige Mesokarp (M).

1. Steinfrüchte ① ② ③ ④

   Es handelt sich um meist einsamige Früchte, deren Samen von einer Steinschale = Endokarp (En) eingeschlossen sind. Nach außen folgt eine fleischige oder saftige Schicht = Mesokarp (M). Ihr folgt als häutige Außenschicht das Exokarp (Ex).
   Beispiele : Kirsche ①, Pflaume ②, Pfirsich ③ und Walnuß ④ mit Längsschnitten der Früchte. Holunder, Olive, Kokosnuß

2. Beeren ⑤ ⑥ ⑦ ⑧

   Die Beerenfrucht ist fleischig oder saftig und von einer Außenschicht, der Fruchtwand = Exokarp, umgeben. Die von einer festen Schale = Endokarp umschlossenen Samen sind im Fruchtfleisch = Mesokarp eingebettet.
   Beispiele : Weinbeere ⑤ mit Schnittbild der Frucht, Johannisbeere, Stachelbeere, Tomate ⑥ (Schnittbild der Frucht), Gurke, Kürbis, Zitrone (Längsschnitt der Frucht) ⑦ , Paprika ⑧ (Schnittbild der trockenen Beere).

---

1) pulpa (l.) = Fleisch; Pulpa = Fruchtfleisch

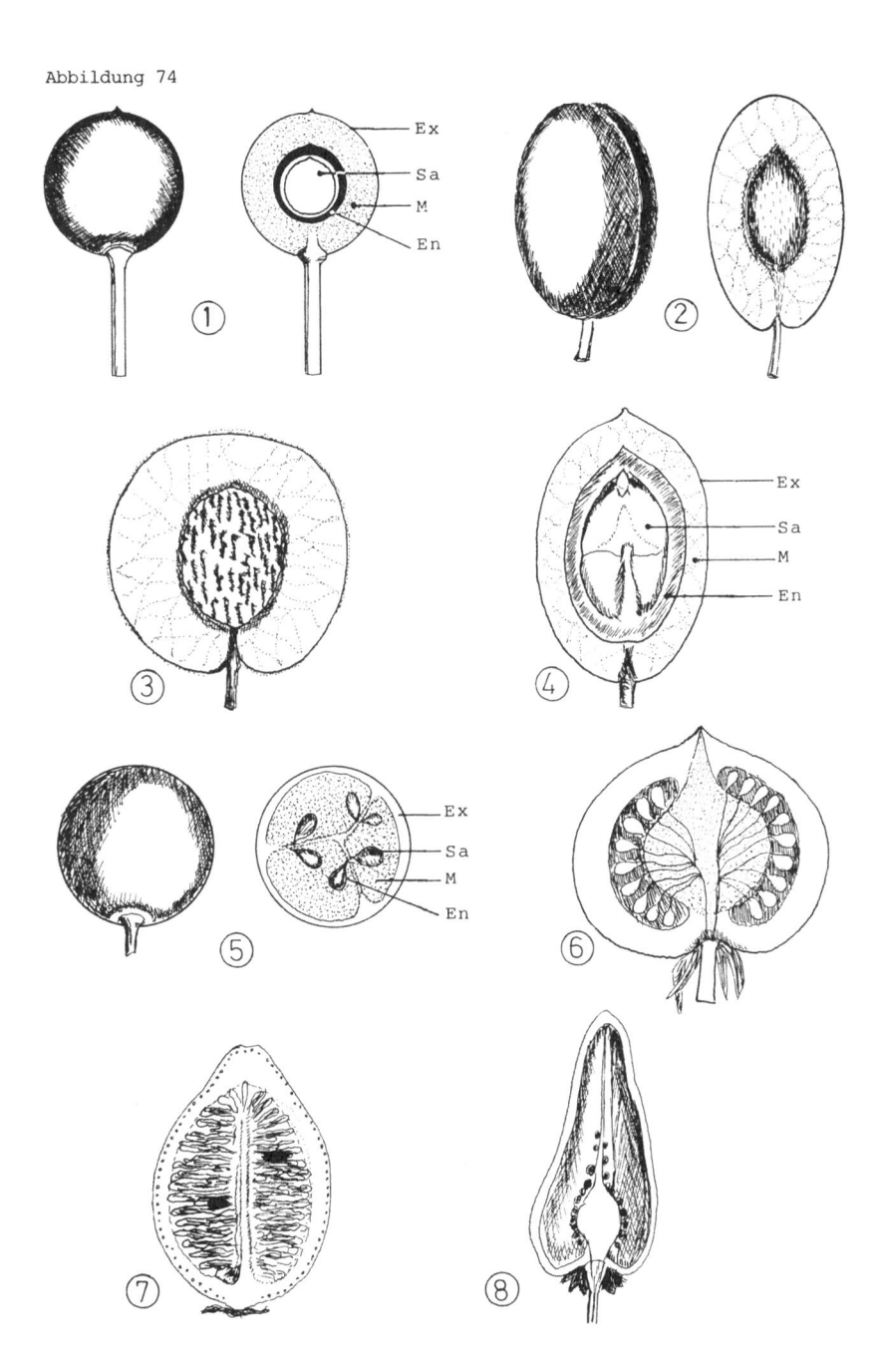

Abbildung 74

3. Sammelfrüchte ①②③   Abbildung 75

Aus vielen Fruchtknoten einer Blüte gehen Einzelfrüchte hervor, die zusammengefaßt, das Aussehen einer Einzelfrucht haben. An der Bildung einer solchen Sammelfrucht ist häufig die Blütenachse (Ba) beteiligt. Die Teilfrüchte werden nach der Reife geschlossen als Sammelfrucht verbreitet.

Beispiele :

① Erdbeere Die Früchte der Erdbeere sind Nüßchen, die auf der fleischig angewachsenen Blütenachse (Ba) sitzen. Die Abbildung zeigt eine Sammelfrucht und deren Längsschnitt.

② Himbeere Aus der Abbildung der reifen Sammelfrucht und deren Längsschnitt wird deutlich, daß es sich bei der Himbeere , wie auch bei der Brombeere, um eine Sammelfrucht handelt, deren Einzelfrüchte Steinfrüchtchen sind.

③ Hagebutte Die Frucht der Hunds- oder Hecken-Rose besteht aus einer krug- oder flaschenförmig gewachsenen Blütenschse (Ba), an deren Grund sich die mit langen Griffeln versehenen Nüßchen befinden (reife Sammelfrucht und deren Längsschnitt).

Der Sternanis besitzt eine Sammelfrucht, deren Einzelfrüchte den Balgfrüchten zugeordnet werden.

b) Scheinfrüchte ④⑤⑥

Scheinfrüchte entwickeln sich aus Blüten mit einem unterständigen Fruchtknoten. Vergleiche hierzu das Schnittbild einer Apfelblüte ④. An der Fruchtbildung ist in besonders starkem Maße die Blütenachse (Ba) beteiligt. Die eigentliche Frucht der Kernfrüchte
ist das sog. Kerngehäuse (Kh), das sich aus dem unterständigen Fruchtknoten mit fünf zweisamigen Fruchtblättern entwickelt hat. Vergleiche hierzu die Längsschnitte von Apfel ⑤ und Birne ⑥. Bei der reifen Frucht sind die Kelchblätter (Kb) noch im vertrockneten Zustand vorhanden.

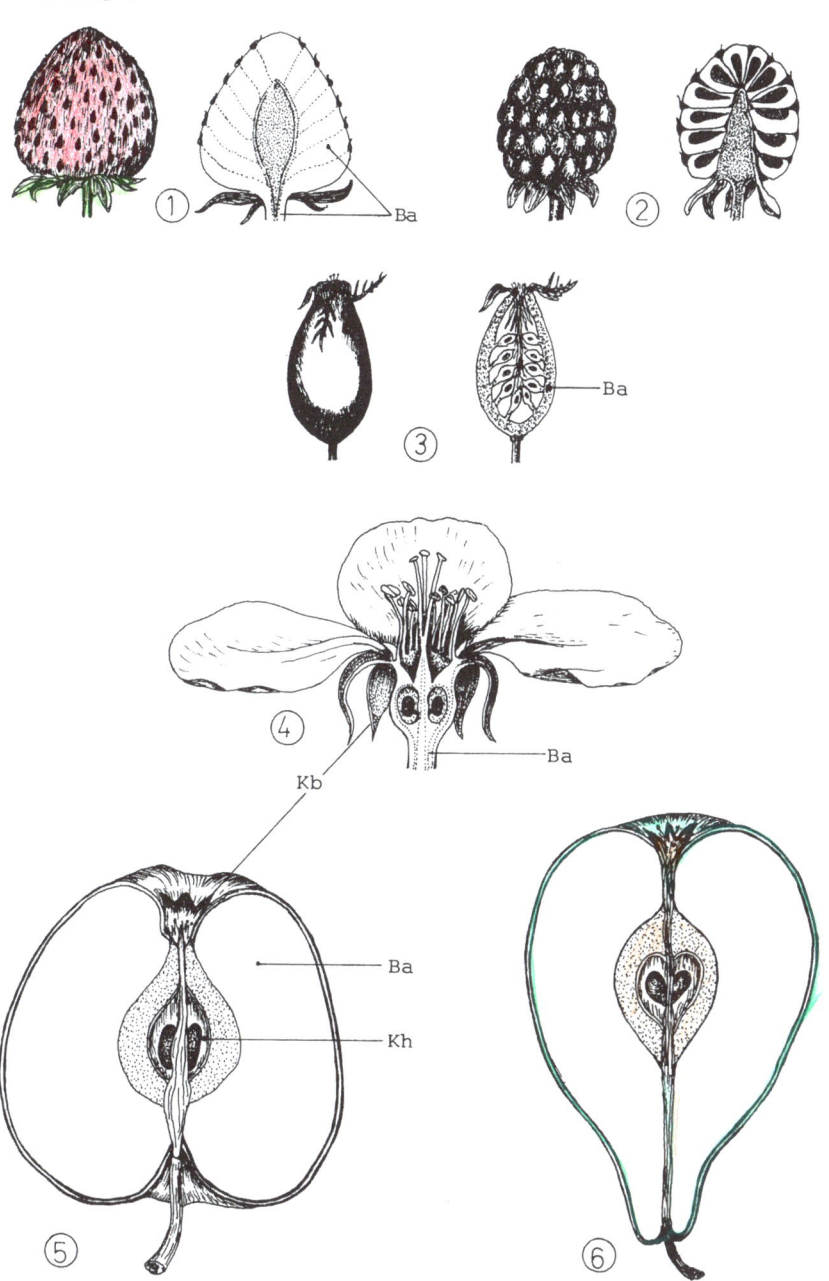

Abbildung 75

6.2.7. Verbreitung der Früchte und Samen

Die bestmögliche Verbreitung der von den Pflanzen hervorgebrachten Früchte bzw. Samen ist entscheidend für die Erhaltung der Pflanzenart und ihrer Ausbreitung über bestimmte Gebiete.

Nach der Samenreife lösen sich die Samen von der Mutterpflanze oder die Samen trennen sich mit der Frucht von ihr. Die morphologische Gestaltung der Früchte bzw. Samen (vgl. Abschnitt 6.2.6.) läßt zum Teil bereits Rückschlüsse auf die Art der Verbreitung zu.   Abbildungen 76 und 77

6.2.7.1. Selbstverbreitung

Manche Pflanzenarten verfügen über geeignete Vorrichtungen, die Samen über eine gewisse Entfernung selbst, d.h. aktiv, zu verbreiten. Bekannt ist die Schleudereinrichtung des Springkrautes ①. Bei Berührung der reifen Frucht rollen die Fruchtklappen auf und schleudern dabei die Samen fort. Es ist auffällig, daß die Pflanzen mit Schleudereinrichtung örtlich Massenbestände bilden.

Beispiele : Wiesenschaumkraut, Sauerklee

6.2.7.2. Fremdverbreitung

Die passive Verbreitung der Früchte und Samen ist gegenüber der aktiven viel ausgeprägter und vielfältiger. Wind, Wasser und Tiere sind in entscheidendem Maße an der Verbreitung beteiligt. Auch die beabsichtigte und unbeabsichtigte Tätigkeit des Menschen bei der Verbreitung der Früchte bzw. Samen bedarf hier der Erwähnung.

1. Windverbreitung

Kleine, zum Teil staubförmige Samen sind so leicht, daß sie vom Wind fortgetragen werden können.
Beispiele : Samen der Orchideen, Mohn, Fingerhut

Haarbildungen an Früchten und Samen erleichtern die Verbreitung durch den Wind über weite Entfernungen.
Beispiele : Pappel ②, Weide, Waldrebe, Federgras

Fallschirmartige Haargebilde besitzen Löwenzahn ③, Wiesenbocksbart, Baldrian u.a.

Geflügelte Früchte und Samen werden durch den Wind aus dem Bereich der fruchtenden Bäume getragen.
Beispiele : Tanne, Fichte ④, Ulme, Esche, Ahorn ⑤. Bei der Linde ⑥ ist der ganze Fruchtstand geflügelt (Hochblatt).

Abbildung 76

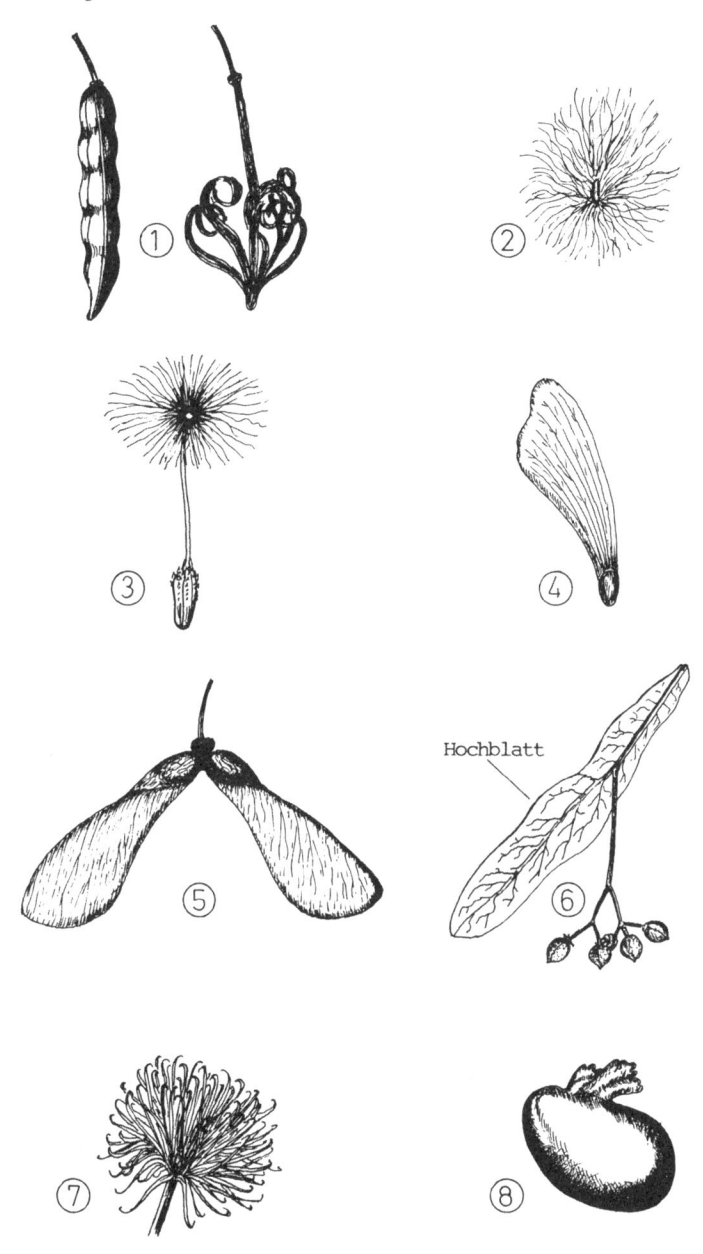

Hochblatt

Abbildungen 76 und 77

2. Wasserverbreitung

Schwimmfähige Früchte und Samen werden von Wasserläufen transportiert und durch Hochwasser auf den Flußauen abgelagert. Nach der Keimung bereichern dadurch neue Pflanzenarten die Pflanzengesellschaft der Stromtäler. Zu dieser Verbreitungsart zählen viele Kreuzblüten- und Korbblütengewächse.

3. Verbreitung durch Tiere

Viele Früchte und Samen sind so gestaltet, daß sie von Tieren beabsichtigt oder unbeabsichtigt verschleppt werden.

Haft- oder Hakenfrüchte sind mit Widerhaken versehene Früchte, die Tieren anhaften und somit fortgetragen werden.

Beispiele : Kleb-Labkraut, Nelkenwurz, Odermennig, der Fruchtstand der
Kleinen und der Großen Klette (7)

Lockfrüchte sind im Reifezustand meist auffallend gefärbt. Von Vögeln und anderen Tieren wird das Fruchtfleisch verzehrt, die Samen jedoch unverdaut ausgeschieden.

Beispiele : Eibe, Maiglöckchen, Johannisbeere, Eberesche = Vogelbeere,
Holunder, Tollkirsche, Mistel

Früchte und Samen werden von manchen Tieren zur Vorratshaltung gesammelt, verschleppt, teilweise vergraben, vergessen, so daß die Samen keimen und dadurch neue Pflanzenbestände bilden.

Beispiele : Eichhörnchen, Eichelhäher und Nagetiere sammeln Samen der
Nadelhölzer, Haselnüsse und Walnüsse

Ameisen verzehren die fett- und stärkehaltigen Anhangsgebilde bestimmter Samen, die dadurch verbreitet werden und sich deshalb nach der Keimung häufig an sog. Ameisenstrassen finden.

Beispiele : Gefleckte Taubnessel, Lerchensporn, Schöllkraut (8)

4. Verbreitung durch den Menschen

Beispiele für die beabsichtigte Verbreitung : Salbei, Melisse und viele andere Arzneipflanzen gelangten aus dem Mittelmeerraum nach Mitteleuropa. Mais und Bohne wurden von Südamerika nach Europa verbracht, Zitrusfrüchte kamen von Südost-Asien zum Mittelmeergebiet, der Kaffeebaum von Afrika nach Südamerika, während der Chinarinden- und der Kautschukbaum von Südamerika nach Südost-Asien gebracht wurden.

Beispiele für die unbeabsichtigte Verbreitung : Der Wegerich gelangte von Europa nach Amerika, das Kleinblütige Franzosenkraut wurde im Jahre 1800 mit Futtergetreide aus Südamerika nach Europa eingeschleppt.

Abbildung 77

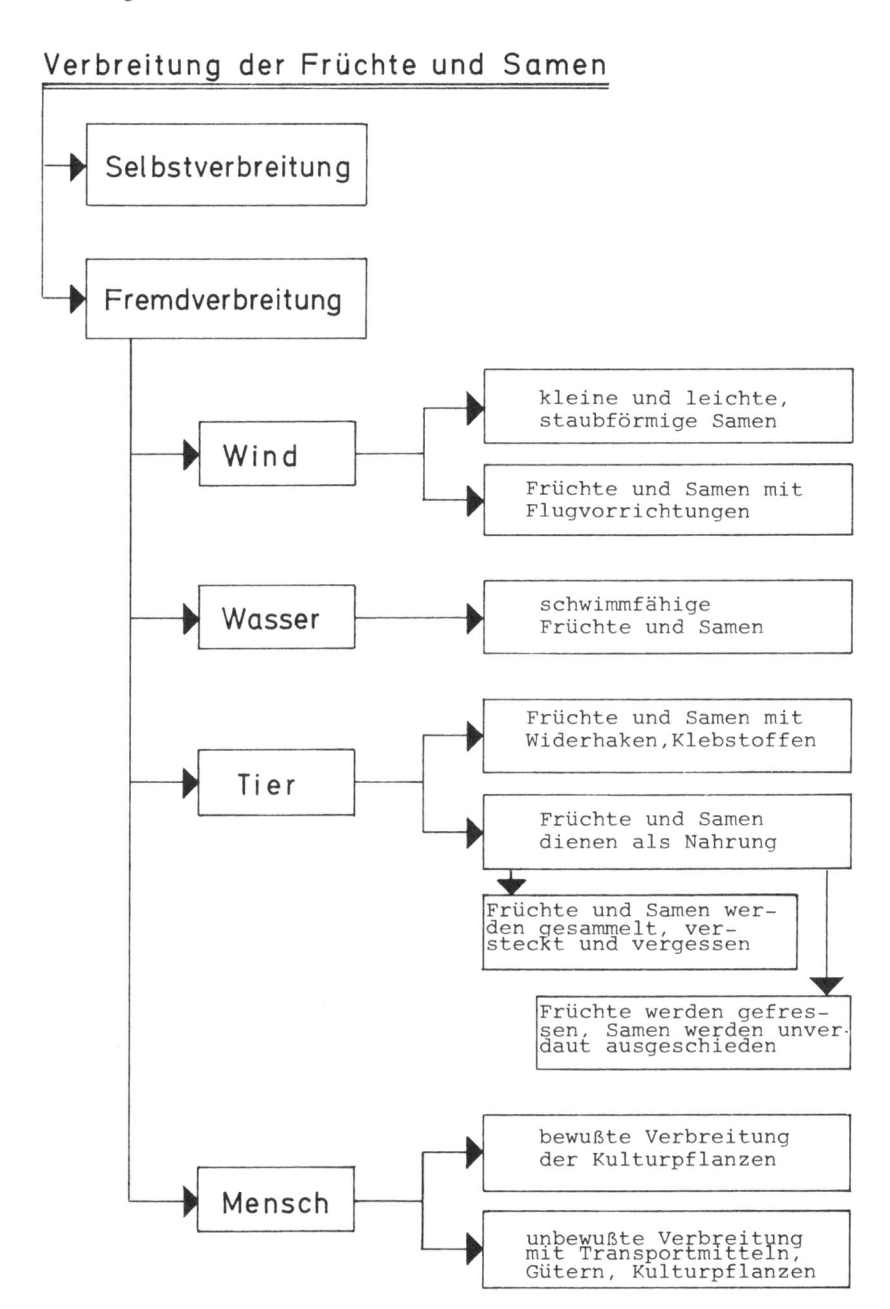

Verbreitung der Früchte und Samen

- Selbstverbreitung
- Fremdverbreitung
  - Wind
    - kleine und leichte, staubförmige Samen
    - Früchte und Samen mit Flugvorrichtungen
  - Wasser
    - schwimmfähige Früchte und Samen
  - Tier
    - Früchte und Samen mit Widerhaken, Klebstoffen
    - Früchte und Samen dienen als Nahrung
      - Früchte und Samen werden gesammelt, versteckt und vergessen
      - Früchte werden gefressen, Samen werden unverdaut ausgeschieden
  - Mensch
    - bewußte Verbreitung der Kulturpflanzen
    - unbewußte Verbreitung mit Transportmitteln, Gütern, Kulturpflanzen

6.2.8. Die Keimung des Samens

Abbildung 78

Nachdem sich der Samen von der Mutterpflanze getrennt hat, bedarf er zunächst einer je nach Pflanzenart unterschiedlich langen Ruhezeit. Während dieser Zeit sind die Lebensvorgänge des Keimlings stark eingeschränkt, werden aber durch bestimmte innere und äußere Einflüsse derart gesteigert, daß es zur Keimung des Samens kommt.

Als Keimungsbedingungen sind zu nennen :
Die Keimfähigkeit des Samens; Wasser und darin gelöste Nährsalze als Voraussetzung für die Quellung des Samens; Sauerstoff, der für eine gesteigerte Atmungstätigkeit nötig ist; eine optimale Keimtemperatur.

Der Keimungsvorgang soll in seinen Phasen bei der Gartenbohne (Phaseolus vulgaris) ① verdeutlicht werden :

Die Quellung des Samens wird durch Wasseraufnahme hervorgerufen. Enzyme ermöglichen die Umsetzung der in den Keimblättern vorhandenen Reservestoffe in wasserlösliche Verbindungen, um sie dem Keimling verfügbar zu machen. Die einsetzende Quellung des Sameninhaltes führt zu einer Volumenvergrößerung und damit zu einer Sprengung der Samenschale. Die Keimwurzel = (Kw) durchbricht die Samenschale und dringt in die Erde ein. Es bilden sich Seitenwurzeln (Sw), die vermehrt Wasser aufnehmen und der Keimpflanze einen festen Halt im Boden verschaffen. Die Keimlingssproßachse = Hypokotyl[1] (Hy) streckt sich und hebt die Keimblätter = Kotyledonen[2] (Ko) über die Erde. Diese ergrünen und können nach Erschöpfen der in ihnen enthaltenen Reservestoffe die notwendige CO_2-Assimilation bis zur Entfaltung der sog. Primärblätter = Erstlingsblätter (P) an der Sproßachse (Sp) übernehmen. Mit der Befähigung der jungen Pflanze zur autotrophen Ernährung ist der Keimvorgang beendet.

Der für die Gartenbohne dargestellte Keimungsvorgang wird als epigäische[3] Keimung bezeichnet. Für andere Pflanzenarten ist hingegen die hypogäische[4] Keimung typisch :

Die epigäische Keimung ② ist dadurch charakterisiert, daß die Keimblätter über der Erde erscheinen und damit erstes Organ der Photosynthese bis zur Entwicklung der Primärblätter sind.

Für die hypogäische Keimung ③ ist typisch, daß die Keimblätter im Boden verbleiben. Über der Erde erscheinen zuerst die zur Photosynthese befähigten Primärblätter.

---

1) hypo- (gr.) = unter-; kotyledon (gr.) = Saugwarze, 'Keimblatt'
2) kotyledon (gr.) = Saugwarze, 'Keimblatt'
3) epigaios (gr.) = auf der Erde
4) hypogaios (gr.) = unter der Erde

Abbildung 78

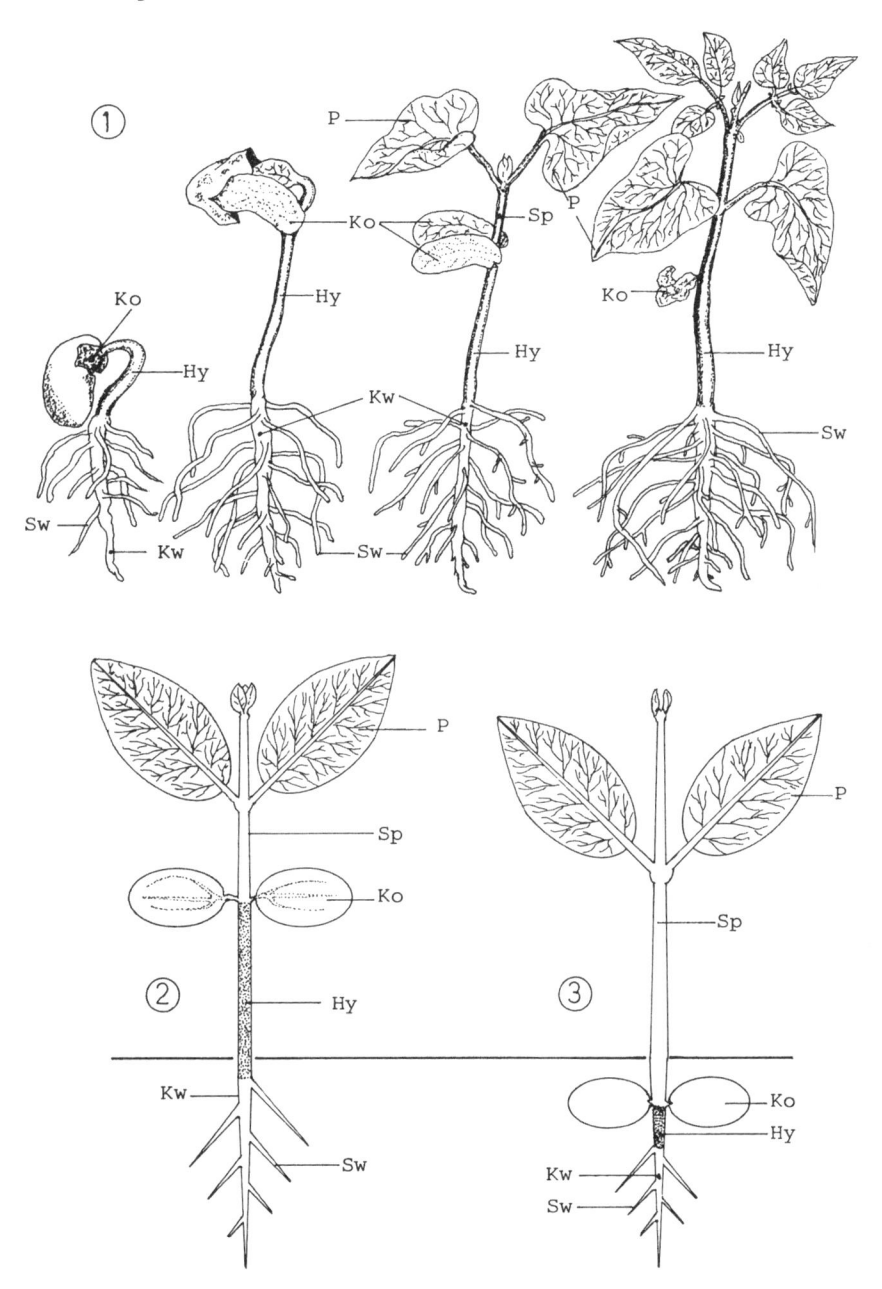

6.2.9. Die Blattfolge

Abbildung 79

Bei den Pflanzenorganen zeigen die Blätter die größte Formenvielfalt. Diese läßt sich bereits bei den Blättern einer ausgewachsenen Pflanze erkennen. An der Sproßachse findet sich eine Folge unterschiedlich gestalteter Blätter. Diese sog. Blattfolge spiegelt die Entwicklungsphasen der Pflanze wider.

Keimblätter

sind die ersten Blattorgane der jungen, keimenden Pflanze. Von einfacher Gestalt, besitzen die Monokotyledonen$^{1)}$ = Einkeimblättrigen ein Keimblatt, während die Dikotyledonen$^{2)}$ = Zweikeimblättrigen zwei, die Polykotyledonen$^{3)}$ = Viel- oder Mehrkeimblättrigen - so etwa die Nadelhölzer - 2 bis 15 Keimblätter aufweisen.

Niederblätter

treten an der Basis der Sproßachse auf. Sie sind häufig schuppenförmig, farblos und zur Photosynthese nicht befähigt. Bei vielen Einkeimblättrigen erfahren die Niederblätter im Erdbereich eine Umgestaltung zu einer Scheide, die den Sproß umfaßt (z.B. Gräser, Maiglöckchen) und schützt. Im Bereich der Laubblätter läßt sich eine Fülle von Übergangsformen der Blätter erkennen:

Primärblätter = Erstlingsblätter sind nach den Keimblättern die ersten zur Photosynthese befähigten Laubblätter. Sie sind meist von einfacherer Gestalt. Die ihnen nachfolgenden Laubblätter werden als Übergangsblätter bezeichnet. In ihrem Bereich finden sich weitere Übergangsformen, die letztlich zu der für die betreffende Pflanzenart typischen Gestalt des Laubblattes führen. Diese typischen Laubblätter sind die sog. Folgeblätter. Auch bei diesen Laubblättern können bisweilen weitere Umgestaltungen beobachtet werden, wenn die Blätter etwa besondere Funktionen übernehmen (siehe hierzu 3.5.3. 'Blattmetamorphosen').

Hochblätter

Geht ein Sproß zur Blütenbildung über, so ändert sich wiederum die Blattgestaltung. Die Blätter werden meist kleiner. Sonderformen des Hochblattes dienen etwa der Insektenanlockung - z.B. bei Kalla, Anthurium und Weihnachtsstern - oder der Verbreitung der Früchte bzw. Samen (z.B. Hochblatt der Linde). Hochblätter sind häufig in den reproduktiven Bereich der Pflanze einbezogen.

Blütenblätter

stellen mit den Kelch-, Blumen-, Staub- und Fruchtblättern metamorphosierte Laubblätter dar, deren Blattcharakter jedoch ohne weiteres nicht mehr erkennbar ist.

1) monos (gr.) = allein, einzig; kotyledon (gr.) = Saugwarze, 'Keimblatt'
2) di- (gr.) = zwei
3) poly (gr.) = viel

Abbildung 79

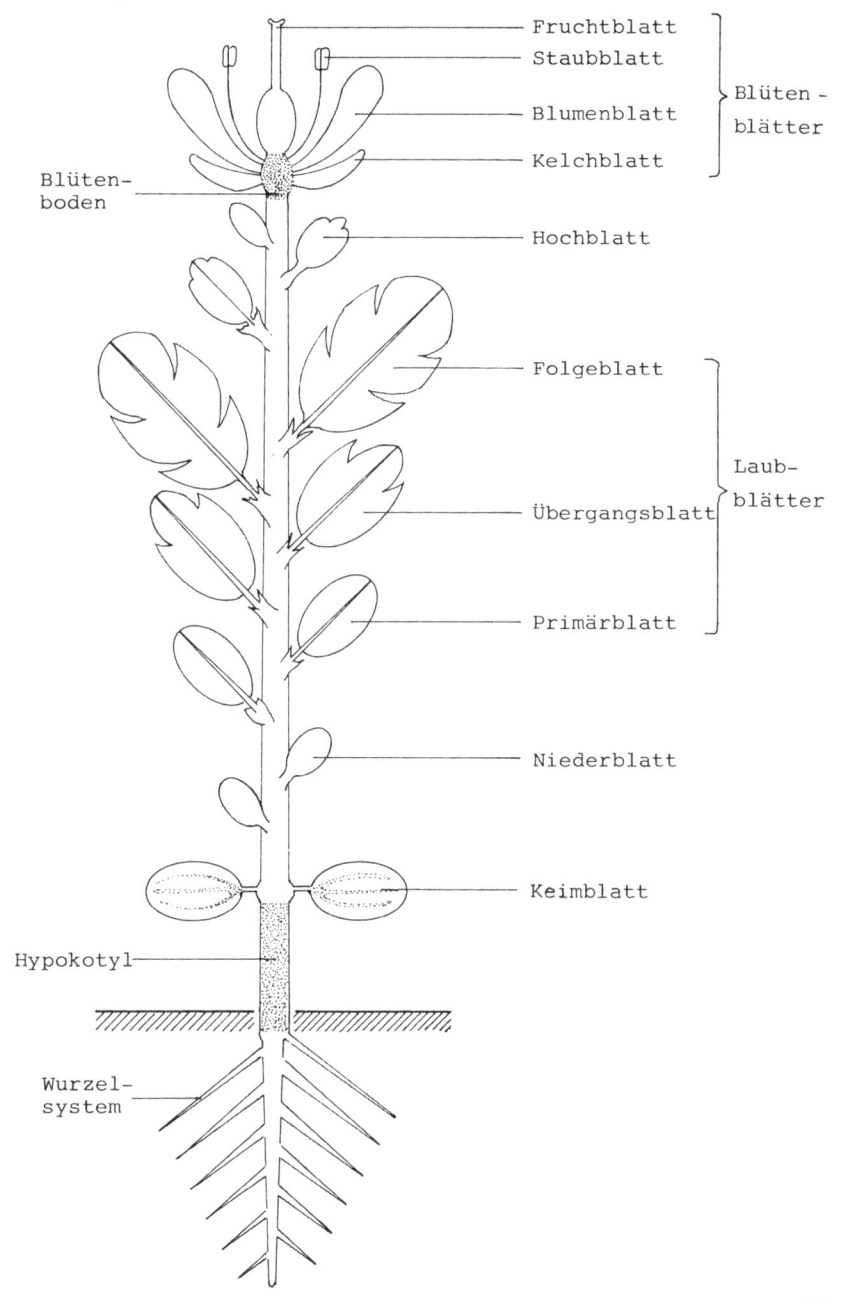

- Fruchtblatt ⎫
- Staubblatt ⎬ Blüten-
- Blumenblatt ⎬ blätter
- Kelchblatt ⎭

Blüten-
boden

- Hochblatt

- Folgeblatt   ⎫
- Übergangsblatt ⎬ Laub-
                 ⎬ blätter
- Primärblatt   ⎭

- Niederblatt

- Keimblatt

Hypokotyl

Wurzel-
system

6.2.10. Die Mendelschen Vererbungsregeln

Der Vergleich des Erscheinungsbildes von Elternpflanzen einer bestimmten Pflanzenart mit dem ihrer durch geschlechtliche Fortpflanzung erzeugten Nachkommen zeigt eine mehr oder weniger deutliche Übereinstimmung der Merkmale.

Die Lehre, die sich mit den Ursachen dieser Übereinstimmung und dem Fortbestand der Merkmale beschäftigt, wird als Vererbungslehre oder Genetik bezeichnet.

Bereits seit dem 18. Jahrhundert wurden von Wissenschaftlern viele Kreuzungsversuche mit Pflanzen und Tieren unternommen und statistische Untersuchungen bezüglich der Merkmale angestellt. Bei derartigen Kreuzungsversuchen erforschte der Augustinerpater Gregor MENDEL (1822 - 1884) den Erbgang bestimmter Merkmale und entdeckte dabei konstante Zahlenverhältnisse hinsichtlich der Merkmale in der Nachkommenschaft der von ihm ausgewählten Pflanzenarten. In seiner Veröffentlichung 'Versuche über Pflanzenhybriden' (1865) klassifizierte MENDEL die Ergebnisse der Kreuzungen und wertete diese mathematisch aus. Er fand damit die später nach ihm benannten Mendelschen Regeln (Gesetze) und folgerte, daß für die Vererbung von Merkmalen besondere 'Erbfaktoren' (Erbanlagen) bestimmend sein müssen.

Obwohl die Forschungsergebnisse MENDELs zunächst bei seinen Zeitgenossen kaum Beachtung fanden, legte MENDEL mit seinen Untersuchungen den Grundstein für die moderne Genetik. Im Jahre 1900 wurden die Mendelschen Regeln von den Forschern CORRENS, TSCHERMAK und DE VRIES wiederentdeckt. MENDELs 'Erbfaktoren' wurden mit den inzwischen entdeckten Chromosomen in Verbindung gebracht. Heute wissen wir, daß die Chromosomen noch nicht die eigentlichen 'Erbfaktoren' darstellen, diese vielmehr ihrerseits Träger vieler 'Erbfaktoren' sind. Die Träger der Erbanlagen erhielten im Jahre 1903 den Namen 'Gene'. Heute sind die Forschungen zur Genetik weiter fortgeschritten und bis zu den molekularen Grundlagen vorgestoßen.

Ein Gen kann in verschiedenen Allelen auftreten. Verschiedene Allele eines bestimmten Gens bewirken Unterschiede in dem von diesem Gen kontrollierten äußerlich erkennbaren Merkmal. Die Körperzellen eines Organismus sind diploid, weil jedes Gen ein väterliches und ein mütterliches Allel aufweist. Sind die beiden Allele des betreffenden Gens gleich, so gilt der Organismus in Bezug auf dieses Gen als 'reinerbig', treten hingegen unterschiedliche Allele im Gen auf, so bezeichnet man den Organismus als 'mischerbig'. Bei Mischerbigkeit können verschiedene Merkmalsausbildungen auftreten: Bestimmt nur ein Allel das Merkmal, während die 'Wirkung' des anderen Allels überdeckt wird, so gilt das merkmalsbestimmende Allel als dominant, das unterlegende Allel als rezessiv. Häufig liegt das Merkmal bei der Nachkommenschaft hingegen in der Mitte zwischen den Merkmalen der Elterngeneration. Eine derartige Erscheinungsform nennt man eine intermediäre Merkmalsausbildung.

Bei einem Organismus muß zwischen seinem äußeren Erscheinungsbild, das durch die Gesamtheit der morphologischen Strukturen und auch physiologischen Leistungen geprägt wird, und den für die Merkmalsausbildung verantwortlichen Erbanlagen unterschieden werden. Das Erscheinungsbild eines Organismus bezeichnet man als Phänotyp, während die Gesamtheit der in den Genen auftretenden Erbanlagen als Genotyp gilt. Die Blüte einer Pflanze kann phänotypisch 'rosa' sein, genotypisch jedoch mischerbig 'rot' und 'weiß'.

Betont sei, daß nicht Merkmale vererbt werden. Vererbt werden Erbanlagen, welche die Ausbildung von Merkmalen bedingen.

Die praktische Bedeutung der Genetik im Bereich der Botanik liegt vor allem in der Neuzüchtung von Nutzpflanzen.

Nachfolgend sollen die drei Mendelschen Vererbungsregeln vorgestellt und erläutert werden.

Allel: allelon (gr.) = einander, gegenseitig; die einander entsprechenden
     Erbanlagen homologer Chromosomen
Chromosom: chroma (gr.) = Farbe, soma (gr.) = Körper
diploid: diploos (gr.) = doppelt, -ides (gr.) = -ähnlich, -artig
dominant: dominans (l.) = herrschend
Genotyp: genos (gr.) = Geburt, Abstammung; typos (gr.) = Vorbild, Muster;
     Gesamtheit der genetischen Anlagen
haploid: haploos (gr.) = einfach
homolog: homologein (gr.) = übereinstimmen, herkunftsgleich
intermediär: inter (l.) = zwischen; medius (l.) = Mitte
Phänotyp: phainein (gr.) = sichtbar machen; äußeres Erscheinungsbild
rezessiv: recedere, recessum (l.) = zurückweichen
P = Parentalgeneration = Elterngeneration
F_1 = 1. Filialgeneration = erste Tochtergeneration
F_2 = 2. Filialgeneration = zweite Tochtergeneration

1. Mendelsche Regel

Uniformitätsregel - Gleichheit der Filialgeneration F_1

A. Intermediärer Erbgang   Abbildung 80

Die Abbildung 80 verdeutlicht das klassische Beispiel für die Kreuzung zweier Japanischer Wunderblumen (Mirabilis jalapa), die sich im Merkmal der Blütenfarbe (rot und weiß) phänotypisch unterscheiden. In den reinerbigen Eltern P_I und P_{II} befinden sich auf homologen Chromosomen jeweils zwei Allelpaare für 'rot' und 'weiß', die mit den Symbolen RR und WW gekennzeichnet sind. Nachdem sich die Allele bei der Bildung der haploiden Geschlechtszellen voneinander getrennt haben, wird durch die Befruchtung je ein väterliches und ein mütterliches Allel zusammengeführt. Die entstehenden Wunderblumen sind in der F_1-Generation daher mischerbig (rosa). Es handelt sich um Hybride (Bastarde), die alle die Allelkombination RW aufweisen.

Beim intermediären Erbgang liegt das hybride Merkmal zwischen der Merkmalsausbildung der reinerbigen Eltern.

B. Dominanter Erbgang   Abbildung 81

In Abbildung 81 wird das Schema einer Kreuzung rot- und weißblühender Löwenmäulchen dargestellt. Die reinerbig diploiden Körperzellen zeigen die Allelpaare RR bzw. rr. Das Allel R ist merkmalbestimmend = dominant, während das Allel r unterlegen = rezessiv ist. Bei diesem dominant-rezessiven Erbgang sind deshalb alle Blüten der F_1-Generation einheitlich rot.

Aus den beiden dargestellten Kreuzungen resultiert die

> **1. Mendelsche Regel**
> Uniformitätsregel - Gleichheit der Filialgeneration F_1
> Kreuzt man reinerbige Individuen, die sich in einem Allelpaar unterscheiden, dann sind alle F_1 - Hybriden untereinander gleich (uniform).

A. Intermediärer Erbgang   Abbildung 80

Reinerbige diploide Körperzellen mit homogem Chromosomensatz und den Allelen
R = rot, W = weiß

P_I x P_{II}

P = Parentalgeneration

Haploide Geschlechtszellen mit nur einem Allel

Befruchtung

Gemischterbige dipolide Körperzellen

F_1 = 1. Filialgeneration

B. Dominanter Erbgang   Abbildung 81

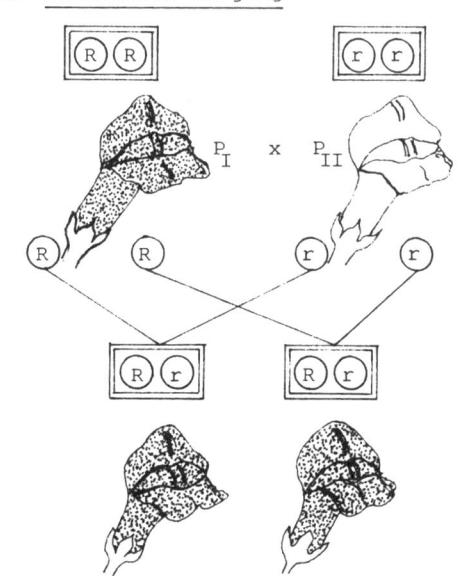

Reinerbige diploide Körperzellen mit den Allelen
R = rot (dominant)
r = weiß (rezessiv)

P_I x P_{II}

P = Parentalgeneration

Haploide Geschlechtszellen mit nur einem Allel

Befruchtung

Gemischterbige diploide Körperzellen

F_1 = 1. Filialgeneration

2. Mendelsche Regel
Spaltungsregel

Die Abbildung 82 zeigt, daß aus dem <u>intermediären Erbgang</u> hervorgegangene einheitlich mischerbige Japanische Wunderblumen der F_1-Generation unter sich weiter gekreuzt werden. Die Nachkommen der rosablühenden Pflanzen sind in der F_2-Generation zu jeweils 25% weiß- bzw. rotblühend, zu 50% rosablühend. Die rot- und weißblühenden Wunderblumen wurden reinerbig herausgemendelt und gleichen ihren Großeltern. Die rosablühenden mischerbigen Wunderblumen spalten sich, unter sich weiter gekreuzt, immer wieder im Verhältnis 1:2:1 auf.
Wird zu diesem Kreuzungsvorgang eine große Anzahl von Versuchsergebnissen statistisch ausgewertet, so treten die einzelnen Allelkombinationen im Durchschnitt mit gleicher Häufigkeit auf:
    RR 25%, RW 50%, WW 25%.
Damit spaltet die F_2-Generation im Verhältnis 1:2:1 in die verschiedenen Genotypen auf.

Abbildung 83
Das Kombinationsverhältnis 1:2:1 gilt auch für die Aufspaltung der F_2-Generation, die aus dem <u>dominanten Erbgang</u> (Abb. 81) hervorgeht. Da jedoch die Löwenmäulchen-Hybriden den Phänotyp des dominanten R-Allels zeigen, spaltet sich die F_2-Generation hier phänotypisch im Verhältnis 3:1 auf.
Aus beiden Kreuzungsvorgängen und der Aufspaltung im Phänotyp ergibt sich die

---

2. Mendelsche Regel
   Spaltungsregel

Kreuzt man F_1-Hybriden, die für ein Allelpaar mischerbig sind, so spaltet sich die F_2-Generation nicht einheitlich, sondern nach bestimmten Zahlenverhältnissen auf.

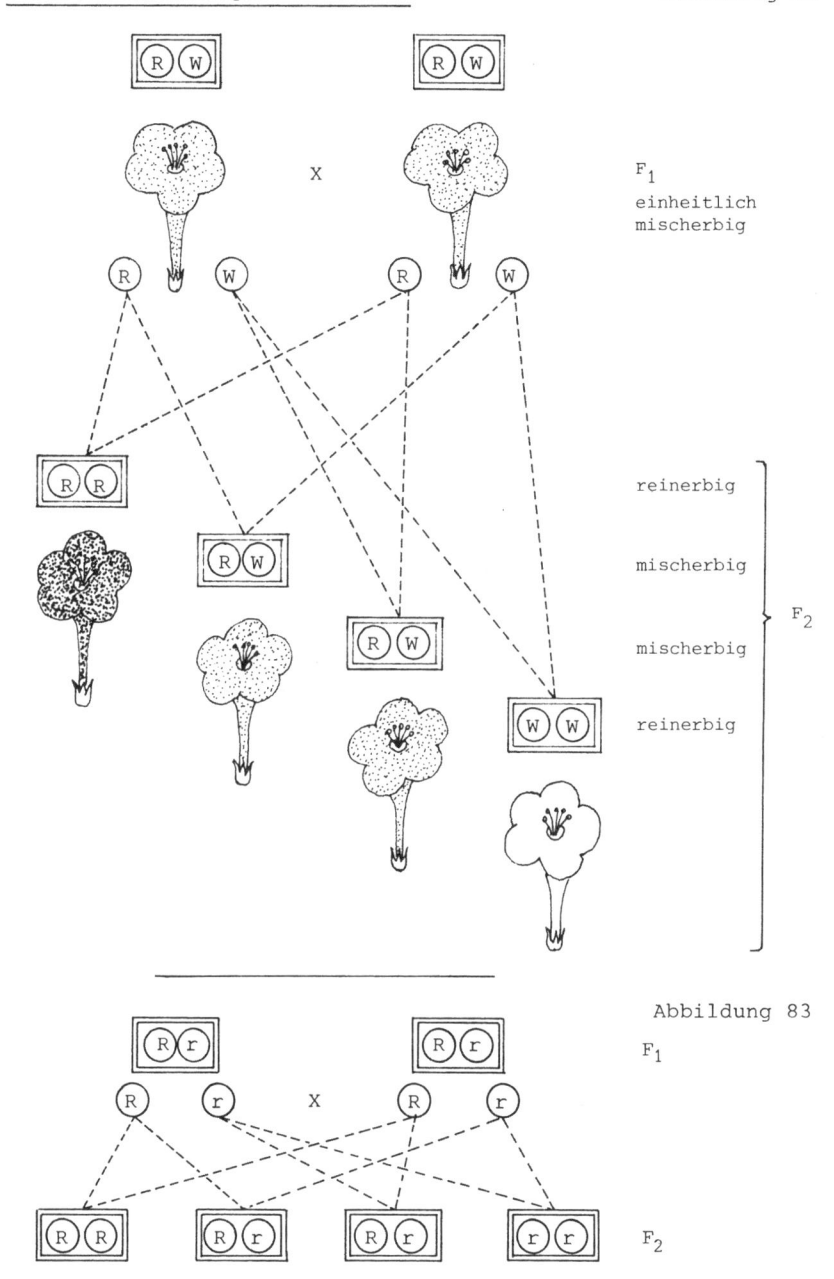

Aufspaltung der F₁ - Generation

Abbildung 82

F₁ einheitlich mischerbig

reinerbig
mischerbig
mischerbig
reinerbig
} F₂

Abbildung 83

F₁

F₂

3. Mendelsche Regel
Unabhängigkeitsregel - Neukombination der Gene

Werden Individuen gekreuzt, die sich in zwei oder gar mehreren Allelen voneinander unterscheiden, so kommt es zu einer echten und dauerhaften Neukombination von Erbanlagen.

MENDEL kreuzte bei einem seiner Versuche (siehe Abbildung 84) eine Erbsensorte mit runden (RR) gelben (GG) Samen und eine solche mit runzeligen (rr) und grünen (gg) Samen. Das Allel R gilt für rund (dominant), das Allel r für runzelig (rezessiv), das Allel G für gelb (dominant) und das Allel g für grün (rezessiv).

In der F_1-Generation treten nur runde gelbe Samen auf, was der 1. Mendelschen Regel -Uniformitätsregel- entspricht. In dieser Generation werden nun vier Arten von Geschlechtszellen ausgebildet (RG, Rg, rG und rg), die 16 verschiedene Möglichkeiten der Befruchtung ergeben.

In der F_2 Generation treten somit runde gelbe, runde grüne, runzelig gelbe und runzelig grüne Samen auf. Neben den beiden Elternformen (rund gelb und runzelig grün) sind zwei neue, reinerbige Erbsensorten entstanden (RRgg - rund grün und rrGG - runzelig gelb), die eine echte Neukombination von Erbanlagen aufweisen. Damit spaltet der Phänotyp der F_2-Generation im Verhältnis 9:3:3:1 auf, wobei 9 Samen beide dominanten Merkmale zeigen, bei einem Samen beide rezessiven Merkmale auftreten, während bei 3 + 3 Samen die beiden möglichen Kombinationen dominanter und rezessiver Merkmale vertreten sind. Die neue Zusammenstellung der Gene ist Folge der freien Kombinationsmöglichkeit der Allele zu vier Typen von Geschlechtszellen und deren Verschmelzungsmöglichkeiten.

---

3. Mendelsche Regel
Unabhängigkeitsregel - Neukombination der Gene
Einzelne Merkmalsanlagen werden unabhängig voneinander nach der Spaltungsregel vererbt.

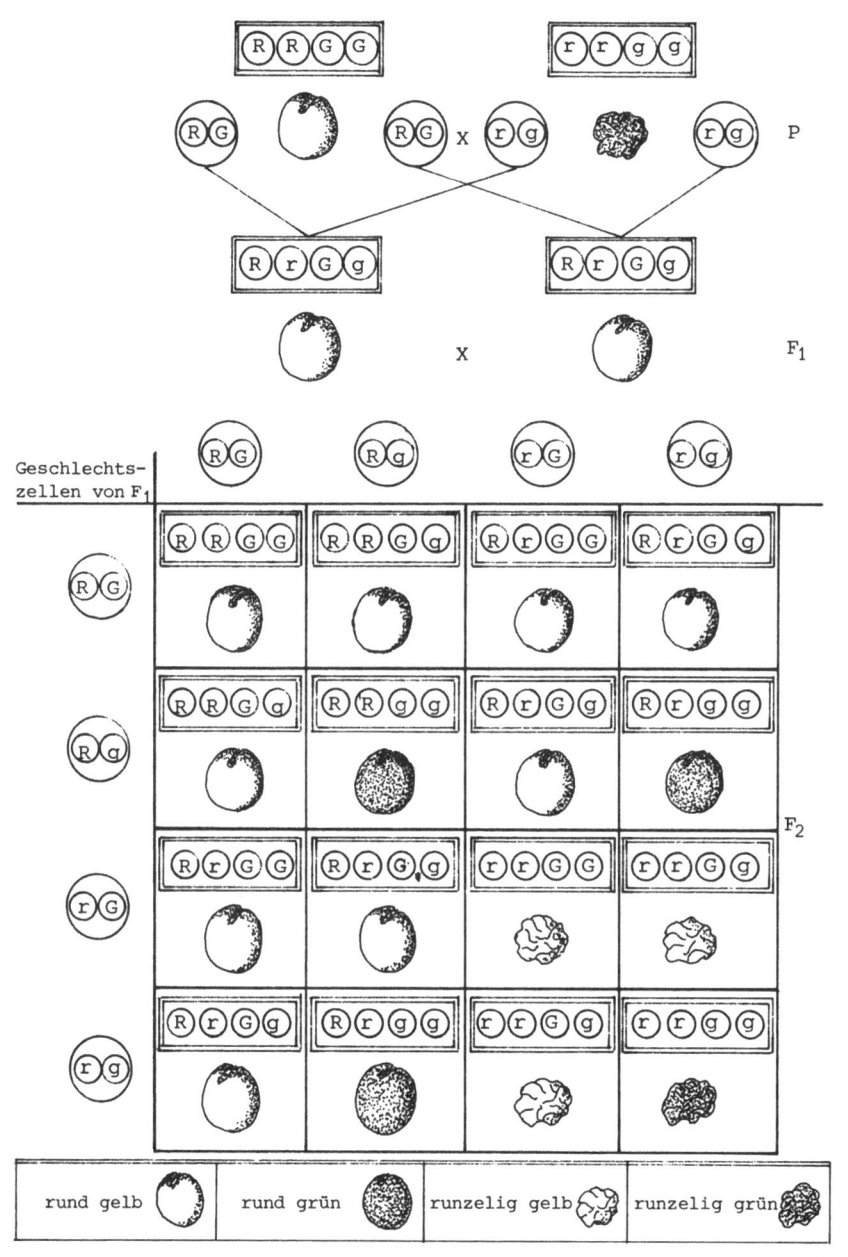

Neukombination der Erbanlagen   Abbildung 84

7. Systematik

Seit jeher ist es ein Anliegen des beobachtenden und forschenden Menschen gewesen, die Objekte seiner Studien in ein überschaubares Ordnungsgefüge einzugliedern. So hat auch die Formenfülle unserer Pflanzenwelt mit ihren etwa 380 000 Pflanzenarten Veranlassung gegeben, die Pflanzen nicht nur zu beschreiben und zu benennen, sondern auch nach bestimmten Gesichtspunkten zu ordnen. Eine solche Ordnung wird als System[1] bezeichnet. Beschreibung, Benennung und Ordnung der Pflanzen ist Aufgabe einer besonderen Teilwissenschaft, der Systematik oder Taxonomie[2].

7.1. Einleitung
Abbildung 85

Für das Aufstellen eines Pflanzensystems können unterschiedliche Gesichtspunkte maßgebend sein.

Carl von LINNÉ (1707 - 1778), schwedischer Naturforscher, stellte in seinem Werk 'Systema Naturae' im Jahre 1735 ein sog.

künstliches System auf, in dem das Pflanzenreich unter Berücksichtigung der Geschlechtsorgane der Pflanzen - Zahl und Stellung der Blütenorgane- in 24 Klassen gegliedert ist. Die heute gebräuchlichen Systeme, die als

natürliche Systeme bezeichnet werden, streben hingegen nicht nur eine überschaubare Ordnung der mannigfaltig gestalteten Pflanzenarten nach den äußeren Merkmalen, sondern auch ein System unter Berücksichtigung der verwandtschaftlichen Beziehungen der Pflanzenarten untereinander an.

Das bedeutet, daß die Pflanzenarten nach dem Verwandtschaftsgrad zu Gattungen, diese zu Familien, diese wiederum zu Ordnungen, Klassen und Abteilungen zusammengefaßt werden.

Ein natürliches System ist demzufolge auch ein Stammbaum der Pflanzen, weil es auf der Erkenntnis beruht, daß sich entwicklungsgeschichtlich die komplizierteren Formen aus einfacheren entfaltet haben. Vergleiche hierzu die 'Gliederung des Pflanzenreiches' in Abbildung 85.

Unterschiedliche Auffassungen über die verwandtschaftliche Stellung vieler Pflanzenarten und Gattungen im Pflanzensystem spiegeln sich in den Darstellungen der verschiedenen Lehrbücher wider. Das auf den Seiten 172 ff. aufgeführte 'Natürliche Pflanzensystem' ist in Anlehnung an 'Strasburger', Lehrbuch der Botanik, 1971, und Frohne und Jensen, Systematik des Pflanzenreichs, 1973.

---

1) systema (gr.) = Zusammenstellung
2) taxis (gr.) = Ordnung, Aufstellung; nomen (l.) = Name, Benennung

Abbildung 85
Gliederung des Pflanzenreiches

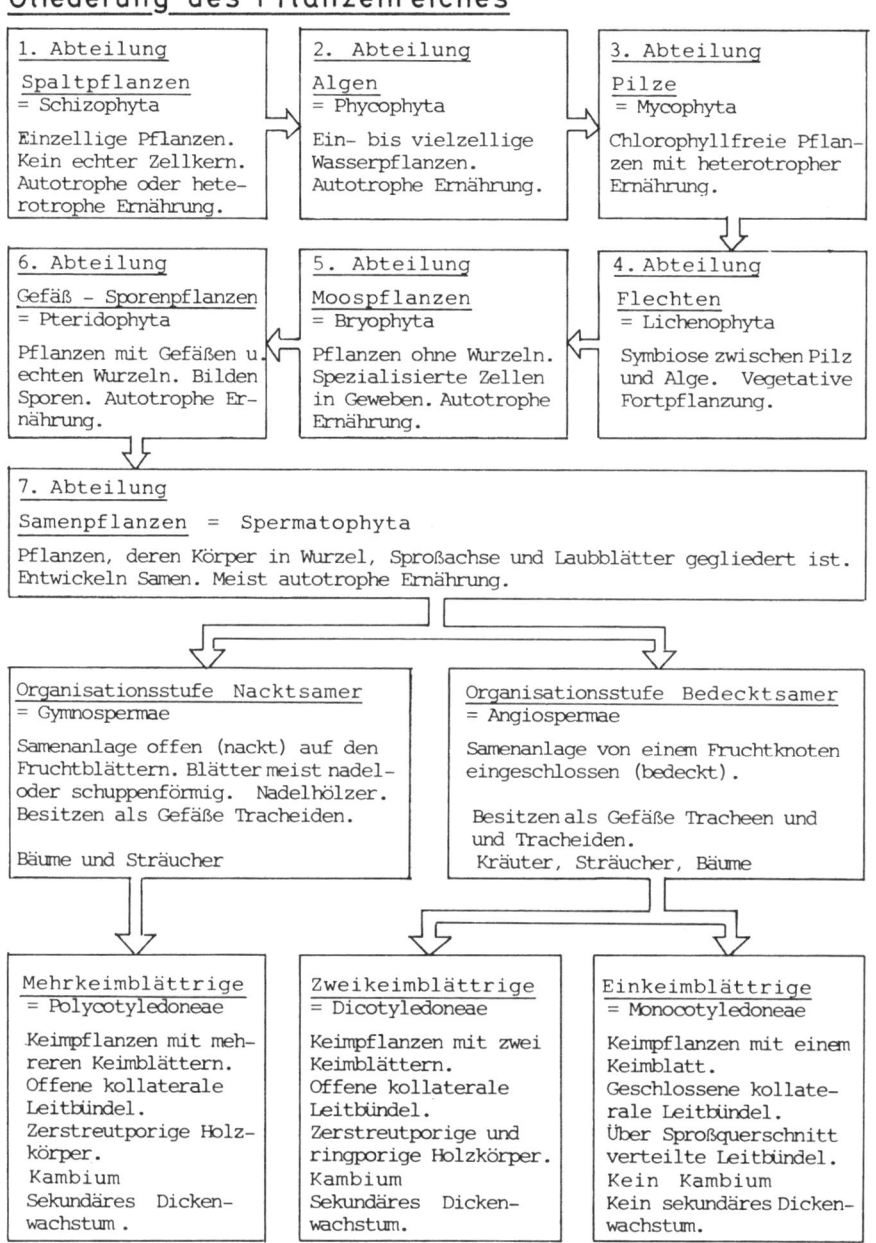

1. Abteilung	2. Abteilung	3. Abteilung
Spaltpflanzen = Schizophyta	Algen = Phycophyta	Pilze = Mycophyta
Einzellige Pflanzen. Kein echter Zellkern. Autotrophe oder heterotrophe Ernährung.	Ein- bis vielzellige Wasserpflanzen. Autotrophe Ernährung.	Chlorophyllfreie Pflanzen mit heterotropher Ernährung.

6. Abteilung	5. Abteilung	4. Abteilung
Gefäß - Sporenpflanzen = Pteridophyta	Moospflanzen = Bryophyta	Flechten = Lichenophyta
Pflanzen mit Gefäßen u. echten Wurzeln. Bilden Sporen. Autotrophe Ernährung.	Pflanzen ohne Wurzeln. Spezialisierte Zellen in Geweben. Autotrophe Ernährung.	Symbiose zwischen Pilz und Alge. Vegetative Fortpflanzung.

7. Abteilung

Samenpflanzen = Spermatophyta

Pflanzen, deren Körper in Wurzel, Sproßachse und Laubblätter gegliedert ist. Entwickeln Samen. Meist autotrophe Ernährung.

Organisationsstufe Nacktsamer = Gymnospermae	Organisationsstufe Bedecktsamer = Angiospermae
Samenanlage offen (nackt) auf den Fruchtblättern. Blätter meist nadel- oder schuppenförmig. Nadelhölzer. Besitzen als Gefäße Tracheiden. Bäume und Sträucher	Samenanlage von einem Fruchtknoten eingeschlossen (bedeckt). Besitzen als Gefäße Tracheen und und Tracheiden. Kräuter, Sträucher, Bäume

Mehrkeimblättrige = Polycotyledoneae	Zweikeimblättrige = Dicotyledoneae	Einkeimblättrige = Monocotyledoneae
Keimpflanzen mit mehreren Keimblättern. Offene kollaterale Leitbündel. Zerstreutporige Holzkörper. Kambium Sekundäres Dickenwachstum.	Keimpflanzen mit zwei Keimblättern. Offene kollaterale Leitbündel. Zerstreutporige und ringporige Holzkörper. Kambium Sekundäres Dickenwachstum.	Keimpflanzen mit einem Keimblatt. Geschlossene kollaterale Leitbündel. Über Sproßquerschnitt verteilte Leitbündel. Kein Kambium Kein sekundäres Dickenwachstum.

7.2. Botanische Nomenklatur

Die volkstümlichen Pflanzennamen geben oft zu Verwechslungen Anlaß. In der Botanik bedarf es hingegen einheitlicher Bezeichnungen der Pflanzen, zumal zu einer weltweiten Verständigung. Deshalb erfolgt die Benennung der Wild- und Kulturpflanzen mit wissenschaftlichen, d.h. botanischen Namen in lateinischer Form. Geregelt wird die Pflanzenbenennung durch den 'Internationalen Code der Botanischen Nomenklatur'. Für die gärtnerische Praxis gilt der 'Internationale Code der Nomenklatur der Kulturpflanzen', der für die Benennung von Neuzüchtungen, Sorten usw. von Bedeutung ist.

Die von Linné im Jahre 1735 eingeführte binäre Nomenklatur [1] weist jeder Pflanzenart einen Doppelnamen zu. Dieser wissenschaftliche Pflanzenname besteht aus einem Gattungsnamen als Hauptwort und aus dem angefügten 'spezifischen Epitheton'[2], das umgangssprachlich als 'Artname' bezeichnet wird. Gattungsnamen werden mit großen, die 'Artnamen', also die Epitheta, grundsätzlich mit kleinen Anfangsbuchstaben geschrieben.

Zur eindeutigen Kennzeichnung einer Pflanzenspezies[3] wird in Fachbüchern der Botanik, aber auch z.B. der Pharmakognosie und ebenso im Deutschen Arzneibuch, dem wissenschaftlichen Pflanzennamen der sog. Autorenname angefügt. Dabei handelt es sich um den Namen des Botanikers, der die betreffende Pflanze zuerst beschrieben und gültig benannt hat. Üblich sind dabei Abkürzungen, für die hier einige Beispiele angeführt werden :

    L. = Linné   SCOP. = Scopoli   EHRH. = Ehrhart

    ALL. = Allioni   MILL. = Miller   D.C. = A.D. de Candolle

Für die Benennung der Pflanzen gilt, wie angedeutet wurde, die sog. Prioritätsregel. Danach muß bei Gefäßpflanzen evtl. bis zur 1. Auflage des 'Species Plantarum' von Linné im Jahre 1735 zurückgegangen werden, weil der erstveröffentlichte Name einer Pflanzenart vorrangig ist. So verwundert es nicht, daß Linné als Autor vieler Pflanzen in der wissenschaftlichen Literatur angeführt wird. Einige Beispiele sollen dies erhellen :

    Lamium album L.   = Weiße Taubnessel
    Mirabilis jalapa L.   = Wunderblume
    Digitalis purpurea L.   = Roter Fingerhut
    Pulmonaria officinalis L. = Echtes Lungenkraut
    Salvia officinalis L.   = Echte Salbei
    Atropa bella-donna L.   = Tollkirsche

---

1) binarius (l.) = zwei enthaltend; nomenclatio (l.) = Benennung
2) epitheton (gr.-l.) = als Beifügung gebrauchtes Eigenschaftswort
3) species (l.) = besondere Art der Gattung

In der botanischen Fachliteratur finden sich häufig bei der Benennung der Pflanzenarten sog. Synonyme[1]. Darunter versteht man verschiedene Namen für ein und dieselbe Pflanzenart. Hierzu sollen einige Beispiele angegeben werden, wobei der nicht gültige Pflanzenname in eckige Klammern gesetzt ist :

Cassia senna L. = Spitzblättrige Kassie,
[*Cassia acutifolia* DEL.] Sennespflanze

Syzygium aromaticum (L.) MERR. et L.M.PERRY
[*Eugenia aromatica* (L.) BAILL.] = Gewürznelkenbaum

Tilia platyphyllos SCOP.
[*Tilia grandifolia* EHRH.] = Sommer-Linde

Grundlage für die Einteilung des Pflanzenreiches und damit für die Einordnung der Pflanzenarten (vgl. 'Das natürliche Pflanzensystem' S. 172 ff.) ist die international festgelegte Reihenfolge der Rangstufen. Am Beispiel der bereits erwähnten Pflanzenart 'Lamium album L. = Weiße Taubnessel' soll dies verdeutlicht werden :

Die Art *Lamium album* L. = Weiße Taubnessel zählt mit den Lamium-
Arten *Lamium amplexicaule* L. = Stengelumfassende Taubnessel,
Lamium maculatum L. = Gefleckte Taubnessel,
Lamium purpureum L. = Purpurrote Taubnessel u.a. zur

Gattung *Lamium* = Taubnessel. Diese bildet wiederum mit anderen verwandtschaftlich nahestehenden Gattungen *Salvia* - Salbei, *Melissa* - Melisse, *Mentha* - Minze, *Thymus* - Thymian u.a. die
Familie *Lamiaceae* = Lippenblütengewächse.

Damit ist die Vorgehensweise (in der nachfolgenden Aufstellung durch Pfeil gekennzeichnet) für die Einordnung der Pflanzenarten in das natürliche Pflanzensystem angedeutet :

▲ Abteilung	*Spermatophyta*	Samenpflanzen
Unterabteilung	*Magnoliophytina*	Bedecktsamer
Klasse	*Magnoliatae*	Zweikeimblättrige
Ordnung	*Lamiales*	Lippenblütenartige
Familie	*Lamiaceae*	Lippenblütengewächse
Gattung	*Lamium*	Taubnessel
Art	*album*	Weiße

Die für die Benennung gültigen Endungen sind in der Aufstellung unterstrichen.

In der Literatur finden sich noch wissenschaftliche Familienbezeichnungen, die nicht mehr den gültigen Namenklaturregeln entsprechen. In der nachfolgenden Aufstellung sind die bisherigen Familienbezeichnungen in Klammern gesetzt :

Apiaceae = [*Umbelliferae*] = Doldengewächse
Asteraceae = [*Compositae*] = Korbblütengewächse
Brassicaceae = [*Cruciferae*] = Kreuzblütengewächse
Fabaceae = [*Papilionaceae*] = Schmetterlingsblütengewächse
Lamiaceae = [*Labiatae*] = Lippenblütengewächse
Poaceae = [*Gramineae*] = Süßgräser

---

1) Synonym (gr.) = sinnverwandtes Wort

7.3. Das natürliche Pflanzensystem

In Anlehnung an
'Strasburger', Lehrbuch der Botanik, Stuttgart 1971, 30. Auflage und
D. Frohne und U. Jensen, Systematik des Pflanzenreiches, Stuttgart 1973

1. Abteilung	:	Schizophyta - Spaltpflanzen
2. Abteilung	:	Phycophyta - Algen
3. Abteilung	:	Mycophyta - Pilze
4. Abteilung	:	Lichenophyta - Flechten
5. Abteilung	:	Bryophyta - Moospflanzen
6. Abteilung	:	Pteridophyta - Gefäß-Sporenpflanzen
1. Klasse	:	Psilophytatae - Urfarne
2. Klasse	:	Lycopodiatae - Bärlappe
1. Ordnung	:	Lycopodiales - Bärlappartige
Familie	:	Lycopodiaceae - Bärlappgewächse
Familie	:	Huperziaceae - Teufelsklauengewächse
2. Ordnung	:	Selaginellales - Moosfarnartige
Familie	:	Selaginellaceae - Moosfarngewächse
3. Klasse	:	Isoëtatae - Brachsenkräuter
1. Ordnung	:	Isoëtales - Brachsenkrautartige
Familie	:	Isoëtaceae - Brachsenkrautgewächse
4. Klasse	:	Equisetatae - Schachtelhalme
1. Ordnung	:	Equisetales - Schachtelhalmartige
Familie	:	Equisetaceae - Schachtelhalmgewächse
5. Klasse	:	Filicatae - Farne (im engeren Sinne)
1. Unterklasse	:	Eusporangiatae - Derbkapselige Farne
1. Ordnung	:	Ophioglossales - Natternzungenartige
Familie	:	Ophioglossaceae - Natternzungengewächse
2. Unterklasse	:	Leptosporangiatae - Zartkapselige Farne
1. Ordnung	:	Osmundales - Rispenfarnartige
Familie	:	Osmundaceae - Rispenfarngewächse
Familie	:	Polypodiaceae - Tüpfelfarngewächse
2. Ordnung	:	Marsileales - Kleefarnartige
Familie	:	Marsileaceae - Kleefarngewächse
3. Ordnung	:	Salviniales - Schwimmfarnartige
Familie	:	Salviniaceae - Schwimmfarngewächse
Familie	:	Azollaceae - Algenfarngewächse

7. Abteilung   : Spermatophyta   - Samenpflanzen

Organisationsstufe   Gymnospermae   - Nacktsamer
1. Unterabteilung   : Coniferophytina - Nadelblättrige Nacktsamer
  1. Klasse   : Ginkgoatae   - Ginkgoähnliche
    1. Ordnung   : Ginkgoales   - Ginkgoartige
       Familie   : Ginkgoaceae - Ginkgogewächse
  2. Klasse   : Pinatae   - Kiefernähnliche
    1. Unterklasse   : Pinidae (=Coniferae) - Nadelhölzer
      1. Ordnung   : Pinales   - Kiefernartige
         Familie   : Pinaceae   - Kieferngewächse
         Familie   : Taxodiaceae - Sumpfzypressengewächse
         Familie   : Cupressaceae - Zypressengewächse
    2. Unterklasse   : Taxidae   - Eibenähnliche
      1. Ordnung   : Taxales   - Eibenartige
         Familie   : Taxaceae   - Eibengewächse
2. Unterabteilung   : Cycadophytina - Fiederblättrige Nacktsamer

Organisationsstufe   Angiospermae - Bedecktsamer
3. Unterabteilung   : Magnoliophytina (=Angiospermae)-Bedecktsamer
  1. Klasse   : Magnoliatae (=Dicotyledoneae)-Zweikeimblättrige
    1. Unterklasse   : Magnoliidae (=Polycarpicae)-Vielfrüchtige
      1. Überordnung   : Magnolianae - Magnolienähnliche
        1. Ordnung   : Magnoliales - Magnolienartige
           Familie   : Magnoliaceae - Magnoliengewächse
           Familie   : Myristicaceae - Muskatnußgewächse
           Familie   : Lauraceae   - Lorbeergewächse
        2. Ordnung   : Piperales   - Pfefferartige
           Familie   : Piperaceae   - Pfeffergewächse
        3. Ordnung   : Aristolochiales - Osterluzeiartige
           Familie   : Aristolochiaceae - Osterluzeigewächse
        4. Ordnung   : Nymphaeales - Seerosenartige
           Familie   : Nymphaeaceae - Seerosengewächse
           Familie   : Ceratophyllaceae - Hornblattgewächse
      1. Überordnung   : Ranunculanae - Hahnenfußähnliche
        5. Ordnung   : Ranunculales - Hahnenfußartige
           Familie   : Ranunculaceae - Hahnenfußgewächse
           Familie   : Berberidaceae - Berberitzengewächse

6. Ordnung	:	Papaverales – Mohnartige
Familie	:	Papaveraceae – Mohngewächse
Familie	:	Fumariaceae – Erdrauchgewächse
2. Unterklasse	:	Hamamelididae (=Amentiferae) – Kätzchenblütige
1. Ordnung	:	Hamamelidales – Hamamelisartige
Familie	:	Hamamelidaceae – Hamamelisgewächse
Familie	:	Platanaceae – Platanengewächse
2. Ordnung	:	Fagales – Buchenartige
Familie	:	Fagaceae – Buchengewächse
Familie	:	Betulaceae – Birkengewächse
Familie	:	Corylaceae – Haselgewächse
3. Ordnung	:	Urticales – Brennesselartige
Familie	:	Ulmaceae – Ulmengewächse
Familie	:	Moraceae – Maulbeergewächse
Familie	:	Cannabaceae – Hanfgewächse
Familie	:	Urticaceae – Brennesselgewächse
4. Ordnung	:	Myricales – Gagelartige
Familie	:	Myricaceae – Gagelgewächse
5. Ordnung	:	Juglandales – Walnußartige
Familie	:	Juglandaceae – Walnußgewächse
3. Unterklasse	:	Rosidae (=Rosiflorae) – Rosenblütige
1. Überordnung	:	Rosanae – Rosenähnliche
1. Ordnung	:	Saxifragales – Steinbrechartige
Familie	:	Crassulaceae – Dickblattgewächse
Familie	:	Saxifragaceae – Steinbrechgewächse
Familie	:	Parnassiaceae – Herzblattgewächse
Familie	:	Droseraceae – Sonnentaugewächse
2. Ordnung	:	Rosales – Rosenartige
Familie	:	Rosaceae – Rosengewächse
3. Ordnung	:	Fabales (=Leguminosae) – Hülsenfrüchtler
Familie	:	Caesalpiniaceae – Johannisbrotgewächse
Familie	:	Mimosaceae – Mimosengewächse
Familie	:	Fabaceae (=Papilionaceae) – Schmetterlingsblütengew.
4. Ordnung	:	Grossulariales – Stachelbeerartige
Familie	:	Grossulariaceae – Stachelbeergewächse
Familie	:	Philadelphiaceae – Pfeifenstrauchgewächse

2. Überordnung : Myrtanae - Myrtenähnliche
  5. Ordnung : Myrtales - Myrtenartige
    Familie : Myrtaceae - Myrtengewächse
    Familie : Punicaceae - Granatbaumgewächse
    Familie : Onagraceae - Nachtkerzengewächse
    Familie : Lythraceae - Blutweiderichgewächse
    Familie : Trapaceae - Wassernußgewächse
  6. Ordnung : Haloragales - Seebeerenartige
    Familie : Haloragaceae - Seebeerengewächse
    Familie : Hippuridaceae - Tannenwedelgewächse
  7. Ordnung : Elaeagnales - Ölweidenartige
    Familie : Elaeagnaceae - Ölweidengewächse
3. Überordnung : Rutanae - Rautenähnliche
  8. Ordnung : Rutales - Rautenartige
    Familie : Rutaceae - Rautengewächse
    Familie : Anacardiaceae - Sumachgewächse
    Familie : Burseraceae - Balsambaumgewächse
    Familie : Simaroubaceae - Bittereschengewächse
  9. Ordnung : Sapindales - Spindelbaumartige
    Familie : Aceraceae - Ahorngewächse
    Familie : Staphyleaceae - Pimpernußgewächse
    Familie : Hippocastanaceae - Roßkastaniengewächse
  10. Ordnung : Geraniales - Storchschnabelartige
    Familie : Oxalidaceae - Sauerkleegewächse
    Familie : Linaceae - Leingewächse
    Familie : Geraniaceae - Storchschnabelgewächse
    Familie : Tropaeolaceae - Kapuzinerkressengewächse
  11. Ordnung : Polygalales - Kreuzblümchenartige
    Familie : Polygalaceae - Kreuzblümchengewächse
4. Überordnung : Celastranae - Baumwürgerähnliche
  12. Ordnung : Celastrales - Baumwürgerartige
    Familie : Aquifoliaceae - Stechpalmengewächse
    Familie : Celastraceae - Baumwürgergewächse
  13. Ordnung : Rhamnales - Kreuzdornartige
    Familie : Rhamnaceae - Kreuzdorngewächse
    Familie : Vitaceae - Weinrebengewächse
  14. Ordnung : Euphorbiales - Wolfsmilchartige
    Familie : Buxaceae - Buchsbaumgewächse
    Familie : Euphorbiaceae - Wolfsmilchgewächse

15. Ordnung	:	Santales - Sandelholzartige
Familie	:	Santalaceae - Sandelholzgewächse
Familie	:	Loranthaceae - Mistelgewächse
5. Überordnung	:	Arialianae (=Umbelliflorae) - Doldenblütige
16. Ordnung	:	Cornales - Hartriegelartige
Familie	:	Cornaceae - Hartriegelgewächse
17. Ordnung	:	Apiales - Doldenblütenartige
Familie	:	Araliaceae - Araliengewächse
Familie	:	Hydrocotylaceae - Wassernabelgewächse
Familie	:	Apiaceae (=Umbelliferae) - Doldengewächse
4. Unterklasse	:	Dilleniidae - Dillenienähnliche
1. Überordnung	:	Dillenianae - Dillenienblütige
1. Ordnung	:	Paeoniales - Pfingstrosenartige
Familie	:	Paeoniaceae - Pfingstrosengewächse
2. Ordnung	:	Theales (=Guttiferales) - Teestrauchartige
Familie	:	Theaceae - Teestrauchgewächse
Familie	:	Hypericaceae (=Guttiferae) - Hartheugewächse
Familie	:	Elatinaceae - Tännelgewächse
3. Ordnung	:	Violales (=Cistales) - Veilchenartige
Familie	:	Violaceae - Veilchengewächse
Familie	:	Cistaceae - Cistrosengewächse
Familie	:	Passifloraceae - Passionsblumengewächse
Familie	:	Tamaricaceae - Tamariskengewächse
4. Ordnung	:	Capparales (=Cruciales) - Kapernstrauchartige
Familie	:	Brassicaceae (=Cruciferae) - Kreuzblütengewächse
Familie	:	Resedaceae - Resedengewächse
5. Ordnung	:	Salicales - Weidenartige
Familie	:	Salicaceae - Weidengewächse
6. Ordnung	:	Begoniales - Begonienartige
Familie	:	Begoniaceae - Begoniengewächse
7. Ordnung	:	Cucurbitales - Kürbisartige
Familie	:	Cucurbitaceae - Kürbisgewächse
2. Überordnung	:	Malvanae - Malvenblütige
8. Ordnung	:	Malvales - Malvenartige
Familie	:	Malvaceae - Malvengewächse
Familie	:	Tiliaceae - Lindengewächse
Familie	:	Bombacaceae - Kapokbaumgewächse
Familie	:	Sterculiaceae - Kakaobaumgewächse

	9. Ordnung	:	Thymelaeales	– Spatzenzungenartige
	Familie	:	Thymelaeaceae	– Spatzenzungengewächse
3. Überordnung		:	Ericanae	– Heidekrautblütige
	10. Ordnung	:	Ericales	– Heidekrautartige
	Familie	:	Ericaceae	– Heidekrautgewächse
	Familie	:	Pyrolaceae	– Wintergrüngewächse
	Familie	:	Monotropaceae	– Fichtenspargelgewächse
	Familie	:	Empetraceae	– Krähenbeerengewächse
	11. Ordnung	:	Ebenales	– Ebenholzbaumartige
	Familie	:	Styracaceae	– Styraxgewächse
	12. Ordnung	:	Primulales	– Primelartige
	Familie	:	Primulaceae	– Primelgewächse
5. Unterklasse		:	Caryophyllidae	– Nelkenähnliche
	1. Ordnung	:	Caryophyllales	– Nelkenartige
	Familie	:	Caryophyllaceae	– Nelkengewächse
	Familie	:	Cactaceae	– Kakteen
	Familie	:	Portulacaceae	– Portulakgewächse
	Familie	:	Nyctaginaceae	– Wunderblumengewächse
	Familie	:	Chenopodiaceae	– Gänsefußgewächse
	Familie	:	Amaranthaceae	– Amarantgewächse
	2. Ordnung	:	Polygonales	– Knöterichartige
	Familie	:	Polygonaceae	– Knöterichgewächse
	3. Ordnung	:	Plumbaginales	– Bleiwurzartige
	Familie	:	Plumbaginaceae	– Bleiwurzgewächse
6. Unterklasse		:	Asteridae	– Asternähnliche
1. Überordnung		:	Lamianae	– Röhrenblütige
	1. Ordnung	:	Gentianales (=Contortae)	– Enzianartige
	Familie	:	Gentianaceae	– Enziangewächse
	Familie	:	Menyanthaceae	– Fieberkleegewächse
	Familie	:	Apocynaceae	– Hundsgiftgewächse
	Familie	:	Asclepiadaceae	– Seidenpflanzengewächse
	Familie	:	Rubiaceae	– Rötegewächse
	Familie	:	Loganiaceae	– Brechnußgewächse
	2. Ordnung	:	Dipsacales	– Kardenartige
	Familie	:	Caprifoliaceae	– Geißblattgewächse
	Familie	:	Adoxaceae	– Moschuskrautgewächse
	Familie	:	Valerianaceae	– Baldriangewächse
	Familie	:	Dipsacaceae	– Kardengewächse

3. Ordnung	:	Oleales (=Ligustrales) - Ölbaumartige
Familie	:	Oleaceae - Ölbaumgewächse
4. Ordnung	:	Polemoniales - Himmelsleiterartige
Familie	:	Polemoniaceae - Himmelsleitergewächse
Familie	:	Convolvulaceae - Windengewächse
Familie	:	Cuscutaceae - Seidengewächse
Familie	:	Boraginaceae - Rauhblattgewächse
Familie	:	Hydrophyllaceae - Wasserblattgewächse
5. Ordnung	:	Scrophulariales - Braunwurzartige
Familie	:	Solanaceae - Nachtschattengewächse
Familie	:	Scrophulariaceae - Braunwurzgewächse
Familie	:	Globulariaceae - Kugelblumengewächse
Familie	:	Plantaginaceae - Wegerichgewächse
Familie	:	Orobanchaceae - Sommerwurzgewächse
Familie	:	Lentibulariaceae - Wasserschlauchgewächse
6. Ordnung	:	Lamiales - Lippenblütenartige
Familie	:	Lamiaceae (=Labiatae) - Lippenblütengewächse
Familie·	:	Verbenaceae - Eisenkrautgewächse
Familie	:	Callitrichaceae - Wassersterngewächse
2. Überordnung	:	Asteranae - Asternblütige
7. Ordnung	:	Campanulales - Glockenblumenartige
Familie	:	Campanulaceae - Glockenblumengewächse
Familie	:	Lobeliaceae - Lobeliengewächse
8. Ordnung	:	Asterales - Asternartige
Familie	:	Asteraceae (=Compositae) - Korbblütengewächse
2. Klasse	:	Liliatae (=Monocotyledoneae) - Einkeimblättrige
1. Unterklasse	:	Alismatidae (=Helobiae) - Froschlöffelähnliche
1. Ordnung	:	Alismatales - Froschlöffelartige
Familie	:	Alismataceae - Froschlöffelgewächse
Familie	:	Butomaceae - Wasserlieschgewächse
2. Ordnung	:	Hydrocharitales - Froschbißartige
Familie	:	Hydrocharitaceae - Froschbißgewächse
3. Ordnung	:	Potamogetonales - Laichkrautartige
Familie	:	Scheuchzeriaceae - Blasenbinsengewächse
Familie	:	Juncaginaceae - Dreizackgewächse
Familie	:	Potamogetonaceae - Laichkrautgewächse
Familie	:	Zosteraceae - Seegrasgewächse
Familie	:	Najadaceae - Nixkrautgewächse
Familie	:	Ruppiaceae - Saldengewächse
Familie	:	Zannichelliaceae - Teichfadengewächse

2. Unterklasse	:	Liliidae – Lilienähnliche
1. Überordnung	:	Lilianae – Lilienblütige
1. Ordnung	:	Liliales – Lilienartige
Familie	:	Liliaceae – Liliengewächse
Familie	:	Agavaceae – Agavengewächse
Familie	:	Amaryllidaceae – Amaryllisgewächse
Familie	:	Iridaceae – Schwertliliengewächse
Familie	:	Dioscoreaceae – Yamswurzelgewächse
2. Ordnung	:	Orchidales – Orchideenartige
Familie	:	Orchidaceae – Orchideen (Knabenkrautgewächse)
2. Überordnung	:	Bromelianae – Bromelienblütige
3. Ordnung	:	Bromeliales – Bromelienartige
Familie	:	Bromeliaceae – Bromeliengewächse
4. Ordnung	:	Zingiberales – Ingwerartige
Familie	:	Musaceae – Bananengewächse
Familie	:	Zingiberaceae – Ingwergewächse
Familie	:	Cannaceae – Blumenrohrgewächse
Familie	:	Marantaceae – Marantagewächse
3. Überordnung	:	Juncanae – Binsenblütige
5. Ordnung	:	Juncales – Binsenartige
Familie	:	Juncaceae – Binsengewächse
6. Ordnung	:	Cyperales – Riedgrasartige
Familie	:	Cyperaceae – Riedgrasgewächse
4. Überordnung	:	Commelinidae – Mehlsamige
7. Ordnung	:	Poales (=Graminales) – Süßgrasartige
Familie	:	Poaceae (=Gramineae) – Süßgräser
3. Unterklasse	:	Arecidae – Kolbenblütige
1. Ordnung	:	Arecales – Palmenartige
Familie	:	Arecaceae – Palmengewächse
2. Ordnung	:	Arales – Aronstabartige
Familie	:	Araceae – Aronstabgewächse
Familie	:	Lemnaceae – Wasserlinsengewächse
3. Ordnung	:	Pandanales – Schraubenbaumartige
Familie	:	Pandanaceae – Schraubenbaumgewächse
4. Ordnung	:	Typhales – Rohrkolbenartige
Familie	:	Sparganiaceae – Igelkolbengewächse
Familie	:	Typhaceae – Rohrkolbengewächse

7.4. Drogenkundlich wichtige Pflanzenfamilien

Die Aufstellung ist geordnet nach dem natürlichen Pflanzensystem

Pteridophyta - Gefäß-Sporenpflanzen
    Lycopodiales - Bärlappartige
        Lycopodiaceae - Bärlappgewächse
    Equisetales - Schachtelhalmartige
        Equisetaceae - Schachtelhalmgewächse
    Osmundales - Rispenfarnartige
        Polypodiaceae - Tüpfelfarngewächse
Spermatophyta - Samenpflanzen
    Gymnospermae - Nacktsamer
        Pinales - Kiefernartige
        Pinaceae- Kieferngewächse
        Cupressaceae - Zypressengewächse
    Angiospermae - Bedecktsamer
        Magnoliophytina (=Dicotyledoneae) - Zweikeimblättrige
        Magnoliales - Magnolienartige
            Myristicaceae - Muskatnußgewächse
            Lauraceae - Lorbeergewächse
        Piperales - Pfefferartige
            Piperaceae - Pfeffergewächse
        Ranunculales - Hahnenfußartige
            Ranunculaceae - Hahnenfußgewächse
            Papaveraceae - Mohngewächse
        Hamamelidales - Hamamelisartige
            Hamamelidaceae - Hamamelisgewächse
        Fagales - Buchenartige
            Fagaceae - Buchengewächse
            Betulaceae - Birkengewächse
        Urticales - Brennesselartige
            Cannabaceae - Hanfgewächse
            Urticaceae - Brennesselgewächse
        Juglandales - Walnußartige
            Juglandaceae - Walnußgewächse
        Rosales - Rosenartige
            Rosaceae - Rosengewächse
        Fabales - Hülsenfrüchtler
            Caesalpiniaceae - Johannisbrotgewächse
            Mimosaceae - Mimosengewächse
            Fabaceae - Schmetterlingsblütengewächse
        Myrtales - Myrtenartige
            Myrtaceae - Myrtengewächse
            Punicaceae - Granatbaumgewächse
        Rutales - Rautenartige
            Rutaceae - Rautengewächse
            Burseraceae - Balsambaumgewächse
            Simaroubaceae - Bittereschengewächse
        Sapindales - Spindelbaumartige
            Aceraceae - Ahorngewächse
            Hippocastanaceae - Roßkastaniengewächse
        Geraniales - Storchschnabelartige
            Linaceae - Leingewächse
        Polygalales - Kreuzblümchenartige
            Polygalaceae - Kreuzblümchengewächse
        Celastrales - Baumwürgerartige
            Aquifoliaceae - Stechpalmengewächse

Rhamnales - Kreuzdornartige
   Rhamnaceae - Kreuzdorngewächse
Euphorbiales - Wolfsmilchartige
   Euphorbiaceae - Wolfsmilchgewächse
Santales - Sandelholzartige
   Santalaceae - Sandelholzgewächse
   Loranthaceae - Mistelgewächse
Apiales - Doldenblütenartige
   Apiaceae - Doldengewächse
Capparales - Kapernstrauchartige
   Brassicaceae - Kreuzblütengewächse
Malvales - Malvenartige
   Malvaceae - Malvengewächse
   Tiliaceae - Lindengewächse
   Sterculiaceae - Kakaobaumgewächse
Ericales - Heidekrautartige
   Ericaceae - Heidekrautgewächse
Ebenales - Ebenholzbaumartige
   Styracaceae - Styraxgewächse
Primulales - Primelartige
   Primulaceae - Primelgewächse
Caryophyllales - Nelkenartige
   Caryophyllaceae - Nelkengewächse
   Chenopodiaceae - Gänsefußgewächse
Polygonales - Knöterichartige
   Polygonaceae - Knöterichgewächse
Gentianales - Enzianartige
   Gentianaceae - Enziangewächse
   Menyanthaceae - Fieberkleegewächse
   Apocynaceae - Hundsgiftgewächse
   Asclepiadaceae - Seidenpflanzengewächse
   Rubiaceae - Rötegewächse
   Loganiaceae - Brechnußgewächse
Dipsacales - Kardenartige
   Caprifoliaceae - Geißblattgewächse
   Valerianaceae - Baldriangewächse
Oleales - Ölbaumartige
   Oleaceae - Ölbaumgewächse
Scrophulariales - Braunwurzartige
   Solanaceae - Nachtschattengewächse
   Scrophulariaceae - Braunwurzgewächse
   Plantaginaceae - Wegerichgewächse
Lamiales - Lippenblütenartige
   Lamiaceae - Lippenblütengewächse
Asterales - Asternartige
   Asteraceae - Korbblütengewächse
Liliatae (=Monocotyledoneae) - Einkeimblättrige
   Liliales - Lilienartige
      Liliaceae - Liliengewächse
      Iridaceae - Schwertliliengewächse
   Orchidales - Orchideenartige
      Orchidaceae - Orchideen
   Zingiberales - Ingwerartige
      Zingiberaceae - Ingwergewächse
   Poales - Süßgrasartige
      Poaceae - Süßgräser
   Arales - Aronstabartige
      Araceae - Aronstabgewächse

7.4.1. Die Familie der Doldengewächse - Apiaceae

[Umbelliferae]

Abbildung 86

Die Doldengewächse sind meist Kräuter oder Stauden mit einem für die Pflanzenfamilie typischen Blütenstand, der zusammengesetzten Dolde (1). Von der Hauptachse ausgehende Seitenachsen (Sa) enden in kleinen Dolden, die als Döldchen (Dö) bezeichnet werden. Bei manchen Gattungen bzw. Arten der Familie treten Hüllen (H) und/oder Hüllchen (Hü) als Tragblätter bzw. Hochblätter auf.

Der schirmartige Blütenstand gab Anlaß zur Familienbezeichnung Umbelliferae[1], die entsprechend den Nomenklaturregeln durch den Namen Apiaceae ersetzt wurde. Dieser Name leitet sich vom Gattungsnamen Apium ab.

Die Sproßachse (2) ist hohl, häufig gerillt. Die Knoten (Kn) sind meist verdickt. Die Laubblätter sind wechselständig angeordnet, die Blattspreite meist mehrfach gefiedert, der Blattgrund oft zu einer Blüten- und Sproßanlagen schützenden Blattscheide (Bs) erweitert.

Die Einzelblüte (3) ist bei fast allen Arten klein und unauffällig. Die Vielzahl der im Blütenstand vereinten Blüten ist für Insekten ein wirksamer Schauapparat. Die Blütenformel K 5 C 5 A 5 G (2) sagt aus, daß die Blüte fünf Kelchblätter (K), fünf Blumenblätter (C) - meist weiß -, fünf Staubblätter (A) und zwei verwachsene Fruchtblätter (G) mit einem unterständigen Fruchtknoten hat (vgl. Längsschnitt einer Blüte (4)).

Die Früchte der Doldengewächse sind unterschiedlich gestaltet. Bei der Reife zerfällt die Frucht (5) (Kümmel) in zwei einsamige Spaltfrüchte (6) , die durch einen Fruchtträger (Ft) miteinander verbunden sind. Der Querschnitt einer Teilfrucht (7) zeigt, daß sie durch zwei Rand- (Ra), drei Rückenrippen (Rr) und durch die Fugenseite (Fs) gegliedert ist. Zwischen den Rippen befinden sich die sog. Tälchen (T) mit den Sekretgängen (Ö), die als Ölstriemen bezeichnet werden und ätherisches Öl enthalten.

Viele Gattungen und Arten der Apiaceae zeichnen sich durch hohen Gehalt an ätherischen Ölen , besonders in den Früchten, aus. Deshalb werden sie als Drogen- und Gewürzpflanzen, einige als Gemüsepflanzen, genutzt :

Angelica archangelica L. = Echte Engelwurz
Apium graveolens L. = Sellerie
Coriandrum sativum L. = Koriander
Foeniculum vulgare MILL. = Fenchel
Levisticum officinale KOCH = Liebstöckel
Anthriscus cerefolium (L.) HOFFM. = Garten-Kerbel
Petroselinum crispum (MILL.)A.W.HILL = Petersilie u.a.

Anethum graveolens L. = Dill
Carum carvi L. = Kümmel
Daucus sativus HOFFM. = Möhre
Pimpinella anisum L. = Anis

1) umbella (l.) = Schirm; ferre (l.) = tragen

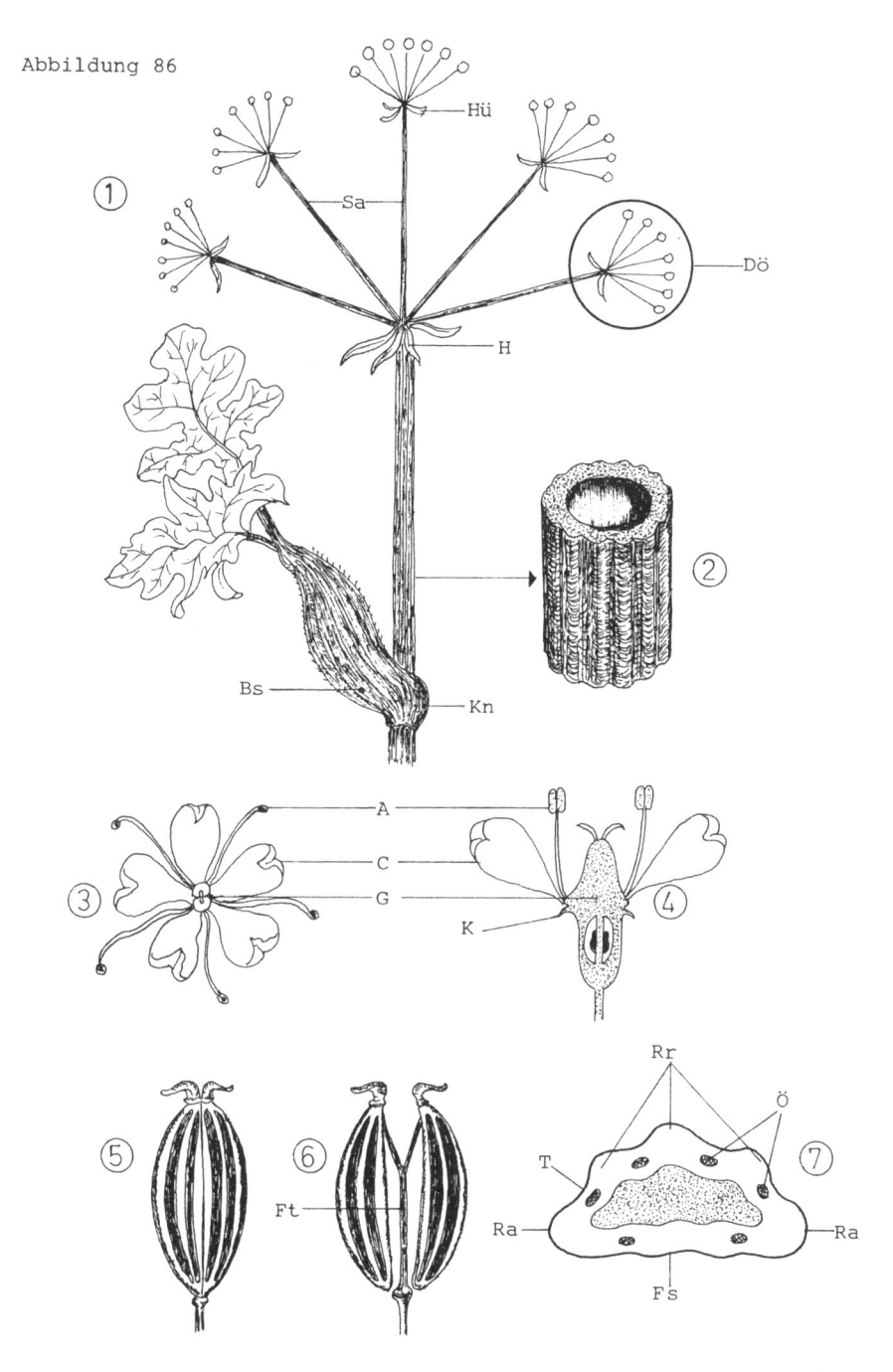

Abbildung 86

7.4.2. Die Familie der Lippenblütengewächse - Lamiaceae

[Labiatae] [1]

Abbildung 87

Die Lamiaceae[2] = Lippenblütengewächse begegnen uns als Kräuter, Stauden oder Halbsträucher. Ein bekannter und für die Familie typischer Vertreter ist die Weiße Taubnessel - Lamium album L.①. Der Gattungsname findet sich wieder in dem Familien- und dem Ordnungsnamen Lamiaceae bzw. Lamiales.

Die Pflanze Lamium album hat eine für die Lippenblütengewächse charakteristische vierkantige Sproßachse (S). Der Querschnitt der Sproßachse ② zeigt, daß deren Kanten von Kollenchymsträngen (Ko) durchzogen sind, die dem Achsenkörper eine gute Festigkeit verleihen. (Leitbündel = (Lb), (Mh) = Markhöhle).

Die Laubblätter ③ sind kreuzgegenständig an der Sproßachse angeordnet.

Die Blüten stehen in Scheinquirlen (Sq) in den Blattachseln. DieBlütenformel K (5) C (5) A 4 G (2) verdeutlicht den Blütenaufbau : Die Blüte ④⑤ besitzt einen fünfzipfeligen verwachsenen Kelch (K). Die Blumenkrone ist verwachsenblumenblättrig und setzt sich aus fünf Blumenblättern zusammen. Zwei von ihnen bilden die Oberlippe (Ol), drei die Unterlippe (Ul). Die Staubblätter (A) sind mit den Blumenblättern verwachsen. Zwei der Staubblätter sind kürzer gestaltet. Der zweiblättrige oberständige Fruchtknoten, der schon zur Blütezeit tief viergeteilt ist, besitzt einen langen Griffel (Gr). Bei der Reife zerfällt die Frucht in vier einsamige Teilfrüchte, die als Klausen bezeichnet werden (vgl. hierzu die Abbildung 73,12). Die Blüte ist in ihrem Aufbau dem Körper der bestäubenden Bienen und Hummeln angepaßt.

Sproßachse und Laubblätter vieler Lippenblütengewächse sind mit Drüsenschuppen besetzt, in denen ätherisches Öl enthalten ist (vgl. hierzu die Abbildung 41,4). Zahlreiche Arten der Familie sind Drogen- und Gewürzpflanzen :

Betonica officinalis L. [*Stachys officinalis* (L.) TREVISAN] = Heil-Ziest
Glechoma hederacea L. = Gundelrebe   *Hyssopus officinalis* L. = Ysop
Lamium album L. = Weiße Taubnessel   *Leonurus cardiaca* L. = Herzgespann
Lavandula angustifolia MILL. [*L. officinalis* CHAIX] = Lavendel
Majorana hortensis MOENCH [*Origanum majorana* L.] = Majoran
Melissa officinalis L. = Zitronen-Melisse   *Mentha X piperita* L. = Pfeffer-Minze
Ocimum basilicum L. = Basilienkraut   *Rosmarinus officinalis* L. = Rosmarin
Salvia officinalis L. = Echte Salbei   *Satureja hortensis* L. = Bohnenkraut
Thymus vulgaris L. = Echter Thymian   u.a.

---

1) labium (l.) = Lippe
2) lamium (l.) = Schlund, Rachen

Abbildung 87

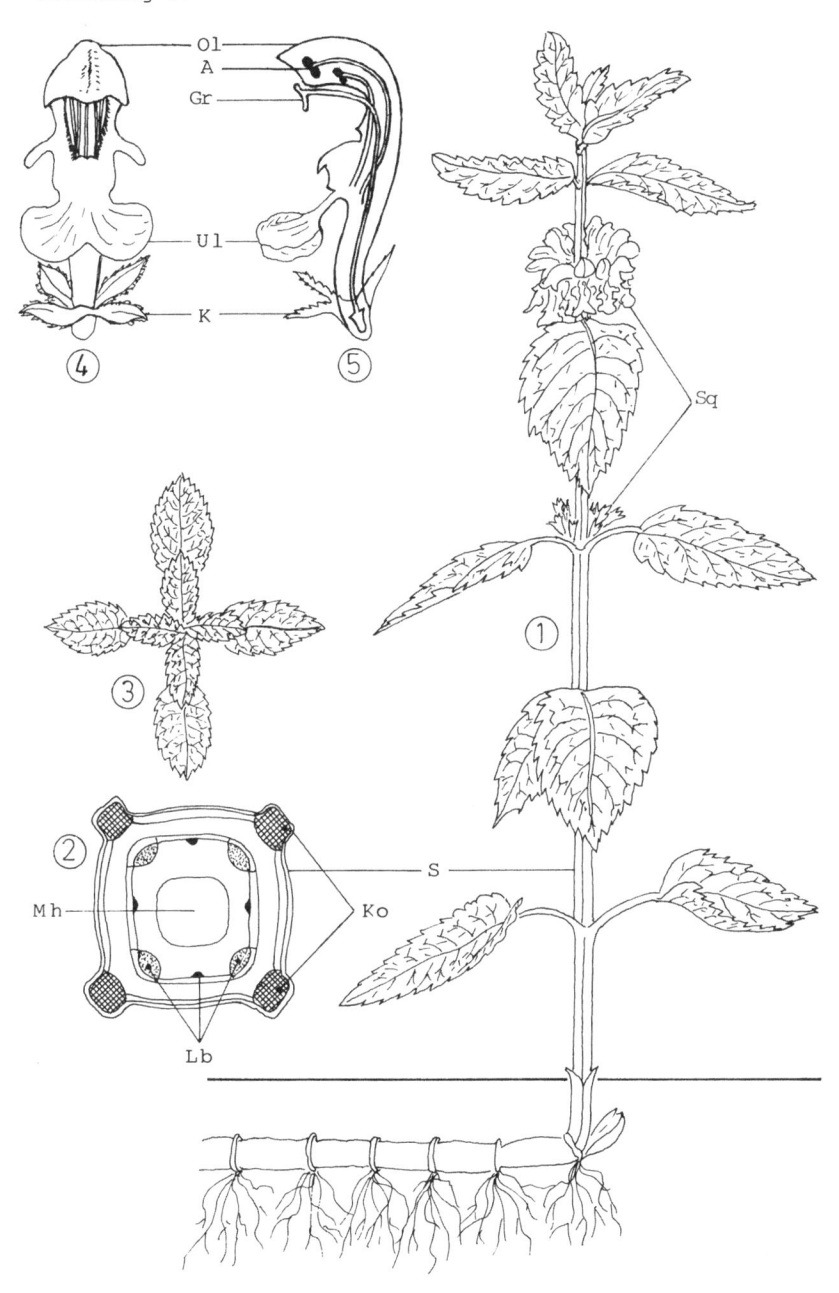

7.4.3. Die Familie der Korbblütengewächse - Asteraceae

[Compositae] [1)] Abbildung 88

Die Korbblütengewächse treten vornehmlich als Kräuter und Stauden auf. Charakteristisch für diese Pflanzenfamilie ist die Zusammenfassung vieler Einzelblüten in einem Blütenstand, der den Eindruck einer Einzelblüte vortäuscht.

Der Blütenkorb kann unterschiedlich gestaltet sein : scheibenförmig z.B. bei Klette ① oder Sonnenblume ④ , kegel- oder köpfchenförmig etwa bei der Kamille ② oder aber körbchenförmig beim Löwenzahn ③ .(Hb) = Hüllblätter.

In den Blütenständen treten Zungenblüten (Zb) ⑤⑥ und Röhrenblüten (Rb) ⑦⑧ auf, die bei den einzelnen Gattungen bzw. Arten der Familie wie folgt verteilt sein können :
Nur Zungenblüten besitzt z.B. der Löwenzahn ⑬ , während bei der Kornblume⑭ nur Röhrenblüten auftreten. Zungen- und Röhrenblüten finden sich z.B. bei Arnika ⑮ , Kamille② und Sonnenblume④. In diesem Falle befinden sich die Zungenblüten als sog. Randblüten am Rande, die Röhrenblüten als sog. Scheibenblüten in der Mitte der Blütenscheibe. Weiße Zungenblüten dienen vornehmlich der Vergrößerung des Schauapparates.

Die Blütenformel lautet : K O -∞ C (5) A (5) G $\overline{(2)}$

Kelchblätter (K) können bei manchen Arten vollständig fehlen oder nur wenig entwickelt sein. Manchmal treten sie sogar in einer Vielzahl als Schuppen oder als Haarkranz (=Pappus) auf ⑤⑥⑦⑧. Die fünf verwachsenen Blumenblätter (C) sind zungen- ⑤⑥ oder röhrenförmig ⑦⑧. Die fünf Staubblätter (A) sind ebenfalls verwachsen und umschließen als Röhre den Griffel (Gr). Der unterständige Fruchtknoten besteht aus zwei verwachsenen Fruchtblättern (G), die eine einsamige Samenanlage umschließen.

Die Früchte sind teilweise ohne Verbreitungseinrichtung (z.B. Sonnenblume⑨), teils Klett- oder Haftfrüchte (z.B. Klette ⑩ , Zweizahn ⑪), teils mit Flugeinrichtungen versehen (z.B. Löwenzahn ⑫).

Als drogenkundlich bedeutende Vertreter dieser Familie seien z.B. genannt :

Achillea millefolium L. = Gemeine Schafgarbe
Artemisia absinthium L. = Wermut
Inula helenium L. = Echter Alant
Tussilago farfara L. = Huflattich
Chamomilla recutita (L.) RAUSCHERT = Echte Kamille
Arnica montana L. = Arnika
Cnicus benedictus L. = Benediktenkraut
Tanacetum vulgare L. = Rainfarn

---

1) compositus (l.) = zusammengesetzt

Abbildung 88

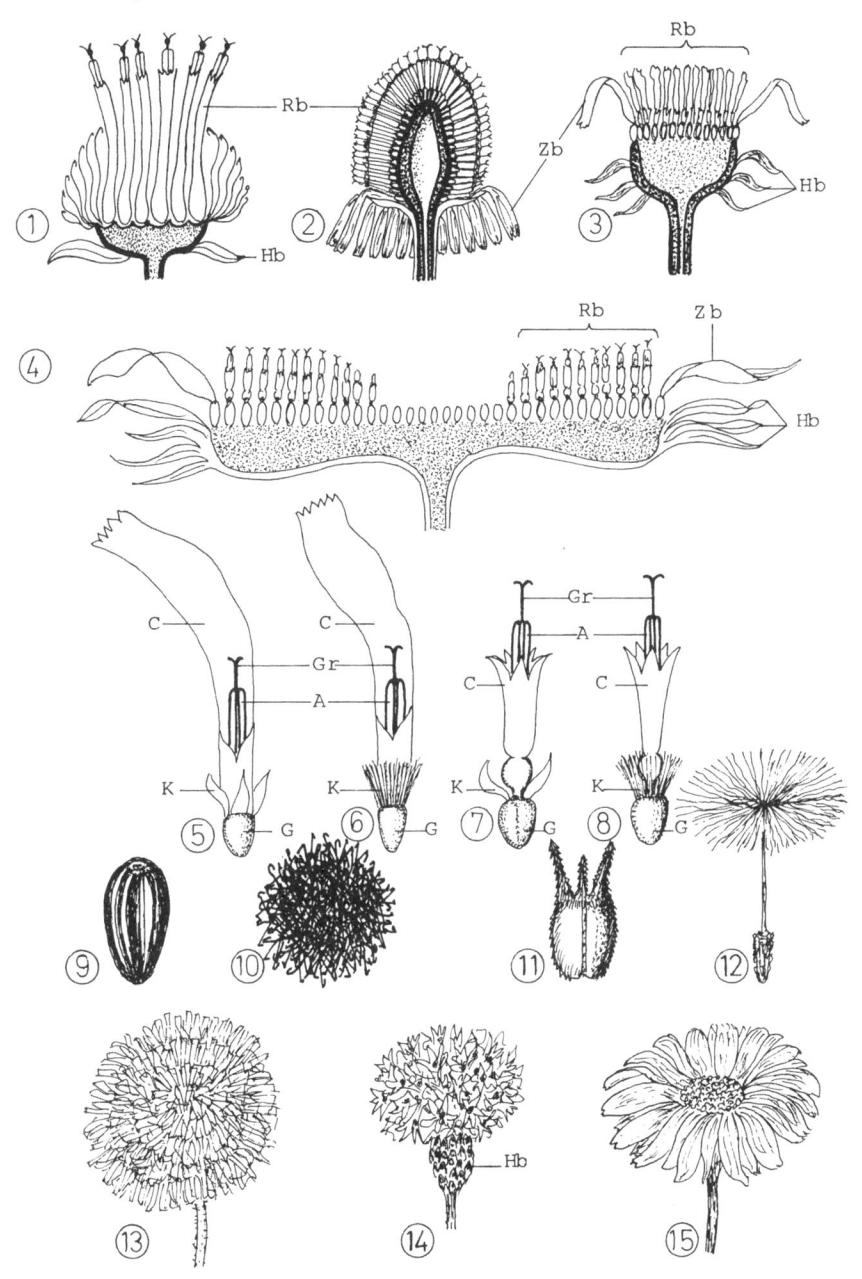

8. Sachverzeichnis

Abschlußgewebe   66, 78, 80, 84,
  primäres -   68, 80, 84
  sekundäres -   68, 80, 84
Absenker   116
Absorptionsgewebe   68, 91
Abteilung   168, 171
Aceraceae →Ahorngewächse
Achäne   146
Ackerhellerkraut   108, 130
Ackerhornkraut   134
Ackersenf   144
Adlerfarn   36, 110
Adoxaceae → Moschuskrautgewächse
Ährchen   132
Ähre   130
  zusammengesetzte -   132
Ätherische Öle   60, 75, 105, 182, 184
Agavaceae → Agavengewächse
Agavengewächse = Agavaceae   179
Ahorn   34, 146, 152
Ahorngewächse = Agavaceae   175, 180
Akelei   144
Alant   110, 186
Algen = Phycophyta   169, 172
Algenfarngewächse = Azollaceae   172
Alismataceae →Froschlöffelgewächse
Alismatales →Froschlöffelartige
Alismatidae = Helobiae
  →Froschlöffelähnliche
Alkaloide   60, 105
Alkoholische Gärung   104
Allel, Allele   160 ff.
Amarantgewächse = Amaranthaceae   169
Amaranthaceae → Amarantgewächse
Amaryllidaceae → Amaryllisgewächse
Amaryllis   30
Amaryllisgew. = Amaryllidaceae   179
Amentiferae = Hamamelididae
  → Kätzchenblütige
Aminosäuren   95
Ampfer   30, 32
Anacardiaceae → Sumachgewächse
Anatomie   12, 57
  des Laubblattes   86
  der Sproßachse   82
  der Wurzel   78
Andrözeum   122, 128
Angiospermae → Bedecktsamer
Anis   24, 28, 76, 108, 132, 146, 182
Annuelle Pflanzen   108
Anthere = Staubbeutel   122
Anthrachinonglykoside   60
Anthurium   130, 158
Apfel   120, 122, 126, 136, 150

Apfelblüte   150
Apiaceae = [Umbelliferae] →Doldengew.
Apiales → Doldenblütenartige
Apocynaceae → Hundsgiftgewächse
Aquifoliaceae → Stechpalmengewächse
Araceae → Aronstabgewächse
Arales → Aronstabartige
Araliaceae → Araliengewächse
Aralianae = [Umbelliflorae]
  → Doldenblütige
Araliengewächse = Araliaceae   176
Arecales → Palmenartige
Arecaceae → Palmengewächse
Arecidae → Kolbenblütige
Aristolochiaceae → Osterluzeigewächse
Aristolochiales → Osterluzeiartige
Arnika   30, 110, 126, 130, 146, 186
Aronstab   32, 130, 136
Aronstabartige = Arales   179, 181
Aronstabgewächse = Araceae   179, 181
Art   168, 170, 171
Asclepiadaceae → Seidenpflanzengew.
Assimilate, Leitung der -   72, 74
Assimilation   10, 88, 89
Assimilationsparenchym   64
Assimilationsstärke   100, 101
Asteraceae = [Compositae]
  → Korbblütengewächse   186
Asterales → Asternartige
Asteranae → Asternblütige
Asteridae → Asternähnliche
Asternähnliche = Asteridae   177
Asternartige = Asterales   178, 181
Asternblütige = Asteranae   178
Atmung   89, 102
Augentrost   44, 96
Ausläufer   50
  unterirdische -   48
Ausscheidungsdrüsen   92
Ausscheidungsgewebe   76
Auswüchse der Epidermis   66
Autorenname   1)o
Autotrophe Ernährung   96, 156, 169
Autotrophe Organismen   103
Azollaceae → Algenfarngewächse

Bärenklau   24, 28, 132
Bärentraube   32, 38, 112
Bärlappartige = Lycopodiales   172, 180
Bärlappe = Lycopodiatae   172
Bärlappgewächse = Lycopodiaceae   14, 172, 180
Baldrian   30, 36, 46, 52, 110, 152
Baldriangewächse = Valerianaceae   177, 181

Balgfrucht 143, 144
Balsambaumgewächse = Burseraceae 175, 180
Bananengewächse = Musaceae 179
Basilienkraut 184
Bast 84
Bauchnaht 144
Baum, Bäume 112, 169
Baumwürgerähnliche = Celastranae 175
Baumwürgerartige = Celastrales 175, 180
Baumwürgergew. = Celastraceae 175
Baustoffwechsel 10, 88, 89
Bedecktsamer = [Angiospermae] = Magnoliophytina 169, 171, 173, 180
Beerenfrüchte 142, 143, 148
Befruchtung 138
   doppelte - 138
Begoniaceae ⟶ Begoniengewächse
Begoniales ⟶ Begonienartige
Begonienartige = Begoniales 176
Begoniengewächse = Begoniaceae 176
Beifuß 110, 132
Beinwell 28
Benediktenkraut 38, 186
Berberidaceae ⟶ Berberitzengewächse
Berberitze = Sauerdorn 54
Berberitzengewächse = Berberidaceae 173
Berührungsreiz 114
Besenginster 112, 144
Bestäubung 136
Betriebsstoffwechsel 10, 88, 89, 94, 102
Betulaceae ⟶ Birkengewächse
Bewegung 88, 114
Bienen 122
Bienne Pflanzen 108
Bildungsgewebe 62, 74, 78
Bilsenkraut 134, 144
Binäre Nomenklatur 170
Binsenartige = Juncales 179
Binsenblütige = Juncanae 179
Binsengewächse = Juncaceae 134, 179
Bipolarität der Pflanze 14
Birke 28, 32, 38, 124, 130, 136, 146
Birkengewächse = Betulaceae 174, 180
Birne 120, 126, 132, 136, 150
Bittereschengewächse = Simaroubaceae 175, 180
Bitterstoffglykoside 60
Blasenbinsengewächse = Scheuchzeriaceae 178
Blatt, Blätter ⟶ Laubblatt
Blattader 26, 86
Blattaderung 26, 86
Blattanlage 82

Blattdorn 54
Blattfläche 26, 86
Blattfolge 158
Blattformen 32
Blattgestalt 158
Blattgrund 26
Blattnerv ⟶ Blattader
Blattnervatur ⟶ Blattaderung
Blattrand 26, 38, 86
Blattranke 54
Blattscheide 182
Blattspitze 26, 86
Blattspreite 26, 86
Blattstellung 30
Blattstiel 26, 86
Bleiwurzartige = Plumbaginales 177
Bleiwurzgew. = Plumbaginaceae 177
Blüte 118, 124
   eingeschlechtige - 124
   Geschlechtigkeit der - 124
   männliche - 124
   vollständige - 124
   weibliche - 124
   zweigeschlechtige - 124
   zwittrige - 124
Blütenachse 150
Blütenblätter 118, 120, 158
Blütenboden 118, 122
Blütendiagramm 128
Blütenformel 128
Blütenhülle = Perianth 118, 120
Blütenstände 130 ff.
   einfache traubige - 130
   razemöse - 130
   traubige - 130
   zusammengesetzt traubige - 132
   zymöse - 134
Blütenstaub 122, 136
Blütenteile 118, 120 ff.
   unwesentliche - 118
   wesentliche - 118
Blumenblätter 118, 120, 128, 158
Blumenrohrgew. = Cannaceae 179
Blutweiderichgew. = Lythraceae 175
Bohne 24, 50, 130, 136, 154, 156
Bohnenkraut 108, 184
Bombacaceae ⟶ Kapokbaumgewächse
Bor 94
Boraginaceae ⟶ Rauhblattgewächse
Brachsenkräuter = Isoëtatae 172
Brachsenkrautartige = Isoëtales 172
Brachsenkrautgew. = Isoëtaceae 172
Braktee 130
Brassicaceae = [Cruciferae] ⟶ Kreuzblütengewächse
Braunwurz 24
Braunwurzartige = Scrophulariales 178, 181

Braunwurzgewächse = Scrophulariaceae 120, 178, 181
Brechnußgewächse = Loganiaceae 177, 181
Breitlauch 30
Brennessel 28, 30, 38, 124
 Brennhaare der - 66
Brennesselartige = Urticales 174, 180
Brennesselgewächse = Urticaceae 174, 180
Brennhaare 66
Brombeere 36, 38
Bromeliaceae ⟶ Bromeliengewächse
Bromeliales ⟶ Bromelienartige
Bromelianae ⟶ Bromelienblütige
Bromelienartige = Bromeliales 179
Bromelienblütige = Bromelianae 179
Bromeliengew. = Bromeliaceae 179
Bryophyta ⟶ Moospflanzen
Buche 112, 124, 136
Buchecker 146
Buchenartige = Fagales 174, 180
Buchengew. = Fagaceae 174, 180
Buchsbaumgew. = Buxaceae 175
Bündelscheide 74, 82, 86
 geschlossene - 82
 offene - 82
Burseraceae ⟶ Balsambaumgewächse
Buschwindröschen 46, 110, 116, 120
Butomaceae ⟶ Wasserlieschgewächse
Buxaceae ⟶ Buchsbaumgewächse

Cactaceae Kakteen
Caesalpiniaceae ⟶ Johannisbrotgew.
Calcium 94, 95
Calciumoxalat 95
Calla 158
Callitrichaceae ⟶ Wassersterngew.
Calyx ⟶ Kelch
Campanulaceae ⟶ Glockenblumengew.
Campanulales ⟶ Glockenblumenartige
Cannabaceae ⟶ Hanfgewächse
Cannaceae ⟶ Blumenrohrgewächse
Capparales = [Cruciales]
 ⟶ Kapernstrauchartige
Caprifoliaceae ⟶ Geißblattgew.
Carbonate 94
Caryophyllaceae ⟶ Nelkengewächse
Caryophyllales ⟶ Nelkenartige
Caryophyllidae ⟶ Nelkenähnliche
Celastraceae ⟶ Baumwürgergewächse
Celastrales ⟶ Baumwürgerartige
Celastranae ⟶ Baumwürgerähnliche
Ceratophyllaceae ⟶ Hornblattgew.
Chamaephyten ⟶ Oberflächenpflanzen
Chemischer Reiz 114
Chemotropismus 114
Chenopodiaceae ⟶ Gänsefußgewächse

Chinarindenbaum 154
Chlorophyll 58, 86, 98
Chloroplasten 58, 98
Chlorose 95
Choripetalae ⟶ Getrenntblumenblättrige 120
Christrose 144
Chromosomen 160 ff.
Cistaceae ⟶ Cistrosengewächse
Cistales = Violales ⟶ Veilchenartige
Cistrosengew. = Cistaceae 176
Commelinidae ⟶ Mehlsamige
Compositae = Asteraceae
 ⟶ Korbblütengewächse
Coniferae ⟶ Nadelhölzer
Coniferophytinae ⟶ Nadelblättrige Nacktsamer
Contortae = Gentianales
 ⟶ Enzianartige
Convolvulaceae ⟶ Windengewächse
Cornaceae ⟶ Hartriegelgewächse
Cornales ⟶ Hartriegelartige
Corolla Krone 120, 128
Corylaceae ⟶ Haselgewächse
Crassulaceae ⟶ Dickblattgewächse
Cruciales = Capparales
 ⟶ Kapernstrauchartige
Cruciferae = Brassicaceae
 ⟶ Kreuzblütengewächse
Cucurbitaceae ⟶ Kürbisgewächse
Cucurbitales ⟶ Kürbisartige
Cumaringlykoside 60
Cupressaceae ⟶ Zypressengewächse
Cuscutaceae ⟶ Seidengewächse
Cycadophytina ⟶ Fiederblättrige Nacktsamer
Cyperaceae ⟶ Riedgrasgewächse
Cyperales ⟶ Riedgrasartige

Dahlie 42
Dauergewebe 62, 64
Deckelkapsel 144
Derbkapselige Farne = Eurospongiatae 172
Dichasium 134
Dickblattgewächse = Crassulaceae 174
Dickenwachstum 68, 74
 sekundäres der Sproßachse 84, 169
 der Wurzel 80
Dicotyledoneae = Magnoliatae
 ⟶ Zweikeimblättrige
Digitalisglykoside 60
Dikotyle = Zweikeimblättrige 158
Dill 182
Dillenianae ⟶ Dillenienblütige
Dillenienähnliche = Dilleniidae 176
Dillenienblütige = Dillenianae 176
Dilleniidae ⟶ Dillenienähnliche

Diözische Pflanzen 124
Dioscoreaceae ⟶ Yamswurzelgewächse
Dipsacaceae ⟶ Kardengewächse
Dipsacales ⟶ Kardenartige
Disaccharide 101
Dissimilation 10, 88, 89, 102
Distel 38
Döldchen 132, 182
Dolde 130, 182
  zusammengesetzte - 132, 182
Doldenblütenartige = Apiales 176, 181
Doldenblütige = Aralianae
  = [Umbelliflorae] 176
Doldengewächse = Apiaceae
  = [Umbelliferae] 24, 28, 30, 76, 126, 128, 132, 136, 146, 171, 176
Doldenrispe 132
Doldentraube 132
Doppeldolde 132
Doppelte Befruchtung 138
Doppelzucker 101
Dornen 50
Dosten 32
Dreizackgewächse = Juncaginaceae 178
Droseraceae ⟶ Sonnentaugewächse
Drüsen 76
Drüsenhaare 76
Drüsenschuppen 76, 184
Dunkelreaktion 98

Ebenales ⟶ Ebenholzbaumartige
Ebenholzbaumartige = Ebenales 177, 181
Ebenstrauß 132
Eberesche 36, 132
Echte Früchte 143, 148
Edelkastanie 146
Efeu 24, 30, 44, 130
Ehrenpreis 32, 110
Eibe 112, 154
Eibenähnliche = Taxidae 183
Eibenartige = Taxales 183
Eibengewächse = Taxaceae 183
Eibisch 34, 66
Eiche 38, 112, 124, 136
Eichel 146
Einbeere 30
Einfachzucker 101
Einhäusige Pflanzen 124, 136
Einjährige Pflanzen 108
Einjährig überwinternde Pflanzen 108
Einkeimblättrige = Liliatae
  = [Monocotyledoneae] 74, 80, 82, 84, 120, 158, 169, 178, 181
Einzelfrüchte 142
Eisen 94, 95
Eisenhut 34, 144
Eisenkrautgew. = Verbenaceae 170
Eisenmangel 95

Eiweißstoffe 60, 95
Eiweißsynthese 106
Eizelle 138, 140
Elaeagnaceae ⟶ Ölweidengewächse
Elaeagnales ⟶ Ölweidenartige
Elatinaceae ⟶ Tännelgewächse
Elemente 94, 95
  ⟶ Mineralien, Spurenelemente
Elterngeneration 161 ff.
Embryo 138, 140
Embryosack 138
Embryosackkern 138, 140
Emergenzen 66
Emepetraceae ⟶ Krähenbeerengewächse
Endknospe 16, 22, 82
Endodermis 78, 80
Endokarp 140, 148
Endosperm = Nährgewebe 138, 140
Energiefreisetzung 102
Engelwurz 24, 28, 36, 46, 182
Entwicklung der Pflanze 107
Entwicklungsphasen der Pflanze 107, 158
Entwicklungsphysiologie 106
Enzian 32, 126
Enzianartige = Gentianales
  = [Contortae] 177, 181
Enziangewächse = Gentianaceae 126, 177, 181
Epidermis 64, 66, 74, 78, 82, 84, 86
Epidermisauswüchse 66
Epigäische Keimung 156
Epiphyten 44
Epitheton 170
Equisetaceae ⟶ Schachtelhalmgew.
Equisetales ⟶ Schachtelhalmartige
Equisetatae ⟶ Schachtelhalme
Erbanlagen 160 ff.
Erbfaktoren 160 ff.
Erbgang, dominanter 162
  intermediärer 162
Erbse 36, 54, 108, 128, 136, 166
Erdbeere 50, 120, 136, 150
Erdnuß 36
Erdpflanzen = Geophyten 110
Erdrauchgewächse = Fumariaceae 174
Erdschürfepflanzen = Hemikryptophyten 110
Erdsproß = Rhizom = Wurzelstock 46
Ericaceae ⟶ Heidekrautgewächse
Ericales ⟶ Heidekrautartige
Ericanae ⟶ Heidekrautblütige
Erle 38
Ernährung 89, 94
  der autotrophen Pflanze 96, 156
  der heterotrophen Pflanze 96
Erneuerungsknospe 46

Ersatzzwiebel 48, 116
Erstlingsblätter = Primärblätter 156, 158
Esche 36, 152
Essigsäuregärung 104
Eukalyptus 32
Euphorbiaceae ⟶ Wolfsmilchgewächse
Euphorbiales ⟶ Wolfsmilchartige
Europäische Seide 96
Eusporangiatae ⟶ Derbkapselige Farne
Exkrete 105
Exokarp 140, 148

Fabaceae = [Papilionaceae]
  ⟶ Schmetterlingsblütengewächse
Fabales = [Leguminosae]
  ⟶ Hülsenfrüchtler
Fächel 134
Fäulnis 104
Fagaceae ⟶ Buchengewächse
Fagales ⟶ Buchenartige
Familie 171
Familienbezeichnung 171
Fangblätter 54
Fanghaare 66
Farbstoffe 60, 105
Farne = Filicatae 14, 169, 172
Faserbündel 70
Faserpflanzen 70
Faulbaum 32, 38, 68, 112
Federgras 152
Fenchel 24, 28, 36, 76, 108, 132, 146, 182
Festigungsgewebe 70
Fette 105
Fette und Öle 60, 105
Fettkraut 54, 76
Feuerbohne 144
Fichte 112, 152
Fichtenspargel 96
Fichtenspargelgewächse = Monotropaceae 177
Fieberklee 32, 36
Fieberkleegewächse = Menynathaceae 177, 181
Fiederblättrige Nacktsamer = Cycadophytina 173
Filament ⟶ Staubfaden 122
Filialgeneration 161 ff.
Filicatae ⟶ Farne
Fingerhut 30, 38, 108, 120, 130, 136, 152, 170
Flechten = Lichenophyta 169, 172
Flieder 132
Flockenblume 34, 122
Flügelnüßchen 146

Folgeblätter 158
Folgemeristem 62, 68
Formwechsel 106
Fortpflanzung 116
  asexuelle - 116
  generative - 118
  geschlechtliche - 10, 118
  sexuelle - 118
  ungeschlechtliche - 10, 116
  vegetative - 116
Fortpflanzungsfähigkeit 10
Fortpflanzungsorgane 118, 120, 122
Franzosenkraut 154
Frauenmantel 34, 76
Fremdbestäubung 136
Fremdverbreitung der Früchte und Samen 152 ff.
Froschbiß 32
Froschbißartige = Hydrocharitales 178
Froschbißgew. = Hydrocharitaceae 178
Froschlöffelähnliche = Alismatidae = [Helobiae] 178
Froschlöffelartige = Alismatales 178
Froschlöffelgew. = Alismataceae 178
Frucht 140, 142
Früchte, Systematik der - 142 ff.
  Verbreitung der - 152 ff.
Fruchtbecher 146
Fruchtbildung 140
Fruchtblatt 118, 120, 122, 124, 128, 158
Fruchtfleisch 148
Fruchtknoten 122, 126, 128, 140
  Stellung des - 126, 128
  mittelständiger - 128
  oberständiger - 126
  unterständiger - 126
Fruchtknotenhöhle 138
Fruchtknotenwand 138, 140
Fruchtstand 142
Fruchtträger 182
Fruchtwand 140
Fruchtzucker 101
Fructose 101
Fructoside 101
Fumariaceae ⟶ Erdrauchgewächse
Futterrübe 30, 42

Gänseblümchen 30, 32
Gänsefingerkraut 36, 50, 116
Gänsefuß 32
Gänsefußgew. = Chenopodiaceae 177, 181
Gärung 102, 104
  alkoholische - 104
  Essigsäure - 104
  Milchsäure - 104
Gagelgewächse = Myricaceae 174

192

Gagelartige = Myricales 174
Gartenbohne 156
Gasaustausch 66, 86
Gaspeldorn 54
Gattung 168, 171
Gattungsname 170
Gauchheil 144
Gefäßbündel 84
  offene - 84
  zerstreute - 84
Gefäße 72, 74
Gefäß-Sporenpflanzen
  = Pteridophyta 14, 172, 180
Gefäßstränge 80
Gefäßteil = Xylem 74, 78, 80, 82, 84, 86, 91
Geißblatt 24, 28, 50
Geißblattgewächse = Caprifoliaceae 177, 181
Geißraute 36
Gemüsekohl 144
Gen, Gene 160 ff.
Generative Phase 88
Generativer Kern = Geschlechtskern 138
Genetik 160 ff.
Genotyp 161 ff.
Gentianaceae ⟶ Enziangewächse
Gentianales = [Contortae]⟶Enzianartige
Geophyten ⟶ Erdpflanzen
Geotropismus 114
Geraniaceae ⟶ Storchschnabelgew.
Geraniales ⟶ Storchschnabelartige
Gerbstoffglykoside 60
Gerste 100, 132
Geschlechtskern 138
Geschlechtsorgane 122, 124
Geschlechtsverteilung 124
Getreide-Arten 24, 28, 146
Getrenntblumenblättrige
  = Choripetalae 120
Gewebe 62
Gewebelehre 62
Gewürznelken 76
Gewürznelkenbaum 126, 171
Gilbweiderich 24
Ginkgoaceae ⟶ Ginkgogewächse
Ginkgoähnliche = Ginkgoatae 173
Ginkgoales ⟶ Ginkgoartige
Ginkgoartige = Ginkgoales 173
Ginkgoatae ⟶ Ginkgoähnliche
Ginkgogewächse = Ginkgoaceae 173
Ginster 24
Gladiole 134
Gleitfallenprinzip 54
Globulariaceae ⟶ Kugelblumengew.
Glockenblume 120

Glockenblumenartige = Campanuales 178
Glockenblumengew. = Campanulaceae 120, 136, 144, 178
Glockenheide 32, 112
Glucose 98, 101
Glykoside 60, 101, 105
GOETHE 41
Goldnessel 110
Goldregen 144
Gräser 24, 32, 76, 136, 146, 158
Graminales = Poales ⟶ Süßgrasartige
Granatbaumgewächse = Punicaceae 175, 180
Grasfrucht = Karyopse 146
Griffel 122, 138
Grossulariaceae ⟶ Stachelbeergewächse
Grossulariales ⟶ Stachelbeerartige
Grundfunktionen
  des Laubblattes 26, 54
  des Lebens 10
  der Sproßachse 46
  der Wurzel 42
Grundgewebe 64
Grundorgane
  der Kormuspflanze 14, 16
  Metamorphosen der - 41 ff.
Günsel 32, 50, 116
Gummiarten 101
Gundelrebe = Gundermann 24, 38, 184
Gundermann = Gundelrebe 24, 38, 184
Gurke 24, 54, 148
Guter Heinrich 32
Guttation 76, 92
Guttiferae = Hypericaceae
  ⟶ Hartheugewächse
Guttiferales = Theales
  ⟶ Teestrauchartige
Gymnospermae ⟶ Nacktsamer
Gynözeum 122, 128

Haare 66
Haarkelch 146
Haarkranz 186
Haftfrucht 154, 186
Haftwurzel 24, 44
Hagebutte 150
Hahnenfuß 34, 126, 144
Hahnenfußähnliche = Ranunculanae 173
Hahnenfußartige = Ranunculanes 173, 180
Hahnenfußgewächse = Ranunculaceae 120, 126, 144, 173, 180
Hainbuche 38
Hakenfrucht 154
Halbschmarotzer 44, 96
Halbstrauch 112, 184
Haloragaceae ⟶ Seebeerengewächse
Haloragales ⟶ Seebeerenartige
Hamamelidaceae ⟶ Hamamelisgewächse

193

Hamamelidales ⟶ Hamamelisartige
Hamamelididae = [Amentiferae]
⟶ Kätzchenblütige
Hamamelisartige = Hamamelidales 174, 180
Hamamelisgewächse = Hamamelidaceae 174, 180
Hanf 36, 70
Hanfgewächse = Cannabaceae 174, 180
Hartheu = Johanniskraut 24, 28, 30, 32, 76, 134, 144
Hartheugewächse = Hypericaceae = [Guttiferae] 176
Hartriegelartige = Cornales 176
Hartriegelgew. = Cornaceae 176
Harze 105
Hasel 38, 112, 116, 124, 130, 136, 146, 154
Haselgewächse = Corylaceae 174
Haselnuß 130, 146, 154
Haselwurz 32
Hasenohr 28
Hauhechel 50, 112, 144
Hauptsproß 16
Hauptwurzel 16, 18
Haustorien 44
Heckenrose = Hundsrose 120, 124, 128, 150
Heidekraut 32, 112
Heidekrautartige = Ericales 177, 181
Heidekrautblütige = Ericanae 177
Heidekrautgewächse = Ericaceae 177, 181
Heidelbeere 30, 32, 112
Helobiae = Alismatidae ⟶ Froschlöffelähnliche
Hemerocallis 134
Hemikryptophyten ⟶ Erdschürfepflanzen 110
Herbstzeitlose 110, 120
Herzblattgewächse = Parnassiaceae 166
Herzgespann 184
Heterotrophe Ernährung 96
Heterotropher Organismus 103
Himbeere 36, 38, 150
Himmelsleiterartige = Polemoniales 178
Himmelsleitergewächse = Polemoniaceae 178
Hippocastanaceae ⟶ Roßkastaniengewächse
Hippuridaceae ⟶ Tannenwedelgew.
Hirtentäschel 30, 34, 108, 130
Histologie 12, 62
Hochblatt 130, 132, 134, 152, 158, 182
Holunder 68, 112, 126, 132, 148, 154

Holz 84
Holzgewächse 112
Holzkörper, ringporige - 169 zerstreutporige - 169
Holzteil = Xylem 74, 78, 80, 82
Honig 122
Hopfen 24, 34, 50, 76, 116, 124
Hopfendrüsen 76
Hopfenseide 44
Hormone 106
Hornblattgewächse = Ceratophyllaceae 173
Hornkraut 134
Hüllblatt 130, 186
Hüllchen 132, 182
Hülle 132, 182
Hülse 143, 144
Hülsenfrüchtler = Fabales = [Leguminosae] 144, 174, 180
Huflattich 32, 38, 66, 110, 116, 130
Hundsgiftgewächse = Apocynaceae 177, 181
Hundkamille 108
Hundsrose = Heckenrose 120, 124, 128, 150
Huperziaceae ⟶ Teufelsklauengewächse
Hyazinthe 110
Hydrocharitaceae ⟶ Froschbißgewächse
Hydrocharitales ⟶ Froschbißartige
Hydrocotylaceae ⟶ Wassernabelgewächse
Hydrophyllaceae ⟶ Wasserblattgewächse
Hypericaceae = [Guttiferae] ⟶ Hartheugewächse
Hypogäische Keimung 156
Hypokotyl 42, 48, 156

Igelkolbengewächse = Sparganiaceae 179
Immergrüne Holzgewächse 112
Infloreszenz 130
Ingwer 46, 76
Ingwerartige = Zingiberales 179, 181
Ingwergewächse = Zingiberaceae 179, 181
Initialzellen 62, 78
Inkarnatklee 100
Innenhaut 78
Insektenanlockung 158
Insektenbestäubung 136
Insektenblütler 136
Integument 138, 140
Internodien 16, 22, 46
Interzellulare 64
Interzellularräume 66, 86, 92
Inulin 101
Iridaceae ⟶ Schwertliliengewächse
Iris = Schwertlilie 46, 52, 116, 126, 134

Isoëtaceae → Brachsenkrautgewächse
Isoëtales → Brachsenkrautartige
Isoëtatae → Brachsenkräuter

Jelängerjelieber 28
Johannisbeere 34, 112, 116, 148, 154
Johannisbrotgewächse = Caesalpiniaceae 144, 174, 180
Johanniskraut = Hartheu 24, 28, 30, 32, 76, 134, 144
Juglandaceae → Walnußgewächse
Juglandales → Walnußartige
Juncaceae → Binsengewächse
Juncaginaceae → Dreizackgewächse
Juncales → Binsenartige
Juncanae → Binsenblütige
Jute 70

Kätzchen 130
Kätzchenblütige = Hamamelididae = [Amentiferae] 174
Kaffeebaum 154
Kakaobaumgewächse = Sterculiaceae 176, 181
Kakteen = Cactaceae 177
Kalium 94, 95
Kalla = Calla 158
Kalmus 46, 116, 130
Kambium 62, 74, 80, 82, 84, 169
Kambiumring 80, 84
Kamille, echte 24, 108, 130, 146, 186
Kamille, römische 110
Kammgras 132
Kannenpflanze 54, 76
Kantenkollenchym 70
Kapernstrauchartige = Capparales = [Cruciales] 176, 181
Kapokbaumgewächse = Bombacaceae 176
Kapselfrüchte 143, 144
Kapuzinerkresse 32
Kapuzinerkressengewächse = Tropaeolaceae 175
Kardamomen 144
Karde 28
Kardenartige = Dipsacales 177, 181
Kardengewächse = Dipsacaceae 177
Karthäusernelke 110
Kartoffel 36, 48, 100, 116
Kartoffelstärke 101
Karyopse = Grasfrucht 146
Katzenpfötchen 110
Kassie = Sennespflanze 171
Kautschukbaum 154
Keimbedingungen 156
Keimblatt 140, 156, 158, 169
Keimfähigkeit 156
Keimling 138, 140

Keimlingssproßachse = Keimstengel 140, 156
Keimstengel 140, 156
Keimtemperatur 156
Keimung, epigäische - 156
 hypogäische - 156
Keimvorgang 156
Keimwurzel 140, 156
Kelch 120, 128
Kelchblätter 118, 120, 128, 150, 158
Kerbel 182
Kernfrüchte 150
Kerngehäuse 150
Kernkörperchen 58
Kiefer 32, 112
Kiefernähnliche = Pinatae 173
Kiefernartige = Pinales 173, 180
Kieferngewächse = Pinaceae 173, 180
Kirsche 126, 132, 148
Klappertopf 44, 96
Klappfallenprinzip 54
Klasse 168, 171
Klatschmohn 108, 120
Klausen 146, 184
Klebfallenprinzip 54
Kleblabkraut 154
Klee 36, 130
Kleefarnartige = Marsileales 172
Kleefarngewächse = Marsileaceae 172
Kleeseide 44
Klette 28, 110, 154, 186
Klettfrüchte 186
Knabenkräuter = Orchideen 32, 42
Knoblauch 48, 116
Knöterich 30, 32
Knöterichartige = Polygonales 177, 181
Knöterichgewächse = Polygonaceae 30, 177, 181
Knospenkern = Nucellus 138
Knospenmund 138
Knoten = Nodus 16, 22, 174
Königskerze 24, 28, 108
Köpfchen 130
Körbchen 130
Kohlenstoff 94, 95
Kohlenstoffassimilation 96, 98
Kohlrabi 48
Kokosnuß 148
Kolben 130
Kolbenblütige = Arecidae 171
Kollaterale Leitbündel 74
Kollenchym 70, 84
Kollenchymstränge 186
Konnektiv = Mittelband 122
Korbblütengewächse = Asteraceae = [Compositae] 126, 128, 130, 136, 146, 154, 171, 178, 181, 186
Koriander 108, 182

195

Kork 68, 84
Korkgewebe 66, 68, 80
Korkkambium 68, 84
Korkrinde 68
Korkschicht 68
Korkwarzen 68
Kormophyte 14, 16
Kormus 14
Kormuspflanze 14, 16
Kornblume 30, 108, 186
Kotyledonen = Keimblätter 156
Krähenbeerengewächse = Empetraceae 177
Kräuter 108, 169, 184
Kreuzblümchenartige = Polygalales 175, 180
Kreuzblümchengewächse = Polygalaceae 175, 180
Kreuzblütengewächse = Brassicaceae = [Cruciferae] 30, 126, 128, 130, 144, 154, 171, 176, 181
Kreuzdornartige = Rhamnales 175, 181
Kreuzdorngewächse = Rhamnaceae 175, 181
Kreuzkraut 38
Kreuzung 160 ff.
Krokus 120
Kronblätter ⟶ Blumenblätter
Krone = Corolla 120, 128
Küchenzwiebel 48, 110, 116
Kümmel 76, 108, 124, 126, 128, 132, 146, 182
Künstliches System 168
Kürbis 24, 54, 148
Kürbisartige = Cucurbitales 176
Kürbisgewächse = Cucurbitaceae 176
Kugelblumengewächse = Globulariaceae 178
Kupfer 94
Kurkuma 46, 76
Kutikula 66, 86

Labiatae = Lamiaceae ⟶ Lippenblütengewächse
Labkraut 30
Längenwachstum der Wurzel 78
Lärche 112
Laichkrautartige = Potamogetonales 178
Laichkrautgewächse = Potamogetonales 178
Lamiaceae = [Labiatae] ⟶ Lippenblütengewächse
Lamiales ⟶ Lippenblütenartige
Lamianae ⟶ Röhrenblütige
Laubblatt 14, 16, 26, 28, 30, 32, 34, 36, 38, 54, 66, 86, 92, 158

Laubblatt, Anatomie des - 86
Anheftung des - 28
Aufgaben des - 26, 54
Bau des - 26
Blattformen 32
Blattränder 38
einfaches - 32
Folgeblätter 158
geteiltes - 34
Metamorphosen des - 54
Morphologie des - 14, 26
Primärblatt 158
Schnittbild des - 66, 86
Stellung des - 30
Übergangsblatt 158
ungeteiltes - 32
zusammengesetztes - 36
Lauraceae ⟶ Lorbeergewächse
Lavendel 30, 32, 112, 184
Lebensdauer der Pflanzen 108
Leguminosae = Fabales ⟶ Hülsenfrüchtler
Leimkraut 110
Lein 70, 108, 144
Leingewächse = Linaceae 175, 180
Leitbündel = Gefäßbündel 72, 74, 82, 86
Leitbündel
  geschlossen kollaterale - 74, 82, 169
  kollaterale - 74
  offene kollaterale - 74, 82, 169
Leitgewebe 72
Leitung der Assimilate 72, 74
Leitung des Wassers 72, 74, 91
Lemnaceae ⟶ Wasserlinsengewächse
Lentibulariaceae ⟶ Wasserschlauchgewächse
Lentizellen 68
Leptosporangiatae ⟶ Zartkapselige Farne
Lerchensporn 110, 154
Lianen 44
Lichenophyta ⟶ Flechten
Lichtnelke 124, 134
Lichtreaktion 98
Lichtreiz 114
Liebstöckel 24, 36, 46, 132, 182
Ligustrales = Oleales ⟶ Ölbaumartige
Liliaceae ⟶ Liliengewächse
Liliales ⟶ Lilienartige
Lilianae ⟶ Lilienblütige
Liliatae = [Monocotyledoneae] ⟶ Einkeimblättrige
Lilie 120, 144
Lilienähnliche = Liliidae 179
Lilienartige = Liliales 179, 181

Lilienblütige = Lilianae 179
Liliengewächse = Liliaceae 126, 179, 181
Liliidae ⟶ Lilienähnliche
Linaceae ⟶ Leingewächse
Linde 28, 32, 126, 136, 146, 152, 158, 171
Lindengewächse = Tiliaceae 126, 176, 181
LINNÉ 168, 170
Linse 144
Lippenblütenartige = Lamiales 171, 178, 181, 184
Lippenblütengewächse = Lamiaceae = [Labiatae] 24, 30, 76, 120, 128, 136, 146, 171, 178, 181, 184
Lobeliaceae ⟶ Lobeliengewächse
Lobeliengewächse = Lobeliaceae 178
Lockfrüchte 148, 154
Löwenmäulchen 162
Löwenzahn 30, 38, 110, 128, 130, 144, 146, 152, 186
Loganiaceae ⟶ Brechnußgewächse
Loranthaceae ⟶ Mistelgewächse
Lorbeer 32, 76
Lorbeergewächse = Lauraceae 76, 173, 180
Luftwurzeln 44
Lungenkraut 134, 170
Lupine 130, 144
Luzerne 110
Lycopodiaceae ⟶ Bärlappgewächse
Lycopodiales ⟶ Bärlappartige
Lycopodiatae ⟶ Bärlappe
Lythraceae ⟶ Blutweiderichgew.

Mädesüß 36
Magnesium 94, 95
Magnoliaceae ⟶ Magnoliengewächse
Magnoliales ⟶ Magnolienartige
Magnolianae ⟶ Magnolienähnliche
Magnoliatae = [Dicotyledoneae] ⟶ Zweikeimblättrige
Magnolienähnliche = Magnolianae 173
Magnolienartige = Magnoliales 173, 180
Magnoliengewächse = Magnoliaceae 173
Magnoliidae = [Polycarpiae] ⟶ Vielfrüchtige
Magnoliophytina ⟶ Bedecktsamer
Maiglöckchen 110, 130, 154, 158
Mais 30, 124, 130, 154
Maisstärke 101
Majoran 108, 184
Maltose 101
Malvaceae ⟶ Malvengewächse

Malvales ⟶ Malvenartige
Malvanae ⟶ Malvenblütige
Malve 34, 108, 126, 146
Malvenartige = Malvales 176, 181
Malvenblütige = Malvanae 176
Malvengewächse = Malvaceae 126, 176, 181
Malzzucker 101
Mandel 126
Mangan 94
Marantaceae ⟶ Marantagewächse
Marantagewächse = Marantaceae 179
Mark 80, 81, 84
Markstrahlen 80, 82, 84
Marsileaceae ⟶ Kleefarngewächse
Marsileales ⟶ Kleefarnartige
Mauerpfeffer 110
Maulbeergewächse = Moraceae 174
Mehlsamige = Commelinidae 179
Mehrkeimblättrige = Polykotyle 158, 169
Melde 32
Melisse 24, 30, 32, 154, 171, 184
MENDEL 160 ff.
Mendelsche Vererbungsregeln 160 ff.
Menyanthaceae ⟶ Fieberkleegewächse
Meristem 62
Mesokarp 140, 148
Mesophyll 86
Metamorphose 41
Metamorphosen der Grundorgane 41 ff.
Metamorphosen
  des Laubblattes 54
  der Sproßachse 46
  der Wurzel 42
Miere 134
Mikropyle 138
Milchsäuregärung 104
Milchsaft 105
Milchstern, doldiger 132
Milzkraut 32
Mimosa pudica = 'Sinnpflanze' 144
Mimosaceae ⟶ Mimosengewächse
Mimosengewächse = Mimosaceae 144, 174, 180
Mineralien 94
Minze 171
Mirabilis jalapa = 'Wunderblume' 162 ff.
Mistel 28, 32, 38, 44, 96, 154
Mistelgewächse = Loranthaceae 176, 181
Mittelband = Konnektiv 122
Mittelständiger Fruchtknoten 126
Möhre 36, 42, 132, 182
Mohn 28, 108, 144, 152
Mohnartige = Papaverales 174
Mohngewächse = Papaveraceae 120, 126, 174, 180

Molybdän 94
Monochasium 134
Monocotyledoneae = Liliatae
　—→ Einkeimblättrige
Monözische Pflanzen 124
Monokotyle = Einkeimblättrige
　74, 80, 82, 84, 120, 158, 169, 178, 181
Monosaccharide 101
Monotropaceae —→Fichtenspargelgew.
Monstera 4
Moosfarnartige = Selaginellales 172
Moospflanzen = Bryophyta 169, 172
Moraceae —→ Maulbeergewächse
Morphologie 12, 13 ff.
Moschuskrautgewächse = Adoxaceae 177
Musaceae —→ Bananengewächse
Muskatnußgewächse = Myristicaceae
　173, 180
Mutterknolle 48
Mycophyta —→ Pilze
Myricaceae —→ Gagelgewächse
Myricales —→ Gagelartige
Myristicaceae —→ Muskatnußgewächse
Myrtales —→ Myrtenartige
Myrtaceae —→ Myrtengewächse
Myrtanae —→ Myrtenähnliche
Myrtenähnliche = Myrtanae 175
Myrtenartige = Myrtales 175, 180
Myrtengewächse = Myrtaceae 175, 180

Nabelstrang 138
Nachbarbestäubung 136
Nachtkerze 108, 130
Nachtkerzengewächse = Onagraceae 175
Nachtnelke 108, 134
Nachtschattengewächse = Solanaceae
　134, 178, 181
Nacktsamer = Gymnospermae
　169, 173, 180
Nacktsamer, fiederblättrige
　= Cycadophytina 173
Nacktsamer, nadelblättrige
　= Coniferophytina 173
Nadelbäume 32, 169
Nadelblättrige Nacktsamer
　= Coniferophytina 173
Nadelhölzer = Pinidae = [Coniferae]
　169, 173
Nährgewebe = Endosperm 138, 140
Nährsalze 94
Najadaceae —→ Nixkrautgewächse
Narbe 122, 138
Narbenzipfel 122
Nastien 114
Natterkopf 134
Natternzungenartige = Ophioglossales
　172

Natternzungengewächse
　= Ophioglossales 172
Natürliches System 168, 171, 172 ff.
Nektar 76, 105, 120
Nektardrüsen = Nektarien 76, 105,
　120
Nektarien = Nektardrüsen 76, 105,
　120
Nelkenähnliche = Caryophyllidae 177
Nelkenartige = Caryophyllales 177, 181
Nelkengewächse = Caryophyllaceae
　28, 30, 134, 177, 181
Nelkenwurz 154
Nessel 70
Nestwurz 96
Netzgefäße 72
Niederblätter 158
Nitrate 94
Nixkrautgewächse = Najadaceae 178
Nodus = Knoten 16, 22, 182
Nomenklatur, binäre 170
Nucellus = Knospenkern 138
Nüsse 70, 143, 146
Nyctaginaceae —→ Wunderblumengewächse
Nymphaeaceae —→ Seerosengewächse
Nymphaeales —→ Seerosenartige

Oberflächenpflanzen = Chamaephyten
　110
Oberhaut —→ Epidermis
Oberlippe 184
Oberständiger Fruchtknoten 126, 128
Obstbäume 112
Odermennig 36, 154
Öffnungsfrüchte 144
Ölbaumartige = Oleales = [Ligustrales]
　178, 181
Ölbaumgewächse = Oleaceae 178, 181
Öldrüsen 76
　äußere - 76
　innere - 76
Öle, ätherische 60, 76, 105, 182, 184
Öle und Fette 60, 105
Ölräume 76
Ölstriemen 182
Ölweidenartige = Elaeagnales 175
Ölweidengewächse = Elaeagnaceae 175
Ölzellen 76
Offene Gefäßbündel 84
Offene kollaterale Leitbündel 74, 169
Oleaceae —→ Ölbaumgewächse
Oleales = [Ligustrales] —→ Ölbaumartige
Olive 148
Onagraceae —→ Nachtkerzengewächse
Ophioglossaceae —→ Natternzungengewächse

Ophioglossales → Natternzungenartige
Orchidales → Orchideenartige
Orchidaceae → Orchideen (Knabenkräuter)
Orchideen = Orchidaceae 32, 152, 179, 181
Orchideenartige = Orchidales 179, 181
Ordnung 168, 171
Organ 14
Organe der Pflanze 14, 16
Orobanchaceae → Sommerwurzgewächse
Osmose 91
Osmundaceae → Rispenfarngewächse
Osmundales → Rispenfarnartige
Osterluzeiartige = Aristolochiales 173
Osterluzeigewächse = Aristolochiaceae 173
Oxalidaceae → Sauerkleegewächse

Paeoniaceae → Pfingstrosengewächse
Paeoniales → Pfingstrosenartige
Palisadenparenchym 64, 66, 86, 98
Palmenartige = Arecales 179
Palmengewächse = Arecaceae 179
Pandanaceae → Schraubenbaumgew.
Pandanales → Schraubenbaumartige
Papaveraceae → Mohngewächse
Papaverales → Mohnartige
Papilionaceae = Fabaceae
  → Schmetterlingsblütengewächse
Pappel 124, 130, 152
Pappus 146, 186
Paprika 148
Parasiten 96
Parasitismus 96
Parenchym 64, 78, 80, 82, 84
Parentalgeneration 161 ff.
Parnassiaceae → Herzblattgewächse
Parthenocissus 44
Passiflora 50
Passifloraceae → Passionsblumengewächse
Passionsblume 50
Passionsblumengewächse
  = Passifloraceae 176
Pektine 101
Perianth = Blütenhülle 118, 120
Periderm 68, 80
Perigon 120, 128
Perikarp = Fruchtwand 140
Petersilie 28, 36, 108, 182
Pfahlwurzel 14, 16, 18
Pfefferartige
  = Piperales 173, 180

Pfeffergewächse = Piperaceae 76, 173, 180
Pfefferminze 24, 28, 30, 32, 76, 116, 184
Pfefferstrauch 76
Pfefferstrauchgewächse
  = Philadelphiaceae 174
Pfeilkraut 32
Pfingstrose 42, 144
Pfingstrosenartige = Paeoniales 176
Pfingstrosengewächse
  = Paeoniaceae 176
Pfirsich 148
Pflanzengeographie 12
Pflanzenphysiologie 88
Pflanzensystem
  künstliches - 168
  natürliches - 168, 171, 172 ff.
Pflaume 148
Phänotyp 161 ff.
Phase(n)
  der Fortpflanzung 80, 170
  des Wachstums 88, 158
Philadelphiaceae → Pfeifenstrauchgewächse
Philodendron 44
Phloem = Siebteil 74, 78, 80, 82, 84, 86
Phloem
  primäres - 80, 84
  sekundäres - 80, 84
Phosphate 94
Phosphor 94, 95
Photonastie 114
Photosynthese 86, 98
  Bedeutung der - 100
Phototropismus 114
Phycophyta → Algen
Physiologie 12, 88
  der Bewegung 88, 114
  des Stoffwechsels 88 ff.
  des Wachstums 88
Phytologie 10, 12
Pilze = Mycophyta 169, 172
Pimpernußgewächse = Staphyleaceae 175
Pinaceae → Kieferngewächse
Pinales → Kiefernartige
Pinatae → Kiefernähnliche
Pinidae = [Coniferae] Nadelhölzer
Piperaceae → Pfeffergewächse
Piperales → Pfefferartige
Plantaginaceae → Wegerichgewächse
Platanaceae → Platanengewächse
Platanengewächse = Platanaceae 174
Plattenkollenchym 70
Platterbse 36, 54
Pleiochasium 134

199

Plumbaginaceae ⟶ Bleiwurzgewächse
Plumbaginales ⟶ Bleiwurzartige
Poaceae = [Gramineae] ⟶ Süßgräser
Poales = [Graminales] ⟶ Süßgrasartige
Polemoniaceae ⟶ Himmelsleitergew.
Polemoniales ⟶ Himmelsleiterartige
Pollen 122, 136
Pollenanalyse 122
Pollenfach 122
Pollenkörner 122, 138
Pollensack 122
Pollenschlauch 138
Polycarpiae = Magnoliidae
⟶ Vielfrüchtige
Polycotyledoneae ⟶ Mehrkeimblättrige 169
Polygalaceae ⟶ Kreuzblümchengew.
Polygalales ⟶ Kreuzblümchenartige
Polygonaceae ⟶ Knöterichgewächse
Polygonales ⟶ Knöterichartige
Polypodiaceae ⟶ Tüpfelfarngew.
Polykotyle = Mehrkeimblättrige 158, 169
Polysaccharide 101
Porenkapsel 144
Porree 30
Portulacaceae ⟶ Portulakgewächse
Portulakgewächse = Portulacaceae 177
Potamogetonaceae ⟶ Laichkrautgew.
Potamogetonales ⟶ Laichkrautartige
Primärblätter 156, 158
Primäres Phloem 80, 84
Primäres Xylem 80, 84
Primelartige = Primulales 177, 181
Primelgewächse = Primulaceae 126, 177, 181
Primulaceae ⟶ Primelgewächse
Primulales ⟶ Primelartige
Prioritätsregel 170
Protoplasma 58, 72
Psilophytatae ⟶ Urfarne
Pteridophyta ⟶ Gefäß- Sporenpflanzen 14, 169, 172, 180
Pulpa = Fruchtfleisch 148
Punicaceae ⟶ Granatbaumgewächse
Pyrolaceae ⟶ Wintergrüngewächse

Radieschen 48
Rainfarn 24, 36, 110, 132
Randblüten 186
Rangstufen der Taxonomie 171
Ranken 24
Raps 30, 34, 128, 144
Ranunculaceae ⟶ Hahnenfußgewächse
Ranunculales ⟶ Hahnenfußartige

Ranunculanae ⟶ Hahnenfußähnliche
Rauhblattgewächse = Boraginaceae 134, 178
Rautenähnliche = Rutanae 175
Rautenartige = Rutales 175, 180
Rautengewächse = Rutaceae 175, 180
Razemöse Blütenstände 130
Reisstärke 101
Reizbarkeit 10, 114
Rekrete 105
Reproduktive Phase 88
Resedaceae ⟶ Resedengewächse
Resedengewächse = Resedaceae 176
Reservestärke 100, 101
Reservestoffe 60
Rettich 42, 144
Rhamnaceae ⟶ Kreuzdorngewächse
Rhamnales ⟶ Kreuzdornartige
Rhizodermis 68, 78, 80, 91
Rhizom = Wurzelstock 46, 116
Riedgrasartige = Cyperales 179
Riedgrasgewächse = Cyperaceae 179
Rinde 80, 82, 84
Rindenteil 74, 80
Rindenschicht 82
Rindenschicht der Wurzel 78
Rindenzellen 68
Rindenzone 78
Ringgefäße 72, 84, 92
Ringporige Holzkörper 169
Rippenfarn 34
Rispe 132
Rispenfarnartige = Osmundales 172, 180
Rispenfarngewächse = Osmundaceae 172
Rittersporn 34, 144
Robinie 36, 54
Röhrenblüten 186
Röhrenblütige = Lamianae 177
Rötegewächse = Rubiaceae 177, 181
Roggen 132, 146
Rohrkolbenartige = Typhales 179
Rohrkolbengewächse = Typhaceae 179
Rohrzucker 101
Rosaceae ⟶ Rosengewächse
Rosales ⟶ Rosenartige
Rosanae ⟶ Rosenähnliche
Rose 36, 50, 66, 116, 126, 136
Rosenähnliche = Rosanae 174
Rosenartige = Rosales 174, 180
Rosenblütige = Rosidae
 = [Rosiflorae] 174
Rosengewächse = Rosaceae 120, 128, 174, 180
Rosidae = [Rosiflorae]
⟶ Rosenblütige

Rosiflorae = Rosidae
　→ Rosenblütige
Rosmarin　28, 32, 66, 112, 184
Roßkastanie　36, 132, 144
Roßkastaniengewächse
　= Hippocastanaceae　175, 180
Rubiaceae → Rötegewächse
Rübe(n)　38, 42, 48
Rübenzucker　101
Ruppiaceae → Saldengewächse
Rutaceae → Rautengewächse
Rutales → Rautenartige
Rutanae → Rautenähnliche

Saatlein　108, 144
Saccharose　101
Säuren　lo5
Saftige Früchte　142, 143, 148
Salbei　24, 28, 30, 32, 38, 66,
　112, 124, 154, 170, 171, 184
Saldengewächse = Ruppiaceae　178
Salicaceae → Weidengewächse
Salicales → Weidenartige
Salomonssiegel → Weißwurz
Salviniaceae → Schwimmfarngewächse
Salvinales → Schwimmfarnartige
Samenpflanzen = Spermatophyta
　14, 169, 171, 173, 180
Samen　140
 - anlagen　122, 140
 - bildung　140
 - hülle　138, 140
 - schale　140
 - verbreitung　152 ff.
Sammelfrüchte　142, 143, 150
Sanddorn　112, 124, 126
Sandelholzartige = Santales
　176, 181
Sandelholzgewächse = Santalaceae
　176, 181
Santalaceae → Sandelholzgewächse
Santales → Sandelholzartige
Sapindales → Spindelbaumartige
Saponinglykoside　60
Saprophyten　96
Sauerdorn = Berberitze　54
Sauerklee　105, 136, 152
Sauerkleegewächse = Oxalidaceae
　175
Sauerstoff　94, 95
Saugwurzeln　44
Saxifragaceae → Steinbrechgewächse
Saxifragales → Steinbrechartige
Schachtelhalm　30, 105
Schachtelhalme = Equisetatae　172
Schachtelhalmartige = Equisetales
　172, 180

Schachtelhalmgewächse
　= Equisetaceae　14, 172, 180
Schafgarbe　34, 110, 120, 132, 186
Scharbockskraut　42
Schattenblume　110
Schauapparat　120, 174
Scheibenblüten　186
Scheidewand　144
Scheinfrüchte　142. 143, 150
Scheinquirl　184
Scheuchzeriaceae
　→ Blasenbinsengewächse
Schirmrispe　132
Schirmtraube　132
Schizophyta → Spaltpflanzen
Schlafmohn　126
Schlehe　50, 126
Schleifenblume　132
Schleime　101
Schleudereinrichtungen　152
Schließfrüchte　142, 143, 146
Schließzellen　66, 86, 92
Schlüsselblume　30, 124, 126, 130
Schmetterlingsblütengewächse
　= Fabaceae = [Papilionaceae]
　128, 144, 171, 174, 180
Schneeball　132
Schneeglöckchen　110, 126
Schöllkraut　34, 76, 144, 154
Schötchen　144
Schote　143, 144
Schraubel　134
Schraubenbaumartige = Pandanales　179
Schraubenbaumgewächse
　= Pandanaceae　179
Schuppenwurz　96
Schwammparenchym　64, 66, 86
Schwefel　94, 95
Schwerkraft der Erde　114
Schwertlilie = Iris　46, 52, 116,
　126, 134, 144
Schwertliliengewächse = Iridaceae
　126, 144, 179, 181
Schwimmfarnartige = Salviniales　172
Schwimmfarngewächse = Salviniaceae
　172
Scrophulariaceae → Braunwurzgewächse
Scrophulariales → Braunwurzartige
Seebeerenartige = Haloragales　175
Seebeerengewächse = Haloragaceae　175
Seegrasgewächse = Zosteraceae　178
Seerosenartige = Nymphaeales　173
Seerosengewächse = Nymphaeaceae　173
Seide, europäische　96
Seidengewächse = Cuscutaceae　178
Seidenpflanzengewächse
　= Asclepiadaceae　177, 181.

201

Seifenkraut 30, 134
Seismonastie 114
Seitenknospen 16, 22, 82
Seitensprosse 16, 22, 46
Seitenwurzeln 16, 18, 20, 78, 156
Sekrete 105
Sekretgänge 76, 182
Sekretlücken 76
Sekundäres Abschlußgewebe 80
Sekundäres Dickenwachstum
 der Sproßachse 84, 169
 der Wurzel 80
Sekundäres Phloem 80, 84
Sekundäres Xylem 80, 84
Selaginellaceae → Moosfarngewächse
Selaginellales → Moosfarnartige
Selbstbestäubung 136
Selbstverbreitung der Früchte und
 Samen 152
Sellerie 48, 182
Senf, schwarzer 30, 144
Senf, weißer 126, 144
Sennespflanze 36, 38, 144, 171
Sichel 134
Siebplatte 72
Siebröhre 72, 74, 84
Siebteil = Phloem 74, 78, 80, 82
Silberdistel 130
Silikate 94
Simaroubaceae → Bittereschen-
 gewächse
Sinnpflanze = Mimosa pudica 114
Sklerenchym 70, 84
Sklerenchymfasern 70, 80
Solanaceae → Nachtschattengewächse
Sommergrüne Holzgewächse 112
Sommerweizen 108
Sommerwurz 44, 96
Sommerwurzgewächse = Orobanchaceae
 178
Sonnenblume 32, 108, 122, 130,
 146, 186
Sonnentau 30, 32, 54, 66, 76, 105
Sonnentaugewächse = Droseraceae 174
Spaltfrüchte 143, 146, 182
Spaltkapsel 144
Spaltöffnungen 66, 86, 92
Spaltpflanzen = Schizophyta 169, 172
Spaltungsregel 164
Sparganiaceae → Igelkolbengewächse
Spargel 110
Spatzenzungenartige = Thymelaeales
 177
Spatzenzungengewächse
 = Thymelaeaceae 177
Speicherorgan 42, 46, 48
Speicherparenchym 64
Speicherstärke 64, 100, 101

Speicherwurzel 42
Spermatophyta → Samenpflanzen
Spinat 108
Spindelbaumartige = Sapindales
 175, 180
Spiralgefäße 72, 84
Springfrüchte 142, 144
Springkraut 108, 152
Spitzwegerich 32, 110
Sproß 14, 16
 gestauchter - 118
Sproßachse 14, 16, 22, 24, 74, 156
 Abschnitte der - 16
 Anatomie der - 82
 Aufgaben der - 22, 46
 Bau der - 22
 Endknospe der - 16, 22
 Gliederung der - 22
 Grundfunktionen der - 22, 46
 Längenwachstum der - 22
 Metamorphosen der - 46
 Morphologie der - 14, 22
 Querschnitt der - 24, 82
 Sekundäres Dickenwachstum der - 84
 Vegetationskegel der - 82
 Vegetationspunkt der - 22, 82
 Wachstum der - 24
 Wuchsformen der - 24
Sproßausläufer
 oberirdische - 116
 unterirdische - 116
Sproßbürtige Wurzel 42, 46, 48
Sproßdornen 50
Sproßknollen 48, 116
 oberirdische - 48
 unterirdische - 48
Sproßmetamorphosen 46
Sproßpol 14, 82
Sproßranken 50
Sproßsystem 16, 22
Sproßvegetationspunkt 14, 16, 62
Spurenelemente 94
Stachelbeerartige = Grossulariales
 174
Stachelbeere 116, 148
Stachelbeergewächse = Grossularia-
 ceae 174
Stacheln 50, 66
Stärke 101
Staphyleaceae → Pimpernußgewächse
Staubbeutel 122
Staubblatt 118, 120, 122, 124,
 128, 158
Staubfaden = Filament 122
Stauden 108, 184
Stechginster 54
Stechpalme 112
Stechpalmengewächse = Aquifoliaceae
 175, 180

Stecklinge 116
Steinbrechgewächse = Saxifragaceae 174
Steinbrechartige = Saxifragales 174
Steinfrüchtchen 150
Steinfrüchte 70, 142, 143, 148
Steinklee 32, 36, 38
Steinzellen 70
Stengelglieder 16, 22
Sterculiaceae —➔ Kakaobaumgewächse
Sternanis 144, 150
Sterndolde 130
Sternmiere 110
Stickstoff 94, 95
Stoffaufnahme 89
Stoffausscheidung 89, 105
Stofftransport 89, 105
Stoffwechsel 10, 89
Stoffwechselprodukte, sekundäre 105
Storchschnabel 34, 124
Storchschnabelartige = Geraniales 175, 180
Storchschnabelgewächse = Geraniaceae 136, 175
Stoßreiz 114
Sträucher 112, 169
Straußgras 132
Streckenwachstum 106
Streufrüchte 142, 143, 144
Styracaceae —➔ Styraxgewächse
Styraxgewächse = Styracaceae 177, 181
Süßgräser = Poaceae = [Gramineae] 28, 132, 146, 171, 179, 181
Süßgrasartige = Poales = [Graminales] 179, 181
Süßholz 116
Sulfate 94
Sumachgewächse = Anacardiaceae 175
Sumpfcalla 130
Sumpfdotterblume 32, 38
Sumpfkratzdistel 28
Sumpfzypressengewächse = Taxodiaceae 173
Sympetalae —➔ Verwachsenblumenblättrige
Synonyme 163
System, künstliches 168
natürliches - 168 ff.
Systematik 12, 168
Systematik der Früchte 142

Tälchen 182
Tännelgewächse = Elatinaceae 176
Taglilie = Hemerocallis 134
Tamaricaceae —➔ Tamariskengewächse
Tamariskengewächse = Tamaricaceae 176

Taxonomie 168, 171
Tanne 32, 152
Tannenwedelgewächse = Hippuridaceae 175
Taubnessel 24, 28, 30, 32, 38, 108, 120, 124, 128, 136, 146, 154, 170, 171, 184
Tausendgüldenkraut 32, 108
Taxaceae —➔ Eibengewächse
Taxales —➔ Eibenartige
Taxidae —➔ Eibenähnliche
Taxodiaceae —➔ Sumpfzypressengew.
Teestrauchartige = Theales = [Guttiferales] 176
Teestrauchgewächse = Theaceae 176
Teichfadengewächse = Zannichelliaceae 178
Teilfrüchte 146, 184
Tentakel 66, 76
Teufelsklauengewächse = Huperziaceae 172
Theaceae —➔ Teestrauchgewächse
Theales = [Guttiferales] —➔ Teestrauchartige
Thermonastie 114
Thigmotropismus 114
Thymelaeaceae —➔ Spatzenzungengew.
Thymelaeales —➔ Spatzenzungenartige
Thymian 32, 112, 171, 184
Tiliaceae —➔ Lindengewächse
Tochtergeneration 161 ff.
Tollkirsche 134, 154, 170
Tomate 36, 108, 120, 134, 148
Tracheen 72, 84, 91, 169
Tracheiden 72, 84, 91, 169
Tragblatt 130, 134, 182
Transpiration 66, 88, 92
Transpirationssog 91, 92
Trapaceae —➔ Wassernußgewächse
Traube 130
Traubenzucker 98, 101, 102
Traubige Blütenstände 130
Trockene Früchte 142, 143, 144 ff.
Trollblume 144
Tropaeolaceae —➔ Kapuzinerkressengewächse
Tropismus 114
Tüpfel 70
Tüpfelfarn 34
Tüpfelfarngewächse = Polypodiaceae 172, 180
Tüpfelgefäße 72
Tüpfelkanäle 70
Tulpe 34, 48, 110, 116, 120, 124, 126
Turgor 64, 70
Typhaceae —➔ Rohrkolbengewächse
Typhales —➔ Rohrkolbenartige

Übergangsblätter 158
Überpflanze 44
Überwinterungsorgan 46, 48
Ulmaceae —→ Ulmengewächse
Ulme 30, 146, 152
Ulmengewächse = Ulmaceae 174
Umbelliferae = Apiaceae —→ Dolden-
  gewächse
Umbelliflorae = Aralianae
  —→ Doldenblütige
Unabhängigkeitsregel 166
Uniformitätsregel 162
Unterabteilung 171
Unterlippe 184
Unterständiger Fruchtknoten 126, 128
Urfarne = Psilophytatae 172
Urticaceae —→ Brennesselgewächse
Urticales —→ Brennesselartige

Vakuolen 58
  Bildung der - 60
Valerianaceae —→ Baldriangewächse
Vanille 44
Vegetationspunkt
  der Sproßachse 14, 16, 62, 82
  der Wurzel 14, 16, 18, 20, 62, 78
Vegetative Phase 88
Vegetativer Kern = Wachstumskern 138
Veilchen 32, 50, 116, 136
Veilchenartige = Violales
  = [Cistales] 176
Veilchengewächse = Violaceae 176
Venusfliegenfalle 54
Verbenaceae —→ Eisenkrautgewächse
Verbreitung der Früchte und Samen
  152 ff., 186
Verdauungsdrüsen 76, 105
Verdauungshaare 66
Verdunstungsschutz 66
Vererbung 160 ff.
Vererbungslehre 160 ff.
Vergißmeinnicht 134
Vermehrung, vegetative 46, 48
Versteifung der Zellwände 72
Versteifungsleisten 72
Verwachsenblumenblättrige
  = Sympetalae 120
Verwesung 104
Vielfachzucker 101
Vielfrüchtige = Magnoliidae
  = Polycarpiae 173
Vielkeimblättrige = Polykotyle
  158, 169
Violaceae —→ Veilchengewächse
Violales = [Cistales] Veilchen-
  artige
Vitaceae —→ Weinrebengewächse
Vogelbeere 36, 154

Vogelknöterich 32
Vogelwicke 54, 144
Vollschmarotzer 44, 96
Vormännlichkeit 136
Vorweiblichkeit 136

Wacholder 32, 124
Wachstum 10, 106
Wachstumskern 138
Wachstumsphase 88
Wachstumsphysiologie 88
Wachtelweizen 44, 96
Wärmereiz 114
Walderdbeere 32, 36, 38, 116
Waldgeißblatt 50
Waldmeister 30, 110
Waldrebe 152
Walnuß 36, 112, 124, 130, 148, 154
Walnußartige = Juglandales 174, 180
Walnußgewächse = Juglandaceae
  174, 180
Wasser, Bedeutung f. d. Pflanze 90
Wasser, Strömungsgeschwindigkeit 91
Wasserabgabe 92
Wasseraufnahme 91
Wasserausscheidung, aktive 76, 92
Wasserblattgewächse = Hydrophylla-
  ceae 178
Wasserdrüsen 76, 92
Wasserfaden 91
Wasserfeder 34
Wasserhaushalt der Pflanze 89, 90
Wasserleitung 72, 74, 91
Wasserlieschgewächse = Butomaceae
  178
Wasserlinsengewächse = Lemnaceae
  179
Wassernabelgewächse = Hydrocotyla-
  ceae 176
Wassernabelkraut 32
Wassernuß 32
Wassernußgewächse = Tropaceae 175
Wasserschlauchgewächse
  = Lentibulariaceae 178
Wassersterngewächse
  = Callitrichaceae 178
Wasserstoff 94, 95
Wegerich 30, 32, 110, 130, 136, 144
Wegerichgewächse = Plantaginaceae
  178, 181
Wegwarte 28, 110
Weide 116, 124, 130, 152
Weidenartige = Salicales 176
Weidengewächse = Salicaceae 176
Weidenröschen 38, 130
Weihnachtsstern 158
Wein, wilder 44, 50
Weinbeere 148

Weinrebe 24, 50, 116, 132
Weinrebengewächse = Vitaceae 175
Weißdorn 50, 112, 126
Weißwurz 30, 46, 116
Weizen 132
Weizenstärke 101
Wermut 34, 112, 132, 186
Wicke 54
Wickel 134
Wiesenbocksbart 152
Wiesenknopf 130
Wiesenschaumkraut 130, 152
Windbestäubung 136
Windblütler 136
Winde 24, 28
Windengewächse = Convolvulaceae 178
Wintergrüngewächse = Pyrolaceae 177
Winterweizen 108
Wirtspflanze 44, 96
Wolfsmilch 134
Wolfsmilchartige = Euphorbiales 175, 181
Wolfsmilchgewächse = Euphorbiaceae 175, 181
Wuchsformen der Pflanzen 108
Wuchsstoffe 106
Wunderblume 162, 170
Wunderblumengewächse = Nyctaginaceae 177
Wundklee 144
Wurzel 14, 16, 18, 20, 42, 46, 48, 78
  Aufgaben der - 18, 42
  Anatomie der - 78
  Bau der - 18, 20
  Metamorphosen der - 42 ff.
  Morphologie der - 14, 18, 20
  Sproßbürtige - 42, 46, 48
  Vegetationspunkt der - 18, 20
Wurzeldruck 91
Wurzelhaare 18, 20, 68, 91
Wurzelhals 14, 16, 18, 22, 42
Wurzelhaube 20
Wurzelhaut 91
Wurzelknollen 42
Wurzelmetamorphosen 42 ff.
Wurzelpol 14, 16, 18, 20
Wurzelspitze 20
Wurzelstock = Rhizom 46, 116
Wurzelsystem 16, 18, 20
Wurzelvegetationspunkt 14, 16, 20

Xylem = Gefäßteil = Holzteil 74, 78, 80, 82, 84, 86, 91
Xylem, primäres 80, 84
  sekundäres - 80, 84

Yamswurzelgewächse = Dioscoreaceae 179
Ysop 32, 112, 184

Zannichelliaceae ⟶ Teichfadengewächse
Zartkapselige Farne = Leptosporangiatae 172
Zaunrübe 24, 32, 54, 124
Zaunwinde 28, 50
Zellatmung 102
Zelle 58
Zellenlehre 58
Zellhohlräume 58
Zellkern 58
Zellsaft 60, 72
Zellstreckung 78
Zellulose 101
Zellwandversteifung 72
Zellwand 58
Zellwandauflösung 72
Zentralzylinder der Wurzel 78
Zerstreute Gefäßbündel 84
Zerstreutporige Holzkörper 169
Ziest 184
Zimtstrauch 76
Zingiberaceae ⟶ Ingwergewächse
Zingiberales ⟶ Ingwerartige
Zink 94
Zitrone 76, 148
Zitterpappel 32
Zosteraceae ⟶ Seegrasgewächse
Zuckerrohr 101
Zuckerrübe 30, 42, 100, 101
Zungenblüte 186
Zusammengesetzt traubige Blütenstände 132
Zusammengesetzte Ähre 132
Zusammengesetzte Dolde 132
Zweihäusige Pflanzen 124. 136
Zweijährige Pflanzen 108
Zweikeimblättrige=Dikotyle= Dicotyledoneae 74, 80, 82, 84, 158, 169, 171, 173, 180
Zwiebel 48, 116
Zymöse Blütenstände 134
Zypressengewächse = Cupressaceae 173
Zytologie 12, 58

Katharina Schmidt
Kamphoffstr. 80
45770 Marl